JOSÉ F. G. MENDES
ANTÔNIO N. R. DA SILVA
LÉA C. L. DE SOUZA
RUI A. R. RAMOS

CONTRIBUIÇÕES PARA O
DESENVOLVIMENTO SUSTENTÁVEL
EM CIDADES PORTUGUESAS E BRASILEIRAS

ALMEDINA

TÍTULO:	CONTRIBUIÇÕES PARA O **DESENVOLVIMENTO SUSTENTÁVEL** EM CIDADES PORTUGUESAS E BRASILEIRAS
AUTOR:	JOSÉ F. G. MENDES; ANTÔNIO N. R. DA SILVA; LÉA C. L. DE SOUZA; RUI A. R. RAMOS
EDITOR:	LIVRARIA ALMEDINA – COIMBRA www.almedina.net
LIVRARIAS:	LIVRARIA ALMEDINA ARCO DE ALMEDINA, 15 TELEF.239 851900 FAX. 239 851901 3004-509 COIMBRA – PORTUGAL livraria@almedina.net
	LIVRARIA ALMEDINA ARRÁBIDA SHOPPING, LOJA 158 PRACETA HENRIQUE MOREIRA AFURADA 4400-475 V. N. GAIA – PORTUGAL arrabida@almedina.net
	LIVRARIA ALMEDINA – PORTO R. DE CEUTA, 79 TELEF. 22 2059773 FAX. 22 2039497 4050-191 PORTO – PORTUGAL porto@almedina.net
	LIVRARIA ALMEDINA ATRIUM SALDANHA LOJAS 71 A 74 PRAÇA DUQUE DE SALDANHA, 1 TELEF. 21 3570428 FAX: 21 3151945 atrium@almedina.net
	LIVRARIA ALMEDINA – BRAGA CAMPUS DE GUALTAR UNIVERSIDADE DO MINHO 4700-320 BRAGA TELEF. 253 678 822 braga@almedina.net
EXECUÇÃO GRÁFICA:	G.C. – GRÁFICA DE COIMBRA, LDA. PALHEIRA – ASSAFARGE 3001-453 COIMBRA Email: producao@graficadecoimbra.pt
	SETEMBRO, 2004
DEPÓSITO LEGAL:	217146/04

Toda a reprodução desta obra, por fotocópia ou outro qualquer processo, sem prévia autorização escrita do Editor, é ilícita e passível de procedimento judicial contra o infractor.

ÍNDICE

Prefácio v

Parte I. Qualidade do Ambiente Urbano Construído

1. Avaliação da Qualidade de Vida em Cidades: Fundamentos e Aplicações......................3
    José F.G. Mendes

2. Acessando o Fator de Visão do Céu no Campus de Gualtar..31
    Léa C.L. de Souza, Daniel S. Rodrigues, José F.G. Mendes

3. Caracterização do Campo Térmico Intra-Urbano 43
    João R.G. de Faria, Léa C.L. de Souza

4. Avaliação de Zonas de Criticidade Acústica numa Cidade de Média Dimensão...........53
    José F G. Mendes, Lígia T. Silva

5. Layout Urbano em Função da Eficiência Energética dos Edifícios................................66
    Luís Bragança, Manuela G. Almeida, José F.G. Mendes

Parte II. Transportes e Mobilidade Sustentável

6. Indicadores de Mobilidade Urbana Sustentável para Brasil e Portugal.........................83
    Marcela S. Costa, Antônio N.R. da Silva, Rui A.R. Ramos

7. Uma Abordagem Multicritério para Avaliação da Acessibilidade 98
    Daniel S. Rodrigues, José F.G. Mendes, Josiane P. Lima, Rui A.R. Ramos

8. Sistema de Equipamentos de Educação e Custos de Transporte 118
    Renato S. Lima

9. Uma Análise do Consumo de Energia em Transportes nas Cidades Portuguesas
    Utilizando Redes Neurais Artificiais 133
    Paula T. Costa, José F.G. Mendes, Antônio N.R. da Silva

10. Uso de SIG para a Gerência de Infra-estrutura de Transportes: Estudo de Caso
    em São Carlos-SP...146
    *Josiane P. Lima, Simone B. Lopes, Fábio Zanchetta, Renato L.S. Anelli,
    J. Leomar Fernandes Jr.*

Parte III. Planeamento Territorial

11. Planejamento Participativo e Internet (www): um Breve Histórico, Tendências e Perpespectivas no Brasil e em Portugal 163
Renata C. Magagnin, Antônio N.R. da Silva

12. Requisitos de Bases de Dados Cartográficos para Planejamento Urbano 178
Paulo C. L. Segantine, Léa C. L. de Souza

13. Planeamento do Uso do Solo em Ambiente SIG 190
Elisabete S. Soares, Rui A.R. Ramos, José F.G. Mendes

14. Comparação entre Metodologias para a Definição de Zonas Urbanas Homogéneas Baseadas na Densidade Populacional 211
Rui A.R. Ramos, Antônio N.R. da Silva

Lista de Autores

PREFÁCIO

É hoje um dado adquirido que mais de metade da população mundial vive em áreas urbanas onde frequentemente a degradação da qualidade de vida e as preocupações ambientais colocam em crise as vantagens associadas às economias de aglomeração. Está em causa a sustentabilidade urbana, sendo que a redução do debate à identificação de princípios associados ao conceito de desenvolvimento sustentável, que devem ser seguidos, não tem produzido orientações operacionais ao nível que seria desejável. Existe internacionalmente, e também em Portugal e no Brasil, um deficit de atenção nas dificuldades encontradas na implementação da sustentabilidade urbana.

Os padrões de desenvolvimento em contexto urbano têm assumido níveis elevadíssimos de intensidade, quer pela densificação de construção e de actividades, quer pela extrema dependência do automóvel, o que resulta em consumo intenso de solo e de energia e na aplicação contínua de pressão sobre o ambiente urbano. Ou seja, a sustentabilidade urbana está a ser continuamento reduzida.

Neste livro foram reunidas as contribuições de vinte e um especialistas, que acederam ao desafio de escrever catorze capítulos versando aspectos da implementação da sustentabilidade urbana nos domínios da Qualidade do Ambiente Urbano Construído (Parte I), dos Transportes e Mobilidade Sustentável (Parte II) e do Planeamento Territorial (Parte III), com particular ênfase em casos de estudo em cidades médias Portuguesas e Brasileiras.

Introduzindo a problemática da qualidade de vida urbana e os fundamentos para uma avaliação de cidades, Mendes abre a Parte I do livro com uma contribuição conceptual e metodológica aplicada a algumas cidades portuguesas e brasileiras. A potencialidade do modelo aplicado é demonstrada com estudos de ranking de cidades e avaliação da qualidade intra-urbana.

A questão da qualidade de vida urbana está também ligada às características físicas da cidade. Neste sentido, Souza, Rodrigues e Mendes apresentam uma ferramenta que permite a obtenção de um parâmetro de caracterização da forma urbana e da distribuição dos edifícios. Trata-se da segunda versão do programa 3DSkyView, desenvolvido pelos mesmos autores, que calcula o Factor de Visão do Céu. Este factor é considerado uma das causas das ilhas de calor urbanas e, portanto, a sua quantificação releva para estudos da qualidade térmica de ambientes urbanos. Apresentam uma aplicação deste modelo para o Campus da Universidade do Minho, na cidade Portuguesa de Braga, identificando os locais mais propensos ao armazenamento térmico.

Seguindo esta mesma abordagem, Faria e Souza elaboram uma caracterização térmica do ambiente intra-urbano na cidade Brasileira de Bauru. Trata-se de uma investigação que discute a simplificação do método de levantamento de temperaturas do ar através de medições móveis. Para além de aplicar a ferramenta 3DSkyView para a verificação da relação entre a temperatura do ar e o Factor de Visão do Céu, é destacada a influência da vegetação nas condições de temperatura da cidade estudada.

O quarto capítulo aborda um outro aspecto não menos importante dos estudos da qualidade de vida urbana: a acústica ambiental. Tendo como base a cidade Portuguesa de Viana do Castelo, Silva e Mendes formulam e avaliam a criticidade acústica através do cálculo das diferenças entre os níveis regulamentares estabelecidos em Zonamento Acústico e os níveis equivalentes de intensidade sonora calculados por modelação matemática, ponderadas pela densidade populacional exposta ao ruído ambiental. O trabalho apresentado foi desenvolvido no âmbito da adesão de Viana do Castelo à Rede Europeia das Cidades Saudáveis.

No encerramento da Parte I do livro, Almeida, Bragança, Mendes e Silva abordam a eficiência energética dos edifícios. Sendo um dos objectivos da Comissão Europeia reduzir em 20% até 2010 o consumo de energia primária em regiões residenciais urbanas, este capítulo apresenta alguns factores que afectam o comportamento energético dos edifícios. Contextualizando os edifícios nos layouts urbanos, o trabalho procura fornecer subsídios ao planeamento urbano, designadamente a avaliação energética de diferentes arranjos espaciais.

No primeiro capítulo da Parte II do livro, dedicada à temática dos Transportes e Mobilidade Sustentável, Costa, Silva e Ramos descrevem os resultados de um esforço de investigação que realizaram com o propósito de identificar indicadores de mobilidade para cidades seleccionadas no Brasil e em Portugal, visando a promoção da sua sustentabilidade. Iniciam com um inventário de sistemas de indicadores já existentes, a partir dos dados e informações disponíveis através de páginas na Internet, para finalmente sintetizarem um possível conjunto comum de indicadores de mobilidade para as cidades Brasileiras e Portuguesas, além dos critérios principais que devem ser observados no sentido de desenvolver sistemas de indicadores de mobilidade para cada país em particular.

Na sequência, Rodrigues, Mendes, Ramos e Lima discutem aspectos relativos à aplicação das técnicas de abordagem multicritério em ambiente de Sistemas de Informação Geográfica para o caso da avaliação da acessibilidade, através de três casos de estudo, todos em Portugal. Os exemplos permitem verificar a potencialidade do modelo de avaliação de acessibilidade proposto como ferramenta de apoio à decisão em diferentes escalas de intervenção, já que as aplicações são efectuados ao nível local (caso de um campus universitário), do município (caso de Valença, no noroeste de Portugal) e da região (caso do Vale do Cavado).

O terceiro capítulo desta Parte II trata da distribuição de equipamentos de educação e seus impactos em termos de custos de deslocação para os estudantes. O objectivo do trabalho de Lima é apresentar uma metodologia de análise espacial para auxiliar o poder público no planeamento e na gestão de equipamentos de educação (creches e escolas), no que concerne basicamente à melhor localização das unidades e à melhor alocação da procura. Para tal, faz uso de um exemplo de aplicação na cidade Brasileira de São Carlos, localizada no Estado de São Paulo, através do qual se pode verificar que uma das principais acções a ser empreendida para reduzir os custos de deslocação pode ser a redistribuição dos alunos nas unidades existentes, antes mesmo de se pensar na abertura de novas unidades.

No capítulo seguinte, Costa, Mendes e Silva utilizaram a ferramenta Redes Neurais Artificiais para identificar algumas das variáveis que caracterizam aspectos físicos e socioeconómicos das cidades, e que interferem no consumo de energia em transportes. A avaliação foca o caso de Portugal, analisando a situação das suas principais cidades, exceptuando as áreas metropolitanas de Lisboa e Porto. Este trabalho constitui um contributo para a ampla discussão sobre esta temática, que decorre actualmente ao nível internacional. A análise com Redes Neurais Artificiais possibilitou identificar e classificar as variáveis de acordo com as suas importâncias relativas, neste caso em relação ao consumo de energia, que constitui a variável dependente do modelo. Pode afirmar-se que os resultados obtidos reforçam a tendência observada noutros países, na medida em que confirmam a influência das variáveis que caracterizam a forma urbana e distribuição da população no consumo de energia em transportes.

No último capítulo da Parte II, Lima, Lopes, Zanchetta, Anelli e Fernandes Jr. exploram o uso de Sistemas de Informação Geográfica para a gestão de infra-estruturas de transportes através de outro estudo de caso conduzido na cidade de São Carlos-SP. Neste caso, um SIG para Transportes (SIG-T) é utilizado para a compatibilização da gestão de pavimentos com infra-estruturas que interferem no desempenho do sistema viário (transporte e circulação e redes de abastecimento de água, esgoto, telefone, gás, energia eléctrica). O trabalho parte de um levantamento de dados de inventário e de condição do pavimento e incorpora critérios para selecção das estratégias e secções prioritárias para chegar a um planeamento das actividades de manutenção e reabilitação dos pavimentos.

No primeiro capítulo da Parte III do livro, dedicada ao Planeamento Territorial, Magagnin, Silva e Costa apresentam e discutem algumas das principais experiências da utilização de novas técnicas de planeamento participativo recorrendo à *World Wide Web* em Portugal e no Brasil. Começando por introduzir a temática do planeamento participativo e o seu papel nos Sistemas de Suporte à Decisão para o Planeamento, os autores acabam por apresentar a sua integração no ambiente aberto da *Internet*. No texto são apresentadas quatro experiências internacionais e é feita uma reflexão sobre a potencialidade da implementação a nível das cidades médias, quer em Portugal quer no Brasil, com base em dados já disponíveis nos dois países.

No capítulo seguinte, Segantine e Souza discutem as necessidades inerentes ao desenvolvimento de bases de dados cartográficos para apoio ao Planeamento. Começando por apresentar a integração da informação num Sistema de Informação Geográfica, o enfoque principal é feito nas questões relativas à aquisição dos dados espaciais, tais como necessidade de qualidade da informação quanto ao posicionamento e aos atributos das entidades.

No terceiro capítulo, Soares, Ramos e Mendes apresentam um modelo de avaliação multicritério que permite desenvolver mapas de aptidão para Usos do Solo em ambiente de Sistemas de Informação Geográfica. Após uma breve apresentação das técnicas subsidiárias e da própria formulação do modelo, desenvolvem duas aplicações do mesmo que versam o problema específico da localização industrial. É particularmente interessante a explicitação de cenários de avaliação da aptidão do solo baseados em diferentes atitudes de risco e níveis de trade-off entre critérios.

Por fim, Ramos e Silva apresentam num último capítulo duas metodologias de definição de zonas urbanas homogéneas baseadas na densidade populacional. A primeira das metodologias recorre a técnicas de análise exploratória de dados espaciais enquanto que a segunda atribui um índice em função do ranking das zonas em análise no contexto regional e no contexto nacional. Após a apresentação das metodologias é feita a sua aplicação a Portugal, com um estudo ainda mais detalhado dos quatro distritos mais a Noroeste. Para além da verificação das potencialidades das metodologias adoptadas, é analisado o contexto demográfico do Noroeste de Portugal e são esboçadas possíveis delimitações de áreas metropolitanas.

A força agregadora que uniu estes vinte e um especialistas e trouxe à luz do dia este livro é o projecto "Planeamento Integrado: em busca de desenvolvimento sustentável para cidades de pequeno e médio portes", que se iniciou em 2002 no âmbito do Programa de Cooperação Científica Luso-Brasileira financiado pelas agências CAPES, do Brasil, e GRICES, de Portugal. É, pois, devido o agradecimento a estes apoios.

Cumpre ainda manifestar apreço pelo apoio emprestado a dois outros níveis: às Universidades do Minho (UM), de São Paulo (USP) e Estadual Paulista (UNESP) que se associaram em Convénio para viabilizar o projecto; e às agências FCT, de Portugal, e FAPESP, do Brasil, que de forma directa ou indirecta financiam a investigação nos respectivos países e apoiaram também os autores do livro.

José F. G. Mendes
Antônio Nélson R. da Silva
Léa Cristina L. de Souza
Rui A. R. Ramos

Parte I

Qualidade do Ambiente Urbano Construído

1
Avaliação da Qualidade de Vida em Cidades: Fundamentos e Aplicações

José F.G. Mendes

RESUMO

A problemática da qualidade de vida em áreas urbanas vem a ganhar importância acrescida face à tendência para a urbanização global que se observa ao nível mundial. A avaliação da qualidade de vida é uma condição prévia à formulação de estratégias e soluções, que está necessariamente na agenda de investigadores, decisores e utilizadores da cidade.

Neste artigo pretendeu-se fazer uma resenha daquela que tem sido a abordagem e os resultados de uma equipa de investigação da Universidade do Minho ao longo de cerca de quatro anos.

É apresentada a formulação multicritério de um modelo de avaliação da qualidade de vida em cidades. Este contributo conceptual e metodológico, que na sua máxima expressão integra a área do controlo do risco e do trade-off, promete abrir perspectivas até aqui pouco exploradas neste domínio.

A aplicação das metodologias propostas em estudos globais de *ranking* de cidades e de avaliação de qualidade intra-urbana, em Portugal e no Brasil, ilustra o potencial e a utilidade dos modelos.

1. INTRODUÇÃO

A questão urbana assume actualmente contornos extremos, quer em termos da dimensão que atingiu, mensurável através do crecimento exponencial da população a viver em cidades, quer em termos dos problemas de sustentabilidade que se colocam a um mundo essencialmente urbano, quer ainda em termos da qualidade da vida em cidade.

Estimativas recentes das Nações Unidas mostram que, pelo ano de 2015, aproximadamente 55% da população mundial, correspondendo a mais de 3 biliões de pessoas, viverão em áreas urbanas. A percentagem de população urbana nos países industrializados e na América Latina aproxima-se dos 80% (cerca de 74% em 1995, com uma projecção de 80% para 2015), enquanto em África e na Ásia está a crescer rapidamente de 34% em 1995 para uma projecção de 46% em 2015 (Brown, 1999).

A Tabela 1 apresenta a população das 10 maiores cidades do mundo nos anos 1000, 1800, 1900 e 2000. É digno de registo o facto de no ano 2000 apenas três das dez maiores cidades pertencerem a países desenvolvidos (enquanto em 1900 eram nove), sugerindo que o crescimento urbano actual à escala de mega-cidades é essencialmente um fenómeno do mundo em desenvolvimento.

De acordo com o conceito generalizado de sustentabilidade, o desenvolvimento deve viabilizar soluções para os problemas presentes da população sem comprometer a capacidade das gerações futuras satisfazerem as suas próprias necessidades. Este conceito não pode ser aplicado de forma restrita a unidades geográficas isoladas, como as cidades por exemplo, já que a área total necessária para sustentar uma cidade, muitas vezes fornecendo recursos e recebendo resíduos, é bem maior que aquela que as suas fronteiras definem (Rees, 1992).

O fenómeno urbano tem um impacto profundo no ambiente global, quer em termos de consumo de recursos quer em termos de produção de resíduos e poluição. As cidades do mundo ocupam apenas 2% da superfície terrestre mas consomem 75% dos recursos (Brown, 1999). Estima-se, com base em dados de diversas cidades europeias, que uma cidade média de 1 milhão de habitantes na Europa requer diariamente 11500 toneladas de combustíveis fósseis, 320000 toneladas de água e 2000 toneladas de alimentos. A mesma cidade produz por dia 300000 toneladas de águas residuais, 25000 toneladas de CO_2 e 1600 toneladas de resíduos sólidos (European Environment Agency, 1995).

Tabela 1 – População das maiores cidades do mundo (milhões de habitantes)

Ano 1000		Ano 1800		Ano 1900		Ano 2000	
Cordova	0.45	Peking	1.10	London	6.5	Tokyo	28.0
Kaifeng	0.40	London	0.86	New York	4.2	Mexico City	18.1
Instambul	0.30	Canton	0.80	Paris	3.3	Bombay	18.0
Angkor	0.20	Edo (Tokyo)	0.69	Berlin	2.7	S. Paulo	17.7
Kyoto	0.18	Instambul	0.57	Chicago	1.7	New York	16.6
Cairo	0.14	Paris	0.55	Wien	1.7	Shanghai	14.2
Baghdad	0.13	Naples	0.43	Tokyo	1.5	Lagos	13.5
Nishapur	0.13	Hangchow	0.39	S.Petterbourg	1.4	Los Angeles	13.1
Hasa	0.11	Osaka	0.38	Manchester	1.4	Seoul	12.9
Anhilvada	0.10	Kyoto	0.38	Philadelphia	1.4	Peking	12.4

Fonte: Brown, L. (1999) State of the World'99

A forte tendência para o crescimento urbano tem colocado uma pressão contínua sobre os recursos, infraestruturas e equipamentos, afectando negativamente, por vezes dramaticamente, os padrões de vivência nas cidades, isto é, a qualidade de vida (QV). Face a este quadro, e tendo por referência as exigências de sustentabilidade, hoje em dia consideradas absolutamente incontornáveis, e a necessidade de evoluir para um quadro de qualidade de vida urbana aceitável e ajustado às expectativas da população, foram lançadas diversas iniciativas de âmbito internacional que cumpre aqui relevar.

O *Projecto Cidades Sustentáveis* é uma iniciativa lançada em 1993 pelo Grupo de Especialistas de Ambiente Urbano da Comissão Europeia, na sequência do Livro Verde sobre Ambiente Urbano 1990. O primeiro resultado deste projecto é um conjunto de recomendações para integrar as considerações sobre ambiente urbano na Europa com as políticas nacionais e locais. São consideradas três grandes áreas de integração: economia, mobilidade e planeamento do uso do solo. O projecto também inclui um *Guia de Boas Práticas* e a troca de informação e experiência através do estabelecimento duma *Rede de Cidades Sustentáveis*.

O *Programa Cidades Sustentáveis* foi estabelecido em 1990 pelo UNCHS (United Nations Centre for Human Settlements - Habitat) para dotar as autoridades locais e os seus parceiros dos sectores público e privado de uma capacidade acrescida de planeamento e gestão ambientais. O programa destina-se essencialmente a países em desenvolvimento e reúne o *know-how* de diferentes regiões do mundo, no sentido de fortalecer a capacidade de definir as questões ambientais mais críticas e de identificar instrumentos e mecanismos disponíveis e adequados para os tratar.

O *Projecto Cidade Ecológica* foi lançado em 1993 pelo Grupo Ambiental em Questões Urbanas da OCDE com o objectivo de identificar estratégias para o desenvolvimento de políticas integradas e coordenadas que permitam a resolução mais eficiente de problemas ambientais. O projecto debruça-se sobre questões urbanas como transportes e infraestruturas, produção e consumo de energia, padrões de uso do solo e potencial para a renovação e desenvolvimento em áreas suburbanas e urbanas.

O *Projecto Cidades Saudáveis*, estabelecido em 1991 pela Organização Mundial de Saúde, pretende envolver os municípios num programa concertado para a melhoria da qualidade do ambiente urbano e da saúde nas cidades. Foi avaliado um conjunto determinado de indicadores ambientais relacionados com a saúde na *Rede de Cidades Saudáveis*, a qual envolve muitas centenas de municípios de várias regiões do mundo, incluindo Europa, América do Norte, América Latina e África.

O *Programa Gestão Ambiental Urbana* é suportado pelo UNDP e executado conjuntamente pelo UNCHS (Habitat) e pelo Banco Mundial, tendo por objectivo fortalecer a capacidade das cidades enfrentarem os problemas urbanos. Deste modo, o programa pretende definir estratégias ambientais urbanas para preparar e implementar planos de acção locais em cidades seleccionadas.

A *Iniciativa Agenda 21 Local* é um projecto internacional do ICLEI (International Council of Local Environmental Iniciative) que pretende desenvolver um quadro de planeamento para o desenvolvimento local sustentável. Este projecto é uma consequência directa da UNCED (United Nations Conference on Environment and Development) e responde à necessidade de apoiar as autoridades locais na implementação da *Agenda 21 Local*, de acordo com o estabelecido no Capítulo 28 da Agenda 21. A iniciativa do ICLEI em parceria com a IULA (International Union of Local Authorities) coloca especial atenção na aplicação e concepção de mecanismos de planeamento ambiental, tal como consultas, auditorias, fixação de metas, monitorização e feedback para a identificação de opções e a avaliação de interesses conflituosos e valores implícitos no conceito de sustentabilidade.

Este interesse e preocupação, manifestados internacionalmente, pela problemática da sustentabilidade ou, mais especificamente, da cidade sustentável, tem subjacente a necessidade de desenvolver sistemas de medição dos parâmetros da qualidade do ambiente urbano. O conceito mais holístico de ambiente urbano (Partidário, 1993) considera no fenómeno urbanístico diversas implicações ao nível dos sistemas físico, social e económico, incluindo para além dos factores associados à ecologia, à poluição e à paisagem urbana outros como o consumo energético, a disponibilidade e custo da habitação, o conforto acústico, a acessibilidade a equipamentos, serviços e infraestruturas, a segurança pública, etc. Parece, portanto, que a questão da qualidade do ambiente urbano se pode generalizar, por adopção do conceito mais lato de qualidade de vida em cidades.

2. QUALIDADE DE VIDA: CONCEPTUALIZAÇÃO E AVALIAÇÃO

Expressões como "*cidade boa*", "*bom local para viver*" e "*boa qualidade de vida*" envolvem visões conceptuais que, frequentemente, variam de pessoa para pessoa, de lugar para lugar e ao longo do tempo. Com efeito, o conceito de qualidade de vida é essencialmente subjectivo, já que depende do conjunto das *necessidades* e *aspirações* que, se e quando satisfeitas, fazem um indivíduo feliz ou satisfeito (Bossard, 1999).

É frequente encontrar-se diferentes atitudes face à problemática da avaliação da qualidade de vida urbana. Alguns defendem que definir qualidade de vida para toda a população e para qualquer momento no tempo é impossível e não deveria ser tentado; outros pensam que a qualidade de vida pode ser definida e quantificada, mas que tal não deve ser feito porque medir algo tão sensível torna as cidades competidoras indesejáveis e conduz a resultados/conclusões enganadores; outros ainda entendem que a avaliação da qualidade de vida urbana pode ser feita desde que se torne claro qual a metodologia e base estatística utilizadas, e que a mesma seja usada consistentemente.

Embora se reconheçam fundamentos de princípio nas três abordagens, parece que a que se coaduna com uma postura pragmática e com uma vontade de enfrentar, monitorizar e resolver os problemas urbanos, esses bem evidentes, é a terceira hipótese. Já na década de setenta do século findo, Liu (1975) defendia que a dificuldade do exercício *"não deveria deter os nossos esforços para definir e medir a qualidade de vida, e fazê-lo de forma a que tenha algum significado no quadro da matriz de decisão associada ao planeamento"*.

Os estudos conhecidos internacionalmente, leia-se os estudos minimamente conclusivos, têm resultado da adopção de metodologias, mais ou menos discutíveis, e bases estatísticas, mais ou menos ricas, que utilizadas de forma clara e coerente conduzem a medidas comparáveis da qualidade de vida em cidades. É mesmo comum que os investigadores, em resultado de julgamentos pessoais, frequentemente subjectivos, integrem nos seus modelos opções discutíveis, que reflectem conceitos e definições particulares de qualidade de vida.

Contribuições recentes (ver Findlay *et al.*, 1988; Rogerson *et al.*, 1989; Brown *et al.*, 1993; Felce and Perry, 1995; Sawicki, 1996; Savageau and Loftus, 1997; Cummings, 1998; Bossard, 1999; Mendes, 1999; Mendes, 2000) sugerem abordagens conceptuais e operacionais à problemática da qualidade de vida, que se podem sintetizar nos seguintos pontos: (i) a qualidade de vida nas cidades pode ser descrita por dimensões; (ii) as dimensões estão associadas a aspectos da vivência em cidade; (iii) as dimensões da qualidade de vida podem ser descritas por medidas (indicadores) objectivas ou subjectivas; (iv) as dimensões e os indicadores podem ser combinados de forma ponderada, através da atribuição de diferentes níveis de importância relativa (pesos), numa base subjectiva. Se a estes 4 pontos for acrescida uma elencagem das dimensões consideradas relevantes, então obtém-se uma definição de qualidade de vida urbana. Pode mesmo afirmar-se que, neste quadro conceptual/operacional, diferentes combinações de dimensões e indicadores, juntamente com os respectivos graus de importância, conduzem a diferentes definições, mais ou menos personalizadas, mais ou menos próximas do cidadão comum, ou dum qualquer grupo social, ou duma qualquer instituição.

Em termos práticos, os pontos sensíveis da avaliação da qualidade de vida passam pela identificação das dimensões, pela identificação dos seus indicadores, extremamente condicionada (conduzida, por vezes) pelas disponibilidades de informação estatística, pela definição dum sistema de pesos representativo duma qualquer motivação, preferência ou objectivo. Objectividade e subjectividade são pedras centrais e incontornáveis neste jogo, impondo-se pelo menos a sua explicitação por forma a disponibilizar ao *consumidor* dos estudos de avaliação da qualidade de vida as bases para uma correcta interpretação dos resultados.

Neste quadro conceptual, a metodologia que se preconiza para a avaliação da qualidade de vida em cidades assenta na seguinte sequência:

1. Identificação das dimensões a considerar. Numa primeira fase, através da consulta a estudos existentes, bem como à imprensa, no sentido de apreender o quadro de preocupações e motivações da população urbana em estudo. Numa segunda fase, já de posse duma lista (tipicamente extensa por excesso) de potenciais dimensões a considerar, através da auscultação directa (inquérito) dos cidadãos ou grupos de interesse, no sentido de restringir e consolidar uma lista relevante de dimensões da qualidade de vida.
2. Estabelecimento dum sistema de pesos para as dimensões, através de inquérito directo aos cidadãos ou grupos de interesse.
3. Identificação/construção de indicadores caracterizadores de cada dimensão. Este processo baseia-se essencialmente no julgamento do investigador relativamente à relevância dos indicadores para descrever uma dada dimensão da qualidade de vida, já que é muito condicionado pela disponibilidade de dados de base.
4. Estabelecimento de escala de pontuação para os *scores* dos indicadores,

devidamente normalizada.

5. Estabelecimento de sistemas de pesos para os indicadores. Os pesos atribuídos aos diferentes indicadores, dentro de cada dimensão, devem basear-se essencialmente no julgamento do investigador, dado que a especificidade dos indicadores dificulta muito e condiciona a opção pelo inquérito directo.
6. Estabelecimento da equação de agregação dos indicadores, dentro de cada dimensão.
7. Estabelecimento da equação de agregação das dimensões.

Em termos de base geográfica, a sequência de avaliação pode aplicar-se a uma cidade na sua globalidade ou a áreas parcelares da cidade. No primeiro caso procura-se um índice de qualidade de vida que tem por utilidade a monitorização ao longo do tempo e a comparação com outras cidade (estabelecimento de *rankings*); no segundo caso, procura-se avaliar a qualidade de vida intra-urbana, estabelecendo-se mapas representativos da "paisagem" da qualidade ao longo da cidade.

3. FORMALIZAÇÃO MULTICRITÉRIO E ESPECTROS ESTRATÉGICOS

A base para a avaliação da grandeza qualidade de vida é o indicador (critério, na terminologia da Ciência da Decisão), o qual pode ser medido e avaliado. Os indicadores (critérios) podem ser combinados através de uma regra de decisão, que tipicamente inclui procedimentos de normalização e agregação, no sentido de gerar índices compostos.

Os aspectos críticos num processo de avaliação que envolve múltiplos critérios são a definição de pesos, a normalização e a combinação dos critérios.

3.1. Definição de pesos para os critérios

Uma componente muito importante num modelo de avaliação multicritério refere-se às prioridades atribuídas aos diferentes critérios, as quais podem ser representadas por valores quantitativos (normalmente designados por pesos) ou através de expressões ordinais (designadas por prioridades) (Voogd, 1983).

O objectivo de defenir pesos (aqui importam os pesos, mais que as prioridades) é quantificar a importância relativa dos critérios e dos seus scores, em termos da sua contribuição para um índice global de QV.

Não há nenhum método unanimemente aceite para a geração de pesos, facto que habitualmente conduz a uma certa controvérsia. Contudo, vários são os métodos propostos e utilizados, como refere Voogd (1983) e von Winterfeldt & Eduards (1986). Destacam-se dois métodos, por diferentes razões: a Escala de Pontos, um método de simples e rápida utilização, desenvolvido originalmente como escala de sete pontos por Osgood *et al.* (1957); e o método das Comparações Par-a-Par, mais complexo mas muito mais promissor, desenvolvido por Saaty (1977) no contexto dum processo de tomada de decisão conhecido como AHP (Analytical Hierarchy Process).

As Escalas de Pontos foram usadas em diversos estudos de avaliação da QV. Por exemplo, o grupo de investigação em QV da Universidade de Glasgow usou uma escala de cinco pontos num estudo de *ranking* de cidades britânicas (Findlay *et al.*, 1988), e o grupo de investigação em QV da Universidade do Minho usou também uma escala de cinco pontos no seu estudo de *ranking* de cidades portuguesas (Mendes, 1999).

O método das Comparações Par-a-Par foi utilizado por uma equipa sediada na Universidade de São Paulo, Brasil, sob a coordenação do grupo de QV da Universidade do

Minho, para determinar pesos de dimensões de qualidade de vida na cidade brasileira de São Carlos (Mendes & Motisuki, 2001).

3.2. Normalização de critérios

Devido às diferentes escalas utilizadas na avaliação dos critérios, é necessário normalizar os valores antes de se proceder à respectiva combinação e, também, proceder à sua transformação, se necessário, de forma a que todos os critérios se correlacionam correctamente com a QV.

A maioria dos processos de normalização utilizam os valores máximo e mínimo para a definição duma escala. A forma mais simples é uma variação linear definida da seguinte forma (Eastman, 1997):

$$x_i = (R_i - R_{min})/(R_{max} - R_{min}) * Intervalo\_normalizado \tag{1}$$

em que R_i é o valor de score a normalizar e R_{min} e R_{max} são os scores mínimo e máximo, respectivamente.

Uma outra forma de normalização mais utilizada em estudos de QV é o chamado z-score, bastante conveniente quando se está na presença de valores em número suficiente para permitir o cálculo de médias e desvios padrões com algum significado (Bossard, 1999).

Representando o valor dum indicador (critério) para uma dada área urbana por I, a media dos valores de I para todas as áreas urbanas em consideração por $\mu[I]$, e o respectivo desvio padrão por $\sigma[I]$, o z-score para o indicador é dado por (Mendes *et al.*, 1999a):

$$Score_i = a_i \frac{I - \mu[I]}{\sigma[I]} \tag{2}$$

onde a_i é uma variável que assume o valor +1 quando valores maiores do indicador i contribuem positivamente para a QV, e o valor -1 quando valores maiores do indicador contribuem negativamente para a QV.

Definido desta forma, o score dum critério é o número de desvios padrão que o respectivo valor está acima ou abaixo da média, referida à totalidade das áreas em apreço. Um uso extensivo deste conceito em estudos de avaliação da QV é apresentado por Mendes *et al.* (1999a, 1999b), com variações para a qualidade do ar, a qualidade da água e indicadores de ruído em cidades.

O processo de normalização é na sua essência idêntico ao processo de *fuzzification* introduzido pela lógica *fuzzy*[1], segundo o qual um conjunto de valores expressos numa dada escala é convertido num outro comparável, expresso numa escala normalizada (por exemplo 0-1). O resultado expressa um grau relativamente à pertença a um conjunto (designado por *fuzzy membership* ou possibilidade) que varia de 0.0 a 1.0, indicando uma variação contínua desde não-pertença (sem qualidade de vida) até pertença completa (qualidade de vida máxima), na base do critério submetido ao processo de *fuzzification*.

Os critério normalizados são, então, declarações de pertença que podem ser baseadas num conjunto de possíveis funções *fuzzy* (ver Zadeh, 1965 e Eastman, 1997). Por outras

---

[1] *Fuzzification* é a expressão original apresentada por Zadeh (1965), para a qual não se adoptou qualquer tradução. O mesmo acontece para a palavra *fuzzy*.

palavras, a forma da curva de normalização é definida por uma função *fuzzy*, cuja selecção depende da natureza da variável (indicador), constatando-se que as mais usadas são a linear e a sigmoidal.

Uma questão crucial nesta forma de normalização de critérios é a escolha dos pontos de controlo *a* and *b* da função *fuzzy* (Figura 1), onde importa sobretudo considerar o seu significado (Eastman *et al.*, 1998). Supondo que, para um determinado critério de QV, os z-scores calculados variam de -2.1 (2.1 desvios padrão abaixo da media) até 4.0 (4.0 desvios padrão acima da média), poder-se-ia considerar por exemplo que valores de score acima de +2.0 não trazem uma contribuição extra para a QV, o que significa que o ponto de controlo *b* seria $Score_b$=2.0. Uma opção similar poderia ser feita para o ponto *a*, tomando por exemplo $Score_a$=-2.0, o que resultaria numa curva semelhante àquela que se apresenta na Figura 1 (para uma função sigmoidal), cuja definição matemática é:

$$\begin{aligned} \mu &= \sin^2(\alpha) \\ \alpha &= (x - x_a)/(x_b - x_a) * \pi/2 \\ &Para\ x > x_b,\ \mu = 1;\quad x < x_a,\ \mu = 0 \end{aligned} \quad (3)$$

onde $x_a = -2$ e $x_b = +2$.

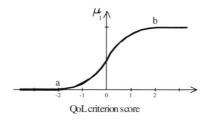

Figura 1 – Função fuzzy sigmoidal com pontos de controlo

3.3. Agregação de critérios

Uma vez normalizados os valores dos scores para uma escala comum (0-1 ou outra), estes devem ser agregados para dar origem a um índice de avaliação. A avaliação multicritério oferece alguns procedimentos para esta combinação de critérios em escala contínua (para uma descrição extensiva ver Malczewski, 1999), nomeadamente a Combinação Linear Pesada (WLC, da expressão Weighted Linear Combination) e a Média Pesada Ordenada (OWA, da expressão Ordered Weighted Average).

WLC

O procedimento WLC (Voogd, 1983) combina os critérios através duma média ponderada, podendo formalizar-se pela seguinte equação:

$$S = \sum_i w_i x_i \quad (4)$$

onde S é o score final, w_i é o peso do critério i, e x_i é o score normalizado do critério. Como os pesos dos critérios somam 1.0, o score final calculado vem expresso na mesma escala.

O procedimento WLC permite a compensação total entre critérios (o que habitualmente se designa por *trade-off*), o que significa que uma qualidade muito pobre pode ser compensada por uma ou várias qualidades boas.

São muito comuns as aplicações deste tipo de agregação em estudos de QV (por exemplo Mendes *et al.*, 1999a, 1999b; Savageau & Loftus, 1997; Findlay *et al.*, 1988).

OWA

No procedimento OWA (Yager, 1988; Eastman *et al.*, 1996, 1998) são utilizados dois conjuntos de pesos. O primeiro é o conjunto dos pesos dos critérios, precisamente tal como utilizados no método WLC. O segundo conjunto, denominado *Order Weights*, não se aplica a critérios específicos mas sim aos critérios de acordo com uma determinada ordenação.

Concretizando, depois da aplicação dos pesos dos critérios (como se faz no método WLC), os valores pesados dos scores de cada um dos critérios são ordenados do mais baixo para o mais alto. De seguida, ao critério com o menor valor de score (pesado) é aplicado o primeiro *order weight*; ao critério com o segundo menor valor de score é aplicado o segundo *order weight*, e assim sucessivamente até que ao critério com o maior valor pesado é aplicado o último *order weight*. Este procedimento tem o efeito de pesar critérios com base na sua ordem, do mínimo até ao máximo.

Fazendo variar os *order weights*, o procedimento OWA permite implementar uma gama vastíssima (na verdade infinita) de opções de agregação. Como referem Eastman *et al.* (1998), num processo de decisão que envolva três critérios, um conjunto de três *order weights* [1 0 0] aplicaria todo o peso ao critério com o menor score, produzindo assim uma solução adversa ao risco (dita pessimista ou conservadora), equivalente ao operador lógico AND; um conjunto de *order weights* [0 0 1], pelo contrário, aplicaria todo o peso ao critério de mais alto score, produzindo assim uma solução de elevado risco (dita optimista), equivalente ao operador lógico OR; um conjunto de *order weights* [0.33 0.33 0.33], por sua vez, aplicaria igual peso a todos os critérios, produzindo assim uma solução de risco neutro (intermédia), equivalente ao operador WLC. Nos dois primeiros casos apenas os scores extremos são considerados (o mínimo no primeiro e o máximo no segundo), o que significa que os critérios não podem ser compensados uns pelos outros (ausência de *trade-off*). Contudo, no terceiro caso, como foi atribuído um conjunto de *order weights* perfeitamente equilibrado, os factores podem compensar-se mutuamente (*trade-off* total), no sentido em que maus scores nuns critérios podem ser compensados por bons scores noutros critérios. Na realidade este terceiro caso é um equivalente do WLC ou, ainda mais correctamente, o procedimento WLC é um caso particular do procedimento mais geral OWA.

Os *order weights* não estão obviamente restringidos aos três casos apresentados no parágrafo anterior; na verdade, qualquer combinação é possível desde que o seu somatório seja a unidade. A deslocação relativa dos *order weights* no sentido do mínimo ou do máximo controla o nível de risco (também designado por ANDness); por sua vez, a homogeneidade de distribuição dos *order weights* pelas posições controla o nível global de *trade-off*.

O resultado é um espectro estratégico de decisão (avaliação, neste caso), aproximadamente triangular, definido por um lado pela atitude de risco e, por outro lado, pelo nível de *trade-off* (Eastman *et al.*, 1998), como se observa na Figura 2.

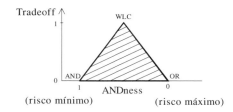

Figura 2 - Espaço estratégico de decisão (OWA)

A atitude de risco é medida pela variável *ANDness*, dada pela equação:

$$ANDness = \frac{1}{n-1}\sum_i ((n-i)O_i) \quad (5)$$

e o *trade-off* é dado por:

$$Tradeoff = 1 - \sqrt{\frac{n\sum_i (O_i - 1/n)^2}{n-1}} \quad (6)$$

onde n é o número de critérios envolvidos, i é a ordem do critério e O_i é o peso (*order weight*) para o critério de ordem i.

A Tabela 2 apresenta os valores de ANDness e trade-off para os três pontos que configuram o triângulo estratégico de decisão.

Tabela 2 – Espaço estratégico de decisão - OWA

Order weights	ANDness	Tradeoff	Tipo de avaliação
[1 0 0]	1	0	Risco nulo (pessimista) Tradeoff nulo (AND)
[0 0 1]	0	0	Risco máximo (optimista) Tradeoff nulo (OR)
[0.33 0.33 0.33]	0.5	1	Risco neutro Tradeoff total (WLC)

No contexto da avaliação da QV podem ser realizados diferentes tipos de avaliação (isto é, diferentes combinações de ANDness/tradeoff), de acordo com o objectivo da avaliação, a natureza dos critérios ou a confiança no modelo conceptual de avaliação. A manutenção de diferentes cenários de avaliação, pode ser particularmente útil no apoio à tomada de decisão num contexto de alteração da envolvente à própria decisão, onde se podem configurar diferentes situações de estabilidade, de incerteza, de escassez de recursos, etc. Um exemplo típico é a selecção de projectos destinados à mitigação de deficits de QV em áreas urbanas, num quadro orçamental limitado; cenários correspondentes a diferentes atitudes de risco podem revelar-se muito úteis no apoio à identificação das áreas urbanas a submeter a intervenção.

4. APLICAÇÕES

4.1. *Rankings* de cidades portuguesas na perspectiva da qualidade de vida

O projecto de investigação em Qualidade de Vida Urbana em Portugal, desenvolvido pela equipa do grupo de Planeamento Territorial do Departamento de Engenharia Civil da Universidade do Minho, iniciou-se em 1999 e assistiu desde então a quatro momentos marcantes em termos do avanço da investigação, dos quais se apresentam nesta secção alguns dos seus resultados mais relevantes.

O primeiro momento, que na verdade constituíu o lançamento do processo, foi a publicação em livro, em Portugal, do estudo *Onde Viver em Portugal* (Mendes, 1999) onde se apresenta a avaliação da qualidade de vida nas dezoito capitais de distrito portuguesas. Baseia-se num conjunto de dimensões da qualidade de vida, descritas por um conjunto de indicadores que, combinados através dum modelo de avaliação multicritério, dão uma medida de qualidade relativa das cidades, conduzindo em última análise a um *ranking* das mesmas. No sentido de clarificar a utilização e o impacto do estudo, o autor referia que um *ranking* de cidades deve ser sempre interpretado à luz dos dados e do modelo que serviram para a sua determinação, com todas as virtudes e limitações que lhes estão subjacentes, não sendo legítimo conferir-lhe um valor absoluto.

Ficava claro na altura que, mais que os resultados, importava a metodologia. Nesta linha, no ano de 2000 foi produzida a formulação multicritério do modelo de avaliação da QV, à qual acresceu novo contributo no domínio do controlo do risco e do nível de *tradeoff* no processo de avaliação. A aplicação da metodologia permitiu o desenvolvimento de diferentes *rankings* de cidades, de acordo com a atitude de risco assumida na avaliação. Desta feita o resultado foi incluído como capítulo do livro *Planning for a Better Quality of Life in Cities*, denominado *Decision Strategy Spectrum for the Evaluation of Quality of Life in Cities* e publicado pela National University of Singapore (Mendes, 2000).

No ano de 2001, os resultados do estudo de 1999 foram carregados num Sistema de Informação Geográfica e o potencial de análise daí resultante permitiu mapear a QV nas capitais de distrito. Em concreto, foram interpoladas superfícies de QV no País, com as necessárias ressalvas associadas ao facto de serem tomados apenas 18 pontos (as capitais de distrito), as quais foram posteriormente combinadas com superfícies de densidade populacional no sentido de avaliar a "paisagem" geográfica da população submetida a diversos níveis de qualidade de vida. Esta análise foi apresentada em Zagreb em 2001 no Congresso da European Regional Science Association, sob o título *Analysing the Portuguese Urban System from a Quality of Life Viewpoint* (Mendes, Ramos & Costa, 2001).

Finalmente, em 2003 os investigadores J. Mendes e I. Cleto elaboraram um estudo das variações regionais na avaliação da qualidade de vida nas cidades portuguesas cujos primeiros resultados se afloram adiante.

Importa referir que uma discussão completa e fiel interpretação dos resultados apresentados na próximas páginas não dispensa a leitura dos textos originais completos.

Onde viver em Portugal

A Tabela 3 apresenta o quadro completo das dimensões da QV considerada, dos indicadores que as descrevem e dos respectivos pesos utilizados para determinar o *ranking* das cidades. Trata-se duma combinação entre o conjunto dos indicadores e pesos adoptados pelo autor, dentro de cada dimensão, e o conjunto de pesos das dimensões resultantes dum inquérito nacional.

A aplicação desta combinação de dimensões, indicadores e pesos resultou num *ranking* das cidades encabeçado por Lisboa e com Portalegre na cauda. Este *ranking* final da qualidade de vida pode ser observado na Tabela 4 e na Figura 3.

Tabela 3 – Dimensões, indicadores e pesos

CLIMA		0.087
Índice climático de Inverno	0.33	
Índice climático de Verão	0.33	
Índice pluviométrico	0.33	
COMÉRCIO E SERVIÇOS		0.117
Bancos	0.143	
Dependências bancárias por 10.000 hab.	1.000	
Comércio	0.143	
Estabelecimentos comerciais retalhistas	0.200	
Estabelecimentos comerciais retalhistas por 10.000 hab.	0.200	
Grandes superfícies	0.300	
Áreas de grandes superfícies por 10.000 hab.	0.300	
Desporto	0.143	
Pavilhões por 10.000 hab.	0.200	
Instalações para grandes jogos por 10.000 hab.	0.200	
Piscinas cobertas por 10.000 hab.	0.200	
Piscinas descobertas por 10.000 hab.	0.200	
Pistas de atletismo por 10.000 hab.	0.200	
Ensino Superior	0.143	
Cursos Universidade	0.400	
Vagas Universidade	0.400	
Cursos Politecnico	0.100	
Vagas Politecnico	0.100	
Museus	0.143	
Número de museus	1.000	
Saúde	0.143	
Número de hospitais no distrito por 100.000 hab.	0.150	
Lotação dos hospitais no distrito por 100.000 hab.	0.600	
Número de médicos por 10.000 hab.	0.200	
Número de farmácias por 10.000 hab.	0.050	
Segurança Social	0.143	
Actividades Tempos Livres: Estabelecimentos por 10.000 hab.	0.050	
Actividades Tempos Livres: Capacidade por 10.000 hab.	0.200	
Centros Dia: Estabelecimentos por 10.000 hab.	0.050	
Centros Dia: Capacidade por 10.000 hab.	0.200	
Creches e Jardins Infância: Estabelecimentos por 10.000 hab.	0.050	
Creches e Jardins Infância: Capacidade por 10.000 hab.	0.200	
Lares: Estabelecimentos por 10.000 hab.	0.050	
Lares: Capacidade por 10.000 hab.	0.200	
CRIMINALIDADE		0.118
Crimes contra pessoas por 1000 hab.	0.450	
Crimes contra o património por 1000 hab.	0.450	
Crimes contra a vida em sociedade por 1000 hab.	0.100	
DESEMPREGO		0.119
Taxa de desemprego registado	1.000	
HABITAÇÃO		0.120
Custo de aquisição por m^2 de área útil	0.500	
Custo de arrendamento por m^2 de área útil	0.500	

Tabela 3 – Dimensões, indicadores e pesos (cont.)

MOBILIDADE	0.109
Autocarros por 1000 hab.	0.300
Veículos por Km de rede viária	0.250
Vendas de combustível por Km de rede viária	0.250
Densidade de rede viária	0.100
Tempo agregado de deslocação a Lisboa e Porto	0.100
PATRIMÓNIO	0.103
Monumentos nacionais e Património mundial	0.667
Imóveis de interesse público	0.333
PODER DE COMPRA	0.106
Indicador *per capita* do poder de compra	1.000
POLUIÇÃO	0.121
Qualidade do ar	0.333
Emissões de CO por Km^2 de área urbana	0.250
Emissões de NOx por Km^2 de área urbana	0.250
Emissões de COV por Km^2 de área urbana	0.250
Emissões de PTS por Km^2 de área urbana	0.250
Qualidade da água	0.333
Parâmetros G1 (11 parâmetros organolépticos e microbiológicos)	0.115
	0.156
Parâmetros G2 (15 parâmetros de natureza físico-química)	0.260
Parâmetros G3 (25 parâmetros sobre subst. indesejáveis e tóxicas)	0.469
Número de violações de parâmetros G1, G2 e G3 (45 parâmetros)	
Ruído	0.333
Nível de intensidade sonora equivalente (Leq)	1.000

Tabela 4 - Qualidade de vida: *ranking*

Pos.	Cidades	Clima Score	Com.Serv. Score	Criminal. Score	Desemp. Score	Habitação Score	Mobilid. Score	Património Score	P.Compra Score	Poluição Score	*SCORE* FINAL
1	Lisboa	0.93	1.54	0.24	0.39	-2.69	-0.91	3.26	3.31	-1.86	0.38
2	Guarda	-0.18	-0.08	0.88	0.75	0.91	0.05	-0.58	-0.51	0.76	0.26
3	Coimbra	-0.07	0.58	0.80	0.66	-0.62	0.55	0.41	0.06	-0.36	0.23
4	Bragança	-0.64	-0.10	1.15	0.22	1.23	-0.31	-0.37	-0.54	0.41	0.16
5	Castelo Branco	-0.09	-0.02	1.20	0.03	1.00	0.27	-0.65	-0.49	-0.15	0.15
6	Santarém	-0.07	-0.41	0.54	0.50	0.44	-0.09	0.04	-0.50	0.48	0.12
7	Aveiro	0.39	0.18	-1.04	1.05	0.20	0.13	-0.61	0.02	0.16	0.05
8	Viana do Castelo	-0.05	-0.60	0.13	0.72	0.40	0.12	-0.20	-0.67	0.38	0.04
9	Évora	-0.09	0.01	0.10	0.00	-0.66	-0.27	1.28	-0.23	0.32	0.04
10	Leiria	0.39	-0.51	-0.69	1.29	0.56	0.23	-0.65	-0.33	-0.01	0.03
11	Faro	0.93	-0.01	-1.36	0.31	-0.12	0.42	-0.58	0.32	-0.17	-0.06
12	Porto	-0.05	0.97	-0.03	-0.58	-1.66	-0.19	0.52	1.76	-1.08	-0.07
13	Braga	-0.51	-0.16	-1.06	0.41	0.37	-0.04	0.15	-0.20	-0.18	-0.13
14	Vila Real	-0.64	-0.24	0.29	-0.48	0.37	0.04	-0.47	-0.65	0.25	-0.15
15	Viseu	-0.51	-0.51	-0.60	-0.03	0.45	0.24	-0.40	-0.48	0.29	-0.15
16	Beja	-0.09	-0.13	1.03	-1.21	-0.64	-0.22	-0.41	-0.41	0.44	-0.18
17	Setúbal	0.93	-0.37	-1.90	-1.08	0.16	0.18	-0.31	0.08	-0.13	-0.32
18	Portalegre	-0.53	-0.13	0.32	-2.96	0.30	-0.19	-0.41	-0.54	0.46	-0.41

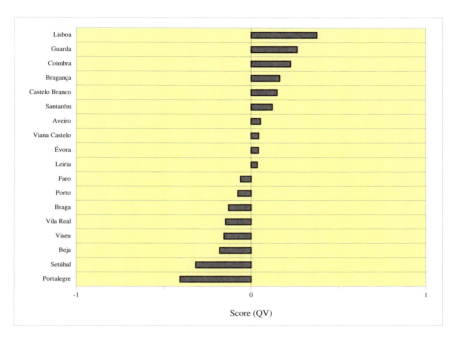

Figura 3 - Qualidade de vida: *ranking*

Decision Strategy Spectrum for the Evaluation of Quality of Life in Cities

No sentido de explorar o espectro de avaliação possível pelo método de agregação OWA, foram realizadas simulações adicionais combinando os scores das dimensões de QV através da aplicação dos pesos apresentados na Tabela 3 conjuntamente com diferentes opções de *order weights*. Previamente os scores da Tabela 4 foram normalizados pela aplicação duma função *fuzzy* sigmoidal, com os pontos de controlo $a = -1.5$ e $b = +1.5$. Os cenários definidos foram os seguintes (Tabela 5):

A. Risco neutro, equivalente a WLC, com trade-off total.
B. Risco nulo, avaliação pessimista, trade-off nulo.
C. Risco máximo, avaliação optimista, trade-off nulo.
D. Menos risco (do que WLC), permitindo algum trade-off.
E. Mais risco (do que WLC), permitindo algum trade-off.

Pode desde logo verificar-se na Tabela 5 que o *ranking* resultante do cenário A (WLC) é ligeiramente diferente daquele apresentado na Tabela 4. A razão desta diferença é o procedimento de normalização aplicado, que envolveu como se referiu uma função sigmoidal com dois pontos de controlo. Lisboa, cuja maior vantagem eram os elevadíssimos scores nas dimensões Património e Poder de Compra, caíu da primeira para a terceira posições, dado que o segundo ponto de controlo limita a contribuição de scores acima de 1.5.

Os cenários de baixo risco (B e D) remetem para posições inferiores cidades com performance pobre em uma ou duas dimensões. É o caso de Lisboa e Porto, que caem bastantes posições no *ranking* quando comparadas com o cenário A (WLC). Pelo contrário, cidades mais equilibradas, isto é sem dimensões muito pobres, sobem algumas posições.

Reciprocamente, os cenários de alto risco (C e E) trazem para posições mais altas cidades com muito bom desempenho em uma ou duas dimensões, como é o caso de Leiria. As cidades médianas, isto é sem qualquer dimensão excepcional, têm posições mais modestas no *ranking*.

Tabela 5 – *Rankings* resultantes de cenários de risco

Cenário Order weights	A [1/9 1/9 1/9 1/9 1/9 1/9 1/9 1/9 1/9]	B [1 0 0 0 0 0 0 0 0]	C [0 0 0 0 0 0 0 0 1]	D [0.20 0.15 0.15 0.10 0.10 0.10 0.10 0.05 0.05]	E [0.05 0.05 0.10 0.10 0.10 0.10 0.15 0.15 0.20]
Rank					
1	Guarda	Santarém	Leiria	Coimbra	Guarda
2	Coimbra	Coimbra	Bragança	Guarda	Lisboa
3	Lisboa	Guarda	Lisboa	Santarém	Coimbra
4	Santarém	Évora	Castelo Branco	Castelo Branco	Bragança
5	Bragança	Viseu	Aveiro	Bragança	Castelo Branco
6	Castelo Branco	Viana Castelo	Beja	Viana Castelo	Santarém
7	Aveiro	Castelo Branco	Guarda	Aveiro	Aveiro
8	Viana Castelo	Leiria	Porto	Évora	Viana Castelo
9	Évora	Bragança	Coimbra	Lisboa	Leiria
10	Leiria	Vila Real	Évora	Faro	Porto
11	Faro	Aveiro	Viana Castelo	Leiria	Évora
12	Porto	Braga	Santarém	Braga	Faro
13	Braga	Beja	Portalegre	Vila Real	Braga
14	Vila Real	Faro	Viseu	Viseu	Beja
15	Viseu	Lisboa	Braga	Porto	Portalegre
16	Beja	Portalegre	Vila Real	Portalegre	Vila Real
17	Portalegre	Porto	Faro	Setúbal	Viseu
18	Setúbal	Setúbal	Setúbal	Beja	Setúbal

Analysing the Portuguese Urban System from a Quality of Life Viewpoint

A Figura 4 apresenta a "paisagem da qualidade de vida", tal como avaliada para as cidades capitais de distrito em 1999. É importante voltar a enfatizar o facto das superfícies terem sido interpoladas com base em apenas 18 pontos, pelo que são, sobretudo no sul do País, aproximações. A opção de as considerar pretende apenas dar pistas para uma leitura das grandes tendências observadas no mapa nacional.

Pode observar-se que Lisboa é ainda a cidade mais atractiva devido sobretudo ao bom desempenho nas dimensões do Comércio e Serviços, do Património, do Poder de Compra e do Clima. Constata-se o desenho de um corredor que atravessa o País na região centro, incluindo as cidades de Coimbra, Guarda e Castelo Branco, todas elas apresentando scores globais de QV acima da média. Coimbra goza de uma distribuição equilibrada de scores pelas diferentes dimensões de QV, enquanto a Guarda e Castelo Branco apresentam bons scores na Criminalidade, Habitação, Mobilidade e Poluição. Portalegre e Setúbal apresentam alguns dos mais pobres scores em grande parte das dimensões, o que conduz estas cidade à cauda do *ranking*.

Na Figura 5 podem observar-se as superfícies da QV pesada pela densidade populacional. Estes mapas dão uma ideia da real distribuição da população sujeita a diferentes níveis de qualidade de vida. Também neste caso relevam as ressalvas atrás referidas relativamente ao processo de interpolação das superfícies.

É possível observar que as áreas de Lisboa, Santarém, Coimbra e Guarda possuem as maiores concentrações de população usufruindo melhor níveis de QV. Inversamente, as áreas de Porto, Braga e Setúbal apresentam as maiores concentrações de pessoas sujeitas a piores níveis de QV. No restante do País existem áreas com melhor e pior QV, mas a densidade populacional é geralmente baixa, pelo que a maioria do mapa respectivo é homogénea.

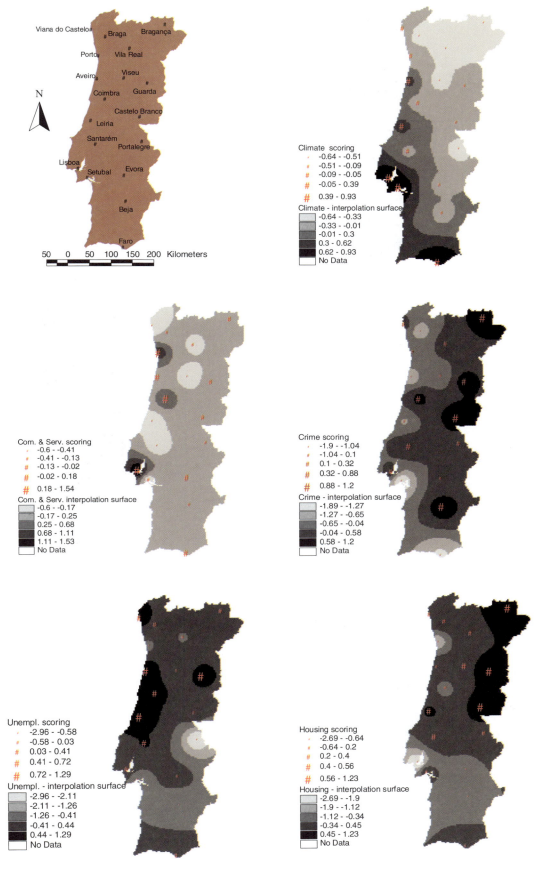

Figura 4 - Superfícies de qualidade de vida

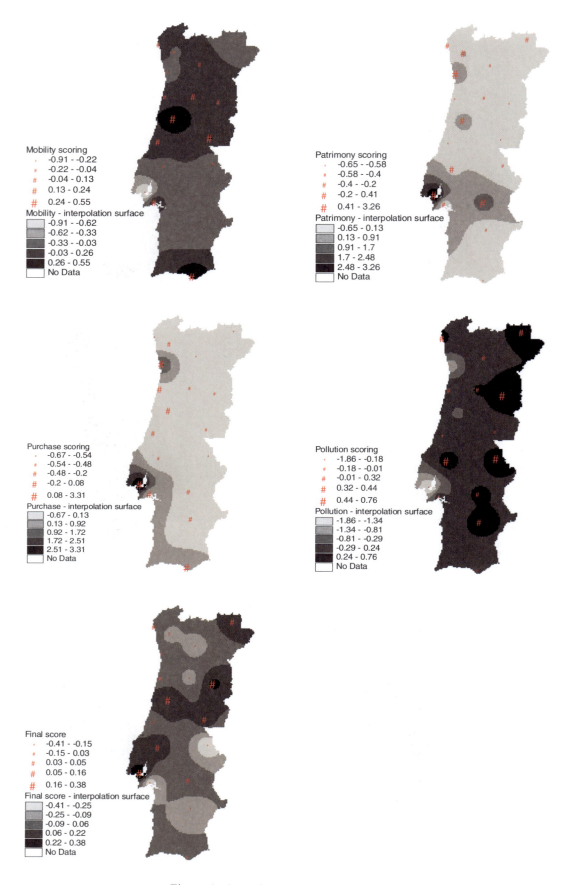

Figura 4 - Superfícies de qualidade de vida (cont.)

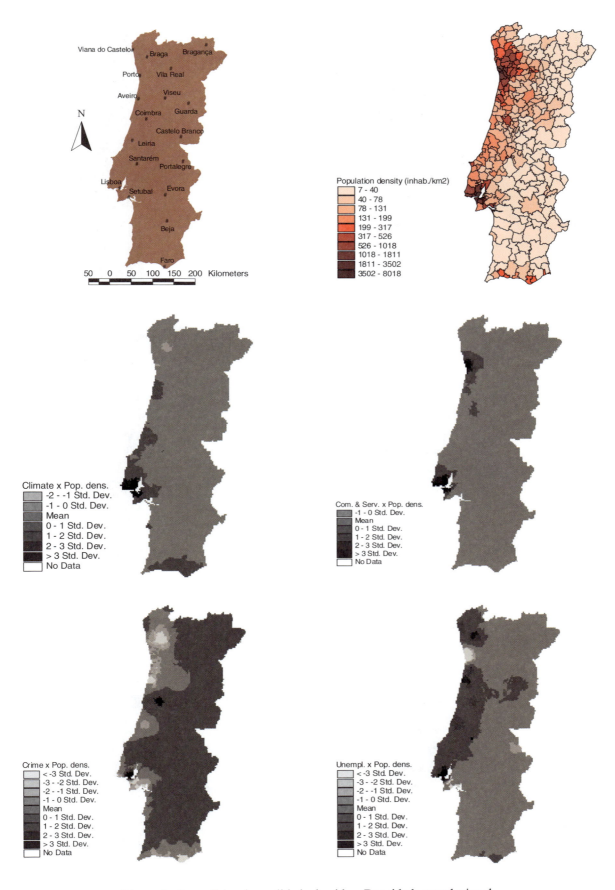

Figura 5 - Superfícies de qualidade de vida x Densidade populacional

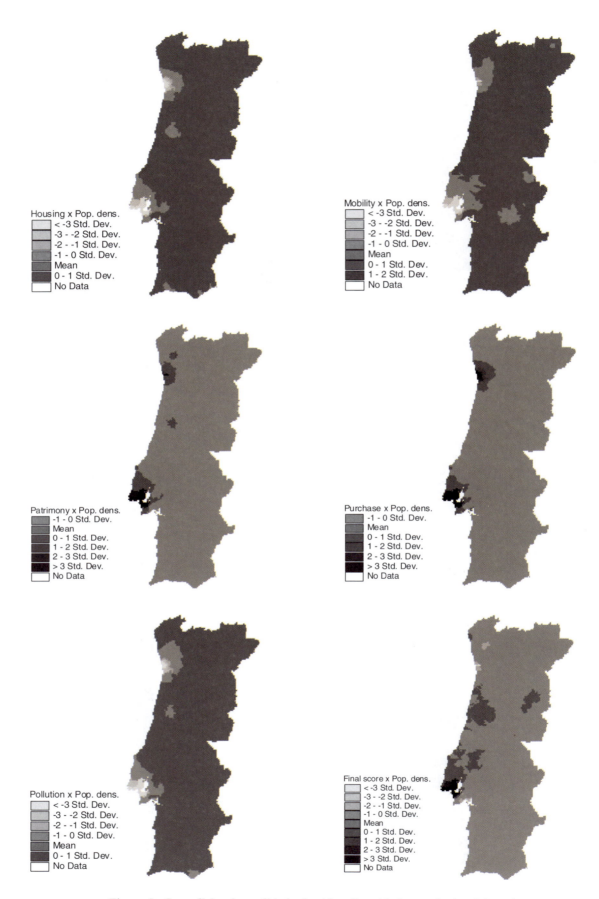

Figura 5 - Superfícies de qualidade de vida x Densidade populacional (cont.)

Variações regionais na avaliação da qualidade de vida

Passados quatro anos sobre o primeiro grande estudo de avaliação da qualidade de vida nas capitais de distrito portuguesas, durante os quais o modelo foi utilizado recorrentemente e em diferentes circunstâncias mantendo os pesos das dimensões, colocou-se a questão de determinar as variações de sensibilidade regionais quando está em causa a atribuição de pesos às dimensões por parte de residentes em diferentes cidades. No sentido de dar resposta a esta questão, realizou-se uma investigação que consistiu na determinação, por inquérito telefónico, de novos sistemas de pesos para a qualidade de vida, desagregados por cidade.

Para além de se procurar estabelecer um novo sistema de pesos nacional, foram também constituídos sistemas de pesos na perspectiva de diferentes cidades previamente seleccionadas, a saber: Braga, Faro, Guarda, Leiria, Lisboa e Porto

Na sequência foram recalculados os *rankings* das capitais de distrito de acordo com a visão nacional e das diferentes cidades em 2003.

Uma vez estabelecidos os novos *rankings* resultantes dos diferentes sistemas de pesos (nacional e de cada uma das cidades escolhidas) procurou-se verificar qual a correlação entre os mesmos e, também, relativamente ao *ranking* de 1999. Para o efeito foi utilizado o coeficiente de correlação de Spearman (r_s), por ser a medida de correlação indicada para comparação de *rankings*, tendo-se nomeadamente recorrido ao respectivo coeficiente de determinação r_s^2.

Análise comparativa semelhante foi realizada sobre os scores de qualidade de vida calculados com base nos pesos de 2003, tendo-se neste caso utilizado coeficientes ordinários de correlação e determinação.

Os sistemas de pesos apurados em 2003 para o conjunto nacional na perspectiva de cada uma das cidades são apresentados na Tabela 6.

Tabela 6 – Sistemas de pesos em 2003 e 1999

	Beja 2003	Braga 2003	Faro 2003	Guarda 2003	Leiria 2003	Lisboa 2003	Porto 2003	Nacional 2003	Nacional 1999
Clima	0,1165	0,0885	0,1080	0,1016	0,0863	0,1022	0,0865	0,0979	0,0865
Comércio/Serviços	0,1131	0,1145	0,1066	0,1005	0,1135	0,1064	0,1060	0,1086	0,1167
Criminalidade	0,1198	0,1249	0,1261	0,1187	0,1339	0,1233	0,1226	0,1239	0,1182
Desemprego	0,1221	0,1121	0,1169	0,1238	0,1237	0,1275	0,1226	0,1217	0,1194
Habitação	0,1097	0,1055	0,1028	0,1161	0,1135	0,1135	0,1085	0,1100	0,1200
Mobilidade	0,1053	0,1159	0,1093	0,1068	0,1101	0,1022	0,1168	0,1094	0,1088
Património	0,1153	0,1121	0,1042	0,1030	0,0931	0,0943	0,1101	0,1042	0,1029
Poder Compra	0,1008	0,1093	0,1001	0,1068	0,1033	0,1083	0,1060	0,1058	0,1063
Poluição	0,0974	0,1172	0,1260	0,1227	0,1226	0,1223	0,1209	0,1185	0,1213
Soma	1	1	1	1	1	1	1	1	1

Na Tabela 7 apresentam-se todos os *rankings* de 2003 e de 1999 bem como os respectivos coeficientes de correlação e de determinação de Spearman.

Dos resultados apresentados podem extrair-se os seguintes comentários:

- Genericamente, verifica-se que entre 1999 e 2003 o *ranking* de cidades altera-se muito pouco. Apesar do modelo de cálculo de scores e consequente *ranking* ser o mesmo, este resultado indicia alguma estabilidade global no conceito de qualidade de vida, ou seja, forte consistência do sistema de pesos neste período de tempo;

- A correlação entre o *ranking* de 2003 e o de 1999 é aquela que encontra um valor mais próximo dos 100% ($r_s^2 = 0,996$). O facto do sinal de $r_s = 0,998$ ser positivo revela que há uma forte tendência das posições dos *rankings* se associarem. Ou seja, aos valores mais elevados no *ranking* 2003 associam-se igualmente os mais elevados de 1999, e vice-versa;

- O valor de correlação mais baixo é o resultante da comparação do *ranking* nacional 2003 com o *ranking* de Faro, com um coeficiente de determinação de 0,842.

Tabela 7 – Correlação de *rankings*

Cidades	Nacional 2003	Nacional 1999	Beja 2003	Braga 2003	Faro 2003	Guarda 2003	Leiria 2003	Lisboa 2003	Porto 2003
Lisboa	1	1	1	1	1	1	1	1	1
Guarda	2	2	3	3	2	2	2	2	2
Coimbra	3	3	2	2	3	3	3	3	3
Bragança	4	4	5	4	5	4	4	4	4
Cast. Branco	5	5	4	5	6	5	5	5	5
Santarém	6	6	6	6	8	6	6	6	6
Aveiro	7	7	8	8	7	7	9	7	8
Évora	8	9	7	7	9	9	7	10	9
Viana Cast.	9	8	10	9	10	10	8	9	7
Leiria	10	10	9	10	11	8	10	8	10
Faro	11	11	11	12	12	11	11	11	11
Porto	12	12	12	11	4	12	12	12	12
Braga	13	13	13	13	13	13	14	13	13
Vila Real	14	14	14	14	16	14	13	14	14
Viseu	15	15	15	16	14	15	16	15	15
Beja	16	16	16	15	15	16	15	16	16
Setúbal	17	17	17	17	17	17	17	17	17
Portalegre	18	18	18	18	18	18	18	18	18
r_s	**0,998**	0,992	0,992	0,917	0,994	0,990	0,992	0,994	
r_s^2	**0,996**	0,984	0,984	0,842	0,988	0,988	0,984	0,988	

Na Tabela 8 apresentam-se todos os scores de 2003 e de 1999 bem como os respectivos coeficientes de correlação e de determinação.

A análise da correlação de scores sugere os seguintes comentários:

- Também aqui se verifica grande proximidade entre o resultado nacional apurado em 1999 e aquele que se apurou em 2003. O coeficiente de determinação ascende a 0,998, mesmo superior ao 0,996 encontrado na correlação de *rankings*;

- Podem ser diferenciados três grupos de resultados: aqueles cuja correlação é quase perfeita, casos de Porto (0,999), Guarda (0,997) e Lisboa (0,997); aqueles com correlação ligeiramente inferior, casos de Braga (0,992), Leiria (0,988) e Beja (0,987); e, por último, a cidade de Faro que apresenta um maior afastamento (0,890).

Tabela 8 – Correlação de scores

Cidades	Nacional 2003	Nacional 1999	Beja 2003	Braga 2003	Faro 2003	Guarda 2003	Leiria 2003	Lisboa 2003	Porto 2003
Aveiro	0,05	0,05	0,05	0,03	0,05	0,06	0,05	0,06	0,05
Beja	-0,17	-0,18	-0,19	-0,16	-0,15	-0,18	-0,16	-0,17	-0,17
Braga	-0,14	-0,13	-0,14	-0,14	-0,15	-0,13	-0,14	-0,14	-0,13
Bragança	0,15	0,16	0,12	0,14	-0,14	0,15	0,18	0,16	0,15
Cast. Branco	0,14	0,15	0,13	0,14	0,14	0,14	0,17	0,15	0,14
Coimbra	0,23	0,23	0,24	0,24	0,23	0,22	0,24	0,22	0,24
Évora	0,05	0,04	0,06	0,06	0,06	0,04	0,04	0,04	0,06
Faro	-0,05	-0,06	-0,04	-0,07	-0,05	-0,05	-0,07	-0,05	-0,06
Guarda	0,26	0,26	0,23	0,24	0,25	0,26	0,28	0,27	0,25
Leiria	0,04	0,03	0,04	0,01	0,03	0,05	0,04	0,05	0,03
Lisboa	0,41	0,38	0,50	0,45	0,40	0,38	0,35	0,38	0,41
Portalegre	-0,42	-0,41	-0,44	-0,40	-0,41	-0,42	-0,41	-0,43	-0,42
Porto	-0,06	-0,07	-0,04	-0,04	-0,07	-0,09	-0,08	-0,08	-0,07
Santarém	0,12	0,12	0,11	0,11	0,13	0,13	0,13	0,13	0,12
Setúbal	-0,32	-0,32	-0,30	-0,32	-0,31	-0,30	-0,35	-0,32	-0,33
Viana Cast.	0,04	0,04	0,03	0,03	0,05	0,05	0,05	0,05	0,05
Vila Real	-0,15	-0,15	-0,18	-0,15	-0,15	-0,15	-0,14	-0,15	-0,15
Viseu	-0,17	-0,15	-0,18	-0,17	-0,17	-0,16	-0,16	-0,16	-0,16
r		0,999	0,993	0,996	0,943	0,998	0,994	0,998	1,000
r^2		0,998	0,987	0,992	0,890	0,997	0,988	0,997	0,999

4.2. Cenários de avaliação da qualidade de vida na cidade de São Carlos, SP, Brasil

Na sequência dos resultados alcançados pelo grupo de investigação em QV da Universidade do Minho, foi estabelecida uma parceria com investigadores da Universidade de São Paulo - Escola de Engenharia de São Carlos, no sentido de desenvolver um estudo de avaliação da QV intra-urbana na cidade brasileira de São Carlos. Os primeiros resultados deste estudo foram apresentados em 2000 no Congresso Ibero-Americano de Urbanismo, realizado no Recife, Brasil (Lima *et al.*, 2000). Com a formulação multicritério do modelo de avaliação da QV e a introdução, pela equipa da Universidade do Minho, da componente associada ao controlo do risco e do trade-off, o estudo de São Carlos foi desenvolvido e publicado um ano mais tarde na revista norte-americana *Council on Tall Buildings and Urban Habitat Review*, sob o título Urban *Quality of Life Evaluation Scenarios: The case of São Carlos in Brazil* (Mendes & Motisuki, 2001).

São Carlos é uma cidade média brasileira, localizada no Estado de São Paulo, cerca de 230 Km a Oeste da grande metrópole de São Paulo. A sua população é actualmente de cerca de 170.000 habitantes e tem vindo a crescer ao longo das suas últimas décadas a um ritmo superior ao do próprio Estado de São Paulo, que por sua vez também cresce a um ritmo superior ao da Federação Brasileira. A cidade apresenta uma matriz económica agro-industrial, mas é de salientar o crescimento acentuado do sector terciário, ao qual não está alheia a inovação e mais valia acrescentadas pela existência de duas universidades na cidade.

A cidade ocupa uma área de cerca de 45 Km^2 e apresenta uma rede viária ortogonal muito densa cuja extensão ascende a cerca de 750 Km de vias. Por razões de disponibilidade de dados para a realização do estudo, tomou-se a opção de utilizar a desagregação espacial ao nível das secções estatísticas dos censos. Esta subdivisão da cidade, bem como a respectiva rede viária podem ser observados na Figura 6.

Figura 6 – Cidade de São Carlos

A equipa de investigação identificou o conjunto de dimensões da QV a considerar para o caso particular da cidade de São Carlos, juntamente com os respectivos indicadores e pesos, recorrendo a uma combinação de procedimentos que incluíu inquéritos directos à população e a utilização do método das Comparações Par-a-Par.

A Tabela 9 apresenta o conjunto final de dimensões utilizadas no estudo e respectivos pesos.

Tabela 9 – Dimensões e pesos

Dimensões de QV	Pesos
Criminalidade	0.210
Ambiente	0.205
Mobilidade	0.198
Comércio e Serviços	0.195
Habitação	0.192

Os indicadores que descrevem as dimensões da QV utilizados foram os seguintes:

- Comércio e Serviços: Agências bancárias (#/1000 hab), Supermercados (#/1000 hab), Lojas departamentais (#/1000 hab), Padarias (#/1000 hab), Clubes/Academias de desporto e lazer (#/1000 hab), Escolas (#/1000 hab), Bibliotecas (#/1000 hab), Salas de teatro (#/1000 hab), Salas de cinema (#/1000 hab), Restaurantes (#/1000 hab), Laboratórios de análises clínicas (#/1000 hab), Médicos (#/1000 hab), Farmácias (#/1000 hab), Jardins de infância (#/1000 hab);
- Criminalidade – Crimes contra pessoas (#/1000 hab), Crimes contra a propriedade (#/1000 hab);
- Ambiente – Áreas verdes urbanas (m^2/hab), Alojamentos servidos por recolha de resíduos sólidos (%), Qualidade da água (índice baseado nos valores de Cl, Fl e pH);

- Habitação – Valor fiscal do solo (Reais/m^2) [2], Alojamentos com abastecimento de água no interior (%), Alojamentos ligados a rede de esgotos (%);
- Mobilidade – Carreiras de autocarros (#/hab.Km^2), Acessibilidade (Índice de Allen, Km), Densidade viária (Km/Km^2), Acidentes de tráfego (#/1000 hab).

Para cada secção estatística e para cada indicador foram calculados z-scores, os quais foram depois agregados através do procedimento WLC dando origem a um score global por dimensão de QV e por secção.

No sentido de explorar o espectro de avaliação possível pelo método de agregação OWA, foram realizadas simulações adicionais combinando os scores das dimensões de QV através da aplicação dos pesos apresentados na Tabela 9 conjuntamente com diferentes opções de *order weights*. Previamente os scores das dimensões foram normalizados pela aplicação duma função *fuzzy* sigmoidal, com os pontos de controlo $a=-1.0$ e $b=+1.0$. Os cenários de atitude de risco/tradeoff desenvolvidos são apresentados na Tabela 10, podendo observar-se na Figura 7 as posições respectivas no espaço estratégico de avaliação.

Tabela 10 – Cenários de avaliação da QV

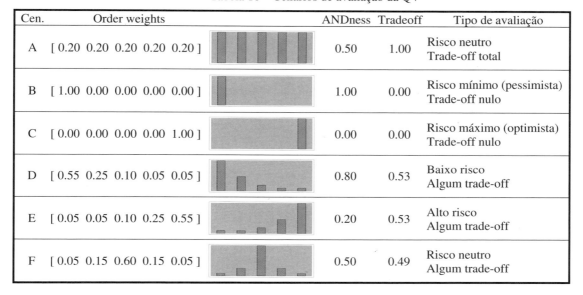

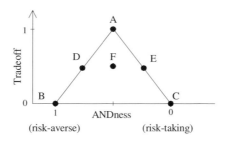

Figura 7 - Pontos de avaliação

A aplicação do procedimento OWA para cada cenário de avaliação resultou num mapa da QV ao longo da cidade (Figura 8).

---
[2] *Real* é a moeda brasileira.

Figura 8 – Mapas de QV em São Carlos

Na Figura 9 pode observar-se o andamento das curvas dos scores para cada uma das secções da cidade, ordenadas por ordem decrescente do seu valor de score.

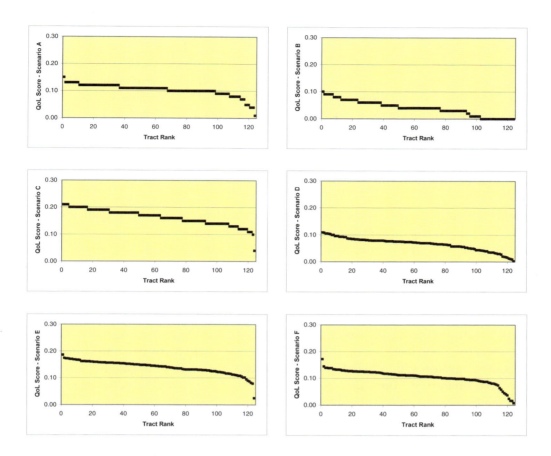

Figura 9 – *Ranking* de scores das secções da cidade

Os scores de QV apresentam valores naturalmente baixos nos cenários de baixo risco (B e D), dado que os *order weights* pesaram fortemente as dimensões mais pobres de cada secção da cidade. No cenário B apenas a pior das dimensões foi considerada (avaliação pessimista), o que implica a ausência de trade-off. Assim, o mapa do cenário B na Figura 8 corresponde a uma avaliação minimalista.

Em São Carlos as areas centrais e algumas áreas periféricas possuem muito boas qualidades relativamente a certas dimensões (por exemplo, o Comércio e Serviços no centro e a Habitação nalgumas periferias) e qualidades pobres a respeito de outras dimensões (por exemplo a Criminalidade no centro e a Mobilidade nalgumas periferias). Dado que o cenário B considera apenas a pior dimensão de cada secção, pode verificar-se no respectivo mapa da Figura 8 que o centro e as periferias têm scores muito baixos.

Inversamente, os cenários que assumem maior risco (C e E) dão origem a scores de QV mais altos, já que as melhores dimensões de cada secção são fortemente pesadas. O mapa do cenário C (optimista) mostra scores altos nas áreas centrais e periféricas, por razões similares às apresentadas atrás.

As curvas de *ranking* de scores das secções correspondentes aos cenários B (pessimista) e C (optimista), na Figura 9, definem os limites inferior e superior dos scores das secções, respectivamente. Qualquer outro cenário, isto é qualquer outra combinação de *order weights*, resultará numa curva intermédia.

Os cenários de risco neutro (A e F) conduzem a valores de score intermédios. As curvas de *ranking* de scores respectivas, na Figura 9, tendem a apresentar a forma de "S", onde a maioria das secções da cidade têm valores dentro duma gama estreita e os extremos superior e inferior apresentam inflexões.

Uma observação atenta do cenário A na Figura 8, que corresponde a uma atitude neutra face ao risco e a um trade-off total, permite perceber uma certa homogeneidade na QV ao longo de grande parte da cidade. As secções com melhores scores de QV localizam-se em áreas intermédias entre o centro e a periferia. A parte mais a sul da cidade parece ser a menos interessante do ponto de vista da qualidade de vida.

5. NOTA FINAL

A problemática da qualidade de vida em áreas urbanas vem a ganhar importância acrescida face à tendência para a urbanização global que se observa ao nível mundial. É comum dizer-se que para enfrentar e resolver um problema é necessário previamente reconhecer a sua existência, diagnosticar os detalhes e avaliar a sua extensão. A qualidade de vida nas cidades não é excepção, pelo que a questão da sua avaliação como condição prévia às estratégias e soluções está necessariamente na agenda dos investigadores.

Neste artigo pretendeu-se fazer uma resenha daquela que tem sido a abordagem e os resultados de uma equipa de investigação ao longo de cerca de quatro anos.

A maior contribuição que porventura esta equipa trouxe à comunidade dos investigadores, gestores e utilizadores das cidades foi a formulação de um modelo de avaliação da qualidade, fundado nas sólidas abordagens multicritério. Este contributo essencialmente metodológico, que na sua máxima expressão integrou a área do controlo do risco e do trade-off, promete abrir perspectivas até aqui pouco exploradas neste domínio.

A aplicação das metodologias propostas em estudos globais de *ranking* de cidades e de avaliação de qualidade intra-urbana, em Portugal e no Brasil, ilustra o potencial e a utilidade dos modelos, e tem despertado muito interesse ao nível internacional. Se é verdade que em Portugal as opiniões tendem a centrar a sua atenção nos resultados concretos da aplicação do modelo, o que acaba por ser compreensível quer pela proximidade da realidade avaliada quer pela já tradicional atitude defensiva face à temática da avaliação e da qualidade, já internacionalmente o distanciamento face à realidade concreta nacional tem permitido uma mais esclarecida análise da vertente metodológica. E o *feedback*, mais do que positivo, reforça os argumentos que temos defendido e que enfatizam o potencial e a flexibilidade dos modelos propostos.

Face a realidades, conjunturas e envolventes tão dinâmicas como aquelas a que assistimos hoje em quase todas as áreas da vida em sociedade, nomeadamente no quadro civilizacional de matriz ocidental em que nos movemos, deixa de fazer sentido falar de *uma* avaliação da qualidade de vida, importando sim falar de cenários de avaliação, ajustáveis, flexíveis, capazes de dar respostas. Isto significa que aquilo que importa é desenvolver uma ferramenta que, fundada numa conceptualização da qualidade de vida que seja aceite e consensual, dê ao decisor capacidade de desenvolver e validar cenários de avaliação. Foi isso que tentámos fazer.

Um aspecto que não foi explícito neste texto é toda a imensa *toolbox* tecnológica e científica necessária para diagnosticar, medir e estimar as variáveis que relevam para a qualidade de vida. Trata-se de instrumentação, modelos matemáticos computacionais, metodologias de aquisição de dados, sistemas de informação para o armazenamento, processamento e análise de dados, etc. Esta panóplia tecnológica é aquela que permite, por exemplo, medir ruído, simular propagação de ruído, avaliar poluentes atmosféricos ou qualidade da água, medir áreas verdes a partir de imagens remotas, cruzar dados da população com dados de equipamentos colectivos, calcular índices de acessibilidade, calcular parâmetros de caracterização física do espaço urbano, gerar superfícies representativas de grandezas, entre muitos, muitos outros exemplos. Também aqui o grupo de investigação em QV da Universidade do Minho tem investido fortemente, quer na aquisição das tecnologias, quer na formação avançada dos seus investigadores.

Chegados a este ponto da investigação, e para que se feche um ciclo, colocam-se pelo menos dois novos desafios que, se resolvidos com sucesso, poderão abrir interessantes perspectivas.

Em primeiro lugar, a definição de perfis de motivação, associados a cidadãos, instituições, empresas ou outros grupos de interesse, consubstanciados por sistemas de dimensões/indicadores e respectivos pesos.

O segundo desafio, este extremamente inovador e promissor, é a procura de padrões de atitude dos decisores face a envolventes diversas e mutáveis, no que respeita à adopção de cenários de avaliação de QV, consubstanciados por diferentes combinações de assumpção de risco e trade-off. A consolidação destes padrões associada ao modelo já desenvolvido podem contribuir decisivamente para a definição de paradigmas de planeamento e gestão de cidades.

REFERÊNCIAS

Bossard, E.G. (1999) Envisioning neighborhood quality of life using conditions in the neighborhood, access to and from conditions in the surrounding region. In Paola Rizzi (ed.) *Computers in Urban Planning and Urban Management on the Edge of the Millenium*. FrancoAngeli, Venice.

Brown, L.R. (1999) *State of the World '99*. Worldwatch Institute, Washington.

Brown, R.I., Brown, P.M. and Bayer, M.B. (1993) A quality of life model: New challenges arising from a six year study. In Goode, D. (ed.) *Quality of Life*. Brookline, New York.

Cummins, R.A. (1998) The compreensive quality of life scale-fifth Edition. In *Proceedings of The First International Conference on Quality of Life in Cities*. National University of Singapore, Singapore, 1, 67-77.

Eastman, J.R. (1997) *IDRISI for Windows: User's Guide. Version 2.0*. Clark University, Graduate School of Geography, Worcester, MA.

Eastman, J.R. and Jiang, H. (1996) Fuzzy measures in multi-criteria evaluation. In *Proceedings of the Second International Symposium on Spatial Accuracy Assessement in Natural Resources and Environmental Studies*. Fort Collins, Colorado, 527-534.

Eastman, J.R., Jiang, H. and Toledano, J. (1998) Multi-criteria and multi-objective decision making for land allocation using GIS. In Beinat, E. and Nijkamp, P. (eds.), *Multicriteria Analysis for Land-Use Management*. Kluwer, London, 227-251.

European Environment Agency (1995) *Europe's Environment. The Dobrís Assessment*. Stanners, D. and Bourdeau, P. (eds.), EEA, Copenhagen.

Felce, D. and Perry, J. (1995) Quality of life: Its definition and measurement. *Research in Developmental Disabilities* 16, 51-74.

Findlay, A., Morris, A. and Rogerson, R. (1988) Where to live in Britain in 1988: Quality of life in British cities. *Cities* 5 (3), 268-276.

Lima, R.S.; Mendes, J.F.G.; Silva, A.N.R.; Silva, A.L.M. (2000) Uma avaliação da Qualidade de Vida em São Carlos – SP. In *Anais do IX Congresso Ibero-americano de Urbanismo*, Recife, PE. (cd-rom)

Liu, B.C. (1975) Quality of life: concept, measure and results. *American Journal of Economics & Sociology* 34 (1).

Malczewski, J. (1999) *GIS and Multicriteria Decision Analysis*. John Wiley & Sons, New York, NY, USA.

Mendes, J.F.G. (1999) *Onde Viver em Portugal - Uma Análise da Qualidade de Vida nas Capitais de Distrito*. Ordem dos Engenheiros, Coimbra.

Mendes, J.F.G. (2000) Decision Strategy Spectrum for the Evaluation of Quality of Life in Cities. In Foo Tuan Seik, Lim Lan Yuan and Grace Wong Khei Mie (eds.), *Planning for a Better Quality of Life in Cities,* 35-53, School of Building and Real Estate, NUS, Singapore.

Mendes, J.F.G; Motisuki, W.S. (2001) Urban Quality of Life Evaluation Scenarios: The Case of São Carlos in Brazil. *Council on Tall Buildings and Urban Habitat Review*, 1(2), 13-23.

Mendes, J.F.G.; Ramos, R.; Costa, P. (2001) Analysing the Portuguese Urban System from a Quality of Life Viewpoint. In *Proceedings of the 41st European Congress of the Regional Science Association*, ERSA, Zagreb. (cd-rom)

Mendes, J.F.G., Silva, J., Rametta, F. and Giordano, S. (1999a) Mapping urban quality of life in Portugal: a GIS approach. In Bento, J., Arantes, E., Oliveira, E. and Pereira, E. (eds.) *EPMESC VII: Computational Methods in Engineering and Science.* Elsevier, Macao, 2, 1107-1115.

Mendes, J.F.G., Rametta, F., Giordano, S. and Torres, L. (1999b) A GIS atlas of environmental quality in major Portuguese cities. In Rizzi, P. (ed.) *Computers in Urban Planning and Urban Management on the Edge of the Millenium,* FrancoAngeli, Venice.

Osgood, C.E., Suci, G.J. and Tannenbaum, P.H. (1957) *The Measurement of Meaning.* University of Illinois Press, Urbana.

Partidário, M.R. (1993) Ambiente Urbano: a necessidade de identificação e controlo dos seus parâmetros de qualidade. *Sociedade e Território*, 18, 62-71.

Rees, W. (1992). Ecological footprints and appropriated carrying capacity: what urban economics leaves out. *Environment and Urbanisation* 4(2), 121-30.

Rogerson, R.J., Findlay, A.M. and Morris, A.S. (1989) Indicators of quality of life: some methodological issues. *Environment and Planning A* 21(12), 1655-1666.

Saaty, T. (1977) A scaling method for priorities in hierarchical structures. *Journal of Mathematical Psychology* 15, 234-281.

Savageau, D. and Loftus, G. (1997) *Places Rated Almanac. Your guide to finding the best places to live in North America.* Macmillan, New York.

Sawicki, D. and Flynn, P. (1996) Neighborhood indicators: A review of the literature and an assessement of conceptual and methodological issues. *Journal of the American Planning Association* 62 (2), 165-183.

Voogd, H. (1983) *Multicriteria Evaluation for Urban and Regional Planning.* Pion, London.

von Winterfeldt, D. and Edwards, W. (1986) *Decision Analysis and Behavioural Research.* Cambridge University Press, Cambridge.

Yager, R.R. (1988) On ordered weighted averaging aggregation operators in multicriteria decision making. IEEE Transactions on Systems, Man, and Cybernetics, 8 (1), pp. 183-190.

Zadeh, L.A. (1965) Fuzzy Sets. *Information and Control* 8, 338-353.

2
Acessando o Fator de Visão do Céu: o Caso dum Campus Universitário

Léa C.L. de Souza, Daniel S. Rodrigues e José F.G. Mendes

RESUMO

Estabelecendo uma integração entre um SIG-3D e uma ferramenta ambiental de avaliação térmica urbana, a pesquisa apresentada neste artigo propõe a otimização de sub-rotina desenvolvida para cálculo, visualização e quantificação do fator de visão do céu (FVC). Este fator representa um parâmetro geométrico urbano diretamente relacionado às condições térmicas de um determinado local, pois influi na troca de calor na malha intra-urbana. Um ambiente SIG-3D é apropriado para este tipo de integração, uma vez que possibilita o armazenamento, tratamento e análise de dados tridimensionais do espaço urbano e, associado a uma rotina de cálculo nele implantada, pode determinar aquele fator, reduzindo o seu tempo de cálculo e representação gráfica. A sub-rotina 3DSkyView originalmente criada foi incorporada ao software *ArcView*GIS 3.2 permitindo obter de forma automatizada o delineamento e a determinação de fatores de visão do céu. Nesta nova otimização o objetivo consiste em dotar o 3DSkyView da aptidão de calcular automaticamente o FVC para um conjunto de observadores (pontos) distribuídos num cenário (área em estudo). Na versão atual, isso seria possível somente invocando a extensão tantas vezes quanto o número de observadores presentes no cenário.

1. INTRODUÇÃO

A crescente divulgação dos Sistemas de Informações Geográficas (SIG) como ferramenta para a compreensão e manipulação do espaço geográfico tem acarretado uma vasta expansão de seu uso nas mais diversas áreas do conhecimento científico. Baseado numa tecnologia de armazenamento, análise e tratamento de dados espaciais e não espaciais (e eventualmente temporais) que permite a obtenção de informações que os correlacionem, possibilitando realizar análises rápidas e precisas, os SIG constituem-se instrumentos capazes de agilizar cálculos e tarefas, além de reduzir o tempo para tomada de decisões.

Sob este aspecto, este é o enfoque da pesquisa ora apresentada, que se utiliza do ambiente de um SIG para efetuar o cálculo de um fator, para a qual são encontrados diversos métodos de determinação, normalmente dependentes de equipamentos fotográficos de alto custo. O fator de visão do céu (FVC) é um parâmetro adimensional também chamado de fator de configuração ou ainda fator angular, tendo sido utilizado por vários autores (Bärring, Mattsson & Lindqvist, 1985; Johnson & Watson, 1984; Oke, 1981 e 1888; Steyn, 1980, Souza, 1996). É um fator que indica uma relação geométrica entre a Terra e o céu e que representa uma estimativa da área visível de céu. Esta unidade pode ser relacionada com o fluxo de radiação, sendo definida como a razão entre a radiação do céu recebida por uma superfície plana e aquela proveniente de todo ambiente radiante. O fator de visão do céu é uma das principais causas da ilha de calor urbana, porque o resfriamento das superfícies terrestres é proporcional à área de céu visível a partir desta superfície.

Para representação e cálculo do FVC, foi desenvolvida por Souza, Rodrigues & Mendes (2003) uma extensão denominada 3DSkyView. Para que o cálculo do FVC fosse incorporado a um SIG, foi necessária a escolha de um software capaz de armazenar e possibilitar manipulação de dados espaciais em 3D (três dimensões x, y e z), para que posteriormente aos cálculos, a visualização em 2D (duas dimensões, x e y) pudesse ser criada. O software utilizado foi o *ArcView GIS 3.2*, juntamente com sua extensão *ArcView 3D Analyst*, produzidos pela *ESRI – Environmental Systems Research Institute*. Através de sua linguagem de programação *Avenue*, o *ArcView* permite a personalização de menus, botões e ferramentas, possibilitando automatizar tarefas e incorporá-las à interface com o usuário.

Até agora a aplicação daquela extensão visava apenas uma avaliação pontual do FVC, isto é, dado um determinado cenário no qual se enquadrava um observador, calcular e representar o FVC para apenas uma situação proposta sob o ponto de vista de um observador. Obtinham-se assim avaliações isoladas que forneciam a informação pretendida para o caso em estudo. No entanto, o crescimento da relevância no planejamento urbano dos conceitos de sustentabilidade e de qualidade de vida, mostra a necessidade de se quantificar e visualizar indicadores que definem, pela sua conjunção, parcial ou mais pormenorizadamente esses conceitos. Nesse sentido, é possível caracterizar situações presentes e procurar identificar déficits em indicadores que possam estar influenciando negativamente avaliações globais de sustentabilidade ou qualidade de vida consideradas insuficientes. Considerando-se portanto a importância do FVC como um dos indicadores urbanos de sustentabilidade, observa-se que para o planejamento urbano, as áreas de estudo são usualmente mais extensas (ruas, bairros, regiões) do que aquelas abrangidas pela atual extensão.

De forma a ampliar a abrangência dos esforços despendidos até agora na implementação do 3DSkyView, este trabalho procura desenvolver e otimizar essa extensão. O objetivo consiste em ampliar a aptidão do 3DSkyView de calcular automaticamente o FVC para um observador, dotando-o da habilidade de determiná-lo para um conjunto de observadores (pontos) distribuídos num cenário (área em estudo). Na versão atual, isso só seria possível invocando a extensão tantas vezes quanto o número de observadores presentes no cenário.

Desta forma este trabalho apresenta inicialmente os princípios que regem a extensão 3DSkyView. Em seguida descrevem-se as alterações propostas em relação à versão atual, indicando as características desenvolvidas para a nova versão. Por fim, é feita uma aplicação da nova versão, utilizando-se o Campus de Gualtar (Universidade do Minho) como área de estudo. A obtenção e representação gráfica destes valores neste cenário fornecerão um apoio à interpretação do estado em que se encontra a área em estudo no tocante ao fator de visão do céu, possibilitando futura integração de informações.

2. PRINCÍPIOS DA EXTENSÃO ORIGINAL 3DSKYVIEW

O fator de visão do céu (FVC) é um parâmetro adimensional também chamado de fator de configuração ou ainda fator angular, tendo sido utilizado por vários autores (Bärring, Mattsson & Lindqvist, 1985; Johnson & Watson, 1984; Oke, 1981 e 1888; Steyn, 1980, Souza, 1996). É um fator que indica uma relação geométrica entre a Terra e o céu e que representa uma estimativa da área visível de céu. Esta unidade pode ser relacionada com o fluxo de radiação, sendo definida como a razão entre a radiação do céu recebida por uma superfície plana e aquela proveniente de todo ambiente radiante. O fator de visão do céu é uma das principais causas da ilha de calor urbana, porque o resfriamento das superfícies terrestres é proporcional à área de céu visível a partir desta superfície.

Em termos geométricos, qualquer edificação, elemento ou equipamento urbano, pertencente ao plano do observador posicionado na camada intra-urbana, representa uma obstrução à abóbada celeste. A sombra (projeção) dessa edificação na abóbada celeste é a fração do céu por ela obstruída para o observador (ou ainda, representa a parte obstruída do fluxo de radiação, que deixa o observador, em direção ao céu). Seu valor numérico é sempre menor que a unidade, pois dificilmente se encontram regiões urbanas, que não apresentem nenhuma obstrução do horizonte (situação para a qual seu valor seria a unidade).

Utilizando-se de métodos como a projeção estereográfica (Figura 1) da abóbada celeste, edificações podem ser projetadas no plano horizontal e, assim, representada a área de céu visível para um ponto de observação qualquer na camada intra-urbana (Figura 1). Uma vez determinada, a área de obstrução da abóbada celeste, esta é relacionada à área de céu total, para que seja estimado o valor do FVC. Normalmente, para a representação da área total de céu, a abóbada celeste deve ser dividida em áreas de igual tamanho e depois projetada sobre o plano do observador.

Uma das etapas mais problemáticas na determinação do FVC é a determinação angular dos pontos de obstrução em relação à posição do observador. Em um SIG, no entanto, este problema poderia ser evitado, substituindo assim as câmeras fotográficas ou equipamentos topográficos utilizados para este fim. Este tipo de proposta é factível, desde que as bases de dados contenham os valores das três dimensões envolvidas (x, y e z).

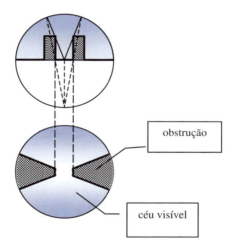

Figura 1 - Projeção estereográfica da área de céu obstruída

Portanto, para que o cálculo do FVC fosse incorporado a um SIG, foi necessária a escolha de um software capaz de armazenar e possibilitar manipulação de dados espaciais em 3D (três dimensões x, y e z), para que posteriormente aos cálculos, a visualização em 2D (duas dimensões, x e y) pudesse ser criada. O software utilizado foi o *ArcView GIS* 3.2, juntamente com sua extensão *ArcView 3D Analyst*, produzidos pela ESRI – Environmental Systems Research Institute. Através de sua linguagem de programação Avenue, o *ArcView* permite a personalização de menus, botões e ferramentas, possibilitando automatizar tarefas e incorporá-las à interface com o usuário.

Denominada 3DSkyView, a extensão criada por Souza, Rodrigues e Mendes (2003) tem como princípio básico de cálculo a sobreposição espacial de uma malha estereográfica (Figura 2) de pontos da abóbada celeste sobre a projeção estereográfica da camada intra-urbana em plano horizontal. Em termos práticos, a sub-rotina obtém novas coordenadas cartesianas para pontos que representem os vértices das arestas das edificações ou elementos urbanos que compõem a cena. Assim a área total da malha estereográfica pode ser comparada à área obstruída pelos elementos urbanos.

O novo sistema de coordenadas da projeção estereográfica refere-se à relação tridimensional na camada intra-urbana. Existem nesta relação três ângulos importantes, que podem ser observados na Figura 3: o ângulo α entre o plano vertical que contém o observador (O) e o eixo Norte-Sul e aquele que contém o observador e o ponto de interesse na edificação; o ângulo β entre o plano horizontal do observador e o plano inclinado que contém o observador e o ponto de interesse; e o ângulo θ, entre o plano que contém o observador e ponto de fuga situado no Nadir e a linha de projeção do ponto de interesse até o Nadir.

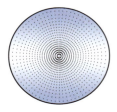

Figura 2 - Malha Estereográfica da Abóbada Celeste

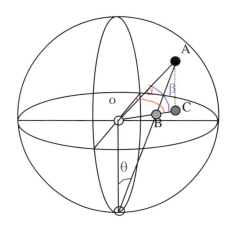

Figura 3 – Ângulos na Projeção Estereográfica

Considerando que o observador está em posição móvel e que α deve sempre estar relacionado ao plano vertical que contém o observador e β deve estar sempre relacionado ao plano horizontal do observador, estes ângulos são comparáveis ao azimute e à altitude, que podem ser facilmente determinados. O ângulo θ pode então ser calculado pela Equação 1, uma vez que pertence a um triângulo isósceles.

$$\theta = \frac{90 - \beta}{2} \qquad (1)$$

A projeção estereográfica no plano equatorial determina o segmento ($\overline{OB}$), que liga o ponto O do observador ao ponto B projetado na Figura 3, podendo ser calculado pela Equação 2. Nela, a variável r é o raio do círculo considerado para a representação da projeção estereográfica.

$$\overline{OB} = r \cdot \tan\theta \tag{2}$$

As novas coordenadas expressas pela Equação 3 e 4 compõem o sistema de coordenadas da projeção estereográfica. O ângulo α é submetido a um ajuste para se igualar a mesma origem das relações trigonométricas. Isto é feito porque α é calculado considerando-se que o lado norte corresponde ao ângulo 0°, enquanto o mesmo ângulo para a trigonometria corresponde ao lado leste. Esta rotação é a razão para que 90° sejam subtraídos de α nas Equações 3 e 4.

$$x = \cos(90 - \alpha)\overline{OB} \tag{3}$$

$$y = \sin(90 - \alpha)\overline{OB} \tag{4}$$

Estas novas coordenadas permitem a representação estereográfica de qualquer ponto em um plano horizontal no *ArcView GIS*. A estimativa do FVC torna-se, portanto, uma questão de manipulação espacial para sobreposição de uma malha estereográfica do céu de igual raio. Seu valor é calculado pela Equação 5, onde q é a área de céu visível e Q é o total da área de céu definida pela área do círculo adotado para a projeção estereográfica.

$$\varphi = \frac{q}{Q} \tag{5}$$

Para a aplicação da extensão 3DSkyView é necessário que os arquivos estejam preparados de forma a que os elementos urbanos estejam representados por polígonos e os atributos referentes à elevação (nível do polígono) e à altura (coordenada Z do polígono) estejam pré-definidos. Por outro lado, as coordenadas X e Y dos polígonos são identificadas automaticamente, não havendo necessidade de serem extraídas preliminarmente. Em caso de arquivos gerados em CAD existem sub-rotinas específicas que podem transformar linhas em polígonos. No processo de simulação do 3DSkyView os seguintes passos são destacados:

- Os dados de entrada para a simulação são baseados em um tema de polígonos representativos das edificações e um tema representativo do observador. Através destes temas a sub-rotina identifica as coordenadas XY do observador e dos vértices dos polígonos;

- De acordo com as coordenadas do observador, as coordenadas XY dos polígonos são transformadas em projeções estereográfica e ainda em ortográfica;

- As novas coordenadas são unidas por arcos ou linhas, dependendo de suas características originais;

- As fronteiras entre o céu visível e a obstrução causada pelas edificações são delineadas automaticamente, criando dois novos temas;

- Com ferramentas de SIG, pontos da malha estereográfica de todo o céu são espacialmente comparados a cada um destes novos temas, possibilitando o cálculo de suas áreas e gerando uma tabela de resultados para o valor de FVC;

- Uma cena simulando a reflexão das edificações em uma lente de superfície hemisférica em 3D é criada.

Ao final do algoritmo é possível obter-se os seguintes resultados: cálculo de FVC; projeção estereográfica da cena; projeção ortográfica da cena; visualização de toda a cena (abóbada celeste e solo) em 3D.

3. A NOVA EXTENSÃO 3DSKYVIEW: A VERSÃO 2

Nesta secção procede-se a descrição do uso da extensão 3DSkyView versão 2, indicando-se as principais diferenças em relação a sua versão anterior.

Utilizando-se dos mesmos princípios gerais da versão original, a principal diferença da versão 2, como anteriormente mencionada, é a possibilidade de se aplicar o algoritmo, a um conjunto de observadores (pontos) simultaneamente e de forma automática. Esta nova característica é base para todo o trabalho de implementação agora desenvolvido.

Considerando-se este aspecto, associado ao emprego iterativo do processo de cálculo, surge uma grande preocupação com o desempenho do programa. Não se considera viável uma ferramenta que ofereça operações pretendidas pelos utilizadores, mas que, no entanto, não seja capaz de materializar essa oferta em tempos aceitáveis para a dimensão do problema a ser resolvido. Por esta razão, procurou-se otimizar na versão 2 o tempo de simulação requerido na determinação do FVC.

Na janela de interface com o usuário (Figura 4), existem agora seis grupos de dados que deverão ser completados para que o processo possa ser iniciado: informação do processo, dados para a malha ortográfica, informações dos observadores, informações dos polígonos, raio do círculo de projeção e resultados pretendidos.

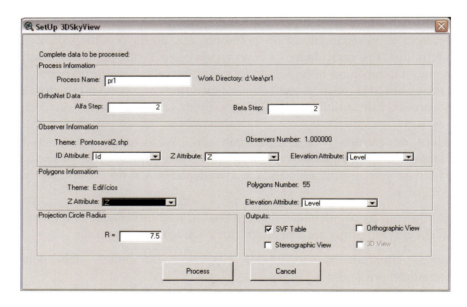

Figura 4 – Interface da versão 2 do 3DSkyView

A informação do processo refere-se à introdução do nome a ser atribuído ao processo, sendo indicado automaticamente o diretório onde serão armazenados todos os dados gerados (tabelas, *shapefiles*, ...). Para o caso da malha ortográfica, é pedido o valor do incremento a ser aplicado aos ângulos alfa e beta, para a sua posterior geração. Os valores desses incrementos influenciam na resolução do modelo 3D. Quanto menor o valor do incremento adotado para os ângulos α e β maior a resolução do modelo 3D. Para as informações relativas aos observadores, são apresentados os temas em que estes elementos se encontram e em que número. É necessário identificar quais são os campos da tabela do tema que contêm os dados requeridos: um identificador unívoco para cada observador que será utilizado para associar-lhes os respectivos resultados, a altura e a elevação. Quanto aos polígonos, a situação é idêntica a dos observadores, sendo apenas dispensado o campo relativo ao identificador. O quinto grupo serve para definir qual o raio de projeção que o processo de cálculo empregará para a representação gráfica. No último grupo, é permitido escolher quais são os resultados que o usuário pretende obter (nota que na interface apresentada na Figura 4, não é possível ainda selecionar a geração dos resultados em 3D, uma vez que até o fecho deste artigo, esta opção ainda não se encontrava integrada à extensão).

Preenchidos todos os dados de entrada, o processo é desencadeado clicando-se no botão *Process*, não sendo necessária mais nenhuma intervenção do usuário.

A seleção dos *outputs* pelo usuário é uma das grandes novidades apresentadas pela nova versão. Por outro lado, também é agora possível utilizar esta extensão com o intuito de obter resultados do tipo tabular, ignorando a faceta gráfica. Para isso, basta selecionar apenas a opção *SVF Table* no grupo de informações de resultados. Isso fará com que seja gerada somente uma tabela de dados (Tabela 1). A sua estrutura associa a cada observador, pelo intermédio do seu identificador, os valores obtidos referentes à área de céu, à área obstruída pelos edifícios (*CanyonArea*) e à área relativa de céu visível o FVC (*SVF*). Uma nota que merece destaque é o fato de que o número de observadores poderá ser elevado, levando a um longo tempo de processamento, os valores finais são guardados na tabela ponto a ponto. Esta faceta do programa permite que, em caso de interrupção abrupta, estejam disponíveis todos os resultados até então calculados.

Tabela 1 – Valores de FVC

ObsID	SkyArea	CanyonArea	VisiSky	SVF
3236	353.25000	57.68043	295.56957	0.83671
3294	353.25000	97.82636	255.42364	0.72307
3342	353.25000	43.94293	309.30707	0.87560
2586	353.25000	97.82636	255.42364	0.72307
2595	353.25000	115.06223	238.18777	0.67428

Os demais resultados oferecidos não sofreram alterações significativas em relação àqueles obtidos com a versão original do 3DSkyView. Apresenta-se, a título ilustrativo, uma projeção estereográfica gerada pela extensão. Na Figura 5, podem ser observadas a área de céu visível (Stsky2586.shp) e a área obstruída (Stcanon2586.shp). Na Figura 6 é possível visualizar os pontos projetados a partir dos quais foram obtidos os dois temas anteriores.

Em resumo, denominando-se agora 3DSkyView2 esta extensão permite a determinação da geometria urbana, através do cálculo e representação gráfica do FVC, a partir de múltiplos observadores. É possível assim ser criada uma base, considerando o FVC como um indicador de sustentabilidade e qualidade de vida, para o qual podem ser integradas outras informações ambientais.

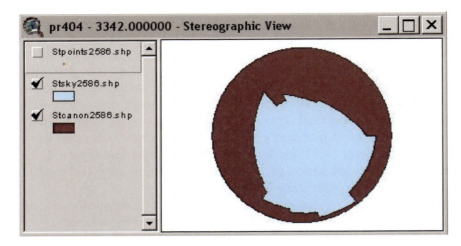

Figura 5 – Projeção estereográfica

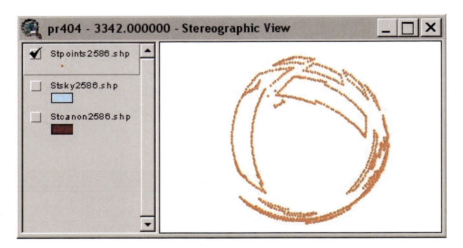

Figura 6 – Pontos na projeção estereográfica

4. APLICAÇÃO E RESULTADOS

Tendo em vista a validação da extensão 3DSkyView2 apresentada neste trabalho, foi efetuado um estudo do FVC à área do Campus da Universidade do Minho em Gualtar atualmente edificada e em funcionamento.

Este Campus localiza-se numa área limítrofe da cidade de Braga, entre a zona Este da última e a freguesia de Gualtar. A zona que atualmente está edificada e infra-estruturada estende-se ao longo de doze hectares (Figura 7). Este pólo da Universidade abrange uma comunidade universitária de aproximadamente 13000 usuários, os quais se dividem em 12000 alunos[1], 800 docentes e 300 funcionários[2]. Os edifícios existentes suportam a atividade acadêmica, albergando as diversas Escolas e Institutos, três Complexos Pedagógicos e vários

---

[1] fonte: Serviços Acadêmicos da Universidade do Minho.
[2] fonte: Secção de Recursos Humanos da Universidade do Minho. Este número refere-se aos funcionários do quadro permanente; estima-se que trabalhem no Campus, para além destes, algumas centenas de outros funcionários, entre tarefeiros, monitores, investigadores, etc.

serviços, dos quais se podem destacar, a título de exemplo, a Biblioteca, a Cantina, o Centro de Informática, o Pavilhão Polivalente e os Serviços Acadêmicos.

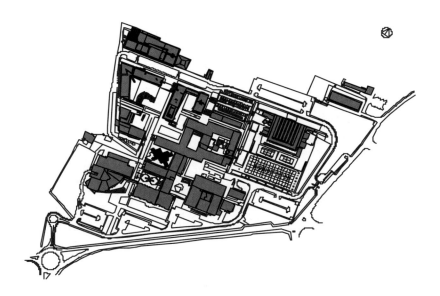

Figura 7 – Campus Universitário de Braga da Universidade do Minho

Para a aplicação da extensão foi necessário preparar a base de dados para o Campus em questão: um tema de pontos correspondentes aos observadores para os quais se deseja determinar o FVC e um tema que contém os edifícios.

Para a construção do primeiro, foi elaborada uma malha de linhas distando cinco metros umas das outras. Este afastamento foi adotado de forma a se conseguir uma cobertura suficientemente representativa da área em estudo sem no entanto originar demasiados pontos a serem avaliados. Em seguida, foram extraídos os nós dessa malha. Por fim, foram removidos os pontos que não pertenciam ao campus, que coincidiam com os edifícios ou que não apresentavam relevância para o estudo (zonas remotas e extremidades). Apesar dessa triagem, o tema final (Figura 8) comportava 3502 pontos.

No que toca aos edifícios, já se encontrava disponível um tema (de tipo polígono) que abrangia essa informação. No entanto alguns aspectos relevantes para o estudo não estavam contemplados: muros altos, a altura e a elevação dos edifícios. Para completar o tema, foram digitalizados os elementos em falta a partir da planta do campus. Quanto aos atributos a serem inseridos, foi efetuado um levantamento direto no terreno antes de proceder a sua inserção. Esta atividade permitiu descortinar mais uma particularidade que deveria ser atendida com o objetivo de obter resultados mais próximos da realidade: diversos edifícios eram formados por partes de alturas distintas. Isto levou a mais uma alteração ao tema, uma vez que foi necessário dividir os respectivos polígonos em partes correspondentes às diversas alturas. O tema final pode ser observado na Figura 8.

A partir desta base de dados foi possível aplicar a extensão 3DSkyView2 ao Campus de Gualtar, considerando os 3502 pontos de observação adotados. Para isso, foram fornecidos ao programa os dois temas (pontos e polígonos) gerados para a aplicação e apenas selecionada a opção *SVF Table* para obter resultados sob a forma de uma tabela. Dado ao número de observadores, os resultados surgiram após três noites de processamento num computador com um processador de cadência equivalente a 2 Ghz. Na Figura 9 são apresentados todos os FVC obtidos. Como estes são expressos em percentagem, adotou-se uma escala de cores que varia do vermelho (0%) para o verde (100%) e de valores com intervalos de 10%.

De uma perspectiva geral, tem-se que os observadores adotados para o campus possuem FVC elevados. A este fato não será alheio o planejamento da área em estudo em edifícios distintos e suficientemente afastados. Paralelamente a isso, foram escolhidas alturas que se podem considerar baixas já que não ultrapassam os quatro pisos. Em termos ambientais, isto indica que as possibilidades de acesso solar, trocas de calor por radiação e acesso à luz natural são altas, favorecendo ao conforto do usuário.

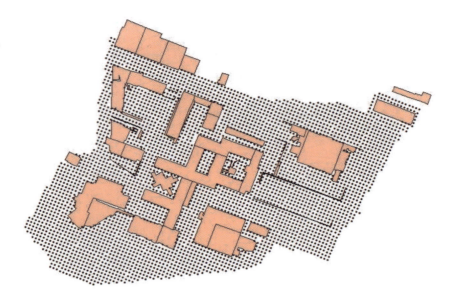

Figura 8 – Edifícios e Observadores

Algumas zonas com resultados mais baixos foram encontradas, estas equivalem a locais que se encontram totalmente rodeados por edifícios interligados (parte mais antiga do campus), onde os acessos se fazem por baixo dos mesmos.

Uma continuidade desta investigação das características do campus, integrando outros parâmetros ambientais como acesso solar, disponibilidade de luz, níveis sonoros, temperaturas do ar, temperaturas de superfície e temperaturas radiantes, poderá gerar uma série de relações ambientais em função do FVC. Isto permitiria uma previsão do desempenho ambiental e conforto para o usuário antes de qualquer nova intervenção no campus.

Sob este aspecto cabe ainda salientar que, a distribuição dos valores de FVC em um mapa facilita a visualização e cria uma base mais apropriada para a integração com os demais fatores ambientais. Uma vez que toda a simulação está sendo gerada dentro de um SIG, o mapeamento destas informações, gerando uma superfície contínua de FVC a partir da tabela de resultados, é um processo sem maiores dificuldades.

Por outro lado, cabe salientar uma limitação apresentada pela extensão. Por desempenho do próprio *ArcView3.2*, o algoritmo criado não permite uma boa representação para elementos como árvores, que apresentam uma seção diferenciada entre tronco e copa. Elementos urbanos com seção maior em sua parte superior do que em sua parte inferior acabam sendo representados com uma seção única, equivalendo àquela de maior seção. A conseqüência desta limitação seria um valor de fator de visão do céu mais baixo do que o real. Porém isto não ocorre para casos inversos em que a seção superior é menor do que a inferior. No caso da aplicação para o Campus de Gualtar foi ignorada a presença de árvores.

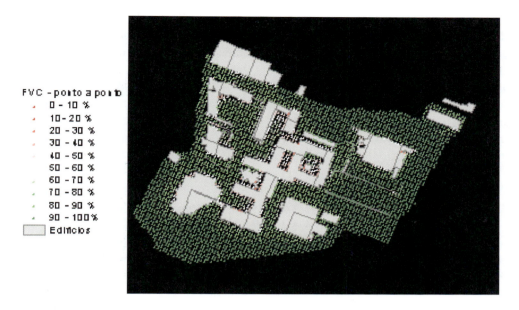

Figura 9 – FVC ponto a ponto.

Na Figura 10, apresenta-se a superfície contínua gerada a partir dos observadores.

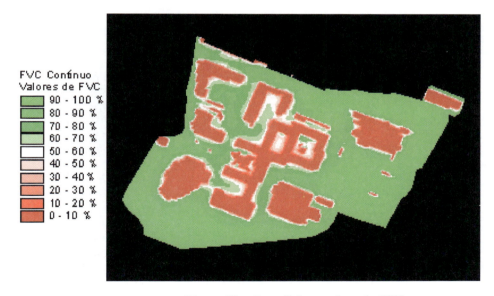

Figura 10 – Superfície contínua de FVC

5. CONCLUSÕES

As sub-rotinas sugeridas reforçam o potencial dos SIG como ferramenta auxiliar na análise do conforto térmico urbano. No caso desta versão da extensão, destaca-se a determinação automática dos valores de fator de visão de céu para vários observadores simultaneamente, até então só possível através de repetição do procedimento com a sub-rotina originalmente desenvolvida 3DSkyView. Os dados são apresentados numa única tabela que associa os resultados a cada observador pelo intermédio de um identificador unívoco previamente fornecido.

A aplicação da extensão para a avaliação do fator de visão do céu do campus universitário de Braga da Universidade do Minho veio demonstrar a sua utilidade e a sua viabilidade como ferramenta de apoio à análise. Ao conseguir processar uma malha de pontos suficientemente apertada (5 em 5 metros) para ser considerada representativa da área em estudo, foi possível extrapolar de uma avaliação do FVC individualizada para uma análise generalizada de toda a zona coberta.

Em termos futuros, os esforços dos autores incidirão na inclusão de novos outputs, tal como diagramas solares, e na melhoria dos existentes, como por exemplo integrar nas projeções as curvas de níveis ou a representação do solo. Por outro lado, derivado da evolução do software SIG de suporte (*ArcView GIS* 3.2) e pelas suas limitações encontradas ao longo de todo o processo de programação, impõe-se como fundamental a conversão desta ferramenta para uma versão mais atual. Isto implicará uma "tradução" do código atual escrito em *Avenue*, linguagem de programação do *ArcView GIS* 3.2, para o *Visual-Basic for Applications*, ao qual recorre agora o *ArcGIS 8.x e 9.x*.

REFERÊNCIAS

Bärring, l.; Mattsson, J.O.; Lindqvist, S. (1985) Canyon geometry, street temperatures and urban heat island in Malmö, Sweden. Journal of Climatology, (5):433-444, 1985.

Johnson, G.T.; Watson, I.D. (1984) The determination of view-factors in urban canyons. Journal of Climate and Applied Meteorology, (23):329-335, 1984.

Oke, T.R. (1981) Canyon geometry and the nocturnal urban heat island: comparison of scale model and field observations. Journal of Climatology, 1(1-4):237-254, 1981.

Oke, T.R. (1988) Street design and urban canopy layer climate. Energy and Buildings, 11(1-3):103-113, 1988.

Souza, L.C.L. (1996) Influência da geometria urbana na temperatura do ar ao nível do pedestre. São Carlos, 1996. 125p. Tese de Doutotado em Ciências da Engenharia Ambiental, Universidade de São Paulo.

Souza, L.C.L; Rodrigues, D. S; Mendes, J.F.G. (2003) A 3D-GIS extension for sky view factors assessment in urban environment. In:: Proc. of the 8th International Conference on Computers in Urban Planning and Urban Management, Sendai, 27-29 May, 2003: Japan.

Steyn, D.G. (1980). The calculation of view factors from fisheye-lens photographs. Atmosphere-Ocean, 18(3):254-258, 1980.

3
Caracterização do Campo Térmico Intra-Urbano

João R.G. Faria e Léa C.L. de Souza

RESUMO

Os diversos padrões e urbanização existentes numa cidade determinam a qualidade térmica dos ambientes que permeiam as edificações (a camada intra-urbana), em particular das áreas abertas por onde circulam os pedestres. A caracterização do campo térmico dessa camada envolve normalmente uma grande quantidade de dados medidos em campo.

Nesse artigo discute-se a viabilidade de simplificar o levantamento de dados de temperatura do ar através de medições móveis em áreas urbanisticamente homogêneas, a partir de um estudo de caso na cidade de Bauru – SP. Os levantamentos de temperatura do ar foram realizados nos períodos de inverno e de verão, em dias de condições meteorológicas estáveis. Verificou-se que coeficientes angulares de retas (CAR) de regressão linear de dados da temperatura local em função da temperatura em um ponto de referência externo à cidade são bastante similares para cada área urbanisticamente homogênea, independentemente da época do levantamento. Dessa forma, tal parâmetro pode ser usado para um ordenamento térmico de áreas urbanas.

Finalmente, o artigo discute também a relação entre os CARs das diversas áreas estudadas e alguns parâmetros urbanos, especificamente a presença de vegetação e o fator de visão do céu.

1. INTRODUÇÃO

A cidade interfere no clima regional a partir da substituição de uma cobertura superficial natural pela superfície urbana. Essa substituição irá se refletir na qualidade térmica dos ambientes que permeiam as edificações (a camada intra-urbana), em particular das áreas abertas da cidade por onde circulam os pedestres. Eles irão se expor a superfícies em geral de maior refletividade de radiação solar, de maior emissividade de radiação infra-vermelha, de maior capacidade térmica e mais secas, tomando-se como parâmetro superfícies recobertas por um tipo qualquer de vegetação. Dependendo do nível de exposição ao sol durante o dia, podem se formar zonas mais frias ou mais quentes que a média geral; à noite, as superfícies de grande capacidade térmica expostas à radiação solar diurna resfriam-se mais lentamente, criando zonas mais quentes. O conjunto de obstáculos tridimensionais, representados principalmente pelos edifícios, altera também as condições de ventilação, mudando direções e criando zonas de aumento ou de redução da velocidade do fluxo.

O quadro acima exposto retrata uma dinâmica de microclimas urbanos, onde áreas mais quentes e mais frias se sucedem, como se fossem "colinas" e "depressões" ao longo da camada intra-urbana. Os diversos microclimas intra-urbanos criam, ao lado de outras variáveis, condições mais ou menos favoráveis aos pedestres. Dessa forma, os microclimas intra-urbanos são um fator de qualidade do espaço urbano e vem sendo utilizado como variável de propostas de planejamento urbano.

Se por um lado há consenso quanto à importância dos microclimas intra-urbanos no planejamento dos espaços abertos da cidade, por outro lado os métodos empregados em sua caracterização são diversos. De forma simplificada, eles podem ser divididos em dois tipos de abordagem: conceitual, a partir de modelos de balanço de energia, e paramétrica, a partir do estabelecimento de correlações entre a temperatura do ar e as condições de uso e ocupação do solo observados em levantamentos.

Da primeira abordagem destacam-se os trabalhos produzidos desde a década de 1980 por Oke e seus colaboradores (Oke, 1981, 1987 e 1988; Voogt e Oke, 1997 e 2003, entre outros). São trabalhos com um profundo embasamento teórico, mas que em geral requerem uma grande quantidade de dados ou um instrumental bastante sofisticado. Em um de seus últimos trabalhos (Voogt e Oke, 2003) é feita uma revisão sobre a aplicação do sensoreamento remoto na caracterização do clima urbano, dada a estreita relação entre as temperaturas superficiais e a temperatura do ar da camada intra-urbana.

No outro grupo os trabalhos procuram simplesmente caracterizar a distribuição do clima intra-urbana de uma cidade tomada como objeto de estudo, como retratado em Svensson e Eliasson (2002) e Svensson et al. (2003). Nesse caso, as indicações dos modelos físicos são empregadas para validar os resultados alcançados. Os métodos de levantamento de dados consistem em geral na distribuição de estações fixas ao longo da área urbana, complementados ou não por medições móveis. Os dados obtidos são posteriormente interpolados através de técnicas diversas.

Dado o elevado custo das estações meteorológicas, o levantamento de dados conta em geral com um número reduzido de pontos de medição. Por esse motivo também os métodos baseados em medições móveis vêm recebendo a preferência e sendo progressivamente aperfeiçoados. Pinho e Manso Orgaz (2000), por exemplo, realizaram uma caracterização da ilha de calor da cidade de Aveiro, Portugal, a partir de medições móveis com um data logger montado em automóvel, durante 48 noites de verão, outono e inverno de 1996, entre 23 e 1 h. As temperaturas amostradas foram corrigidas para horários comuns a partir das taxas de resfriamento de cada área amostrada. Kaiser e Faria (2001) propõem sincronizar os dados a partir de equações lineares ou quadráticas, dependendo do período de medição.

Um dos parâmetros urbanos que recebe maior atenção nos estudos sobre clima urbano é o fator de visão do céu (FVC), definido como sendo a porção da abóbada celeste não obstruída, visível a partir de um determinado ponto (Oke, 1988). Dessa forma, o fator de visão do céu influi na troca de calor por radiação entre as superfícies e a abóbada celeste. De acordo com Souza (1996), a correlação entre a temperatura do ar e o fator de visão do céu é melhor em áreas sem vegetação. Caso contrário, além das trocas térmicas por radiação, as trocas térmicas úmidas contribuem para a variação local da temperatura do ar, constituindo-se num parâmetro não geométrico daquela variável.

Discutindo a necessidade de serem simplificados os métodos de levantamento móveis para a caracterização térmica da camada intra-urbana, este artigo apresenta primeiramente uma metodologia aplicada ao estudo de caso na cidade de Bauru – SP. Em seguida são apresentados e analisados os resultados obtidos, considerando os períodos de aquecimento e de resfrimamento da camada intra-urbana. Por fim são apontadas algumas conclusões indicando as vantagens do método proposto.

2. MÉTODOS E PROCEDIMENTOS

O trabalho levou em conta duas hipóteses:

a) a temperatura do ar medida num ponto no interior de uma área urbanisticamente homogênea representa a temperatura do ar da área;

b) a variação da temperatura do ar numa área durante um período de aquecimento (manhã) ou de resfriamento (tarde) em relação à temperatura do ar de um local de referência fora da cidade independe da época do levantamento.

Assim, um levantamento de temperaturas do ar através de medições móveis poderia caracterizar rapidamente uma série de áreas urbanisticamente homogêneas de forma relativa, ou seja, elaborar uma relação de áreas por ordem de taxa de aquecimento ou resfriamento.

Tomou-se por objeto de estudo a área urbana da cidade de Bauru, no interior do estado de São Paulo. Trata-se de uma área de aproximadamente 120 km^2, entre as latitudes 22°15' S e 22°25' S e longitudes 49°00' W e 49°10' W, com altitudes de 500 a 630 m (BAURU/SEPLAN, 1997). Nela encontram-se cerca de 310.000 habitantes, 98,2% da população total do município (IBGE, 2001). Pela classificação de Köeppen, a região possui clima Cwa (subtropical com inverno seco e verão chuvoso).

Para a elaboração da base de dados e posterior análise espacial foi empregado o SIG Spring (© Instituto de Pesquisas Espaciais – INPE). Nele foram digitalizadas, a partir de folhas impressas, a topografia da base do Instituto Geográfico e Cartográfico do Estado de São Paulo e processadas as imagens do satélite LANDSAT 7 ETM+, de 18 de abril de 2002. Foram também importadas como imagens para referência a carta de densidade de edificação do Plano Diretor do Município, de 1996, e fotos do levantamento aerofotogramétrico da cidade, de 1995, ambos os documentos da Prefeitura Municipal de Bauru.

Para o levantamento de temperatura do ar empregou-se termômetros digitais com sensor de par termoelétrico tipo K. Os sensores foram montados no interior de um tubo de PVC ventilado mecanicamente para a proteção contra a radiação solar e a padronização das condições de ventilação. O conjunto foi instalado na lateral de um veículo, com o qual se fez percursos pela cidade, parando-se nos pontos determinados para tomar as leituras de temperatura do ar. Foram também empregados termômetros digitais com dataloggers para um estudo piloto inicial. Eles foram instalados sobre cabines de controle de postos de gasolina, sob a grande cobertura geral desses estabelecimentos.

Dados de temperatura do ar fornecidos pelo Instituto de Pesquisas Meteorológicas da UNESP – IPMet foram usados como referência para a comparação com os dados medidos ponto a ponto. Os dados foram registrados por uma estação automática, fora da área urbana.

Para a verificação das condições meteorológicas durante os períodos de medição foram colhidas informações do IPMet, disponíveis na web no site http://www.ipmet.unesp.br. As condições básicas para a realização das campanhas de medição foram a ausência de chuvas e a permanência da mesma condição meteorológica por pelo menos três dias: um antes e um após o levantamento.

Os dados de temperatura do ar foram tratados e divididos inicialmente por período de medição: manhã e tarde/noite. Para cada período, foram plotados gráficos de temperatura local x temperatura de noponto de referência. Desses gráficos foram obtidos retas de regressão para os dados e seus coeficientes angulares (CAR) foram então comparados. Posteriormente, verificou-se a associação dos CARs semelhantes aos vários padrões de ocupação do solo urbano.

Finalmente, os CARs foram relacionados aos fatores de visão do céu através do software 3DSkyView, aplicativo do Arc View GIS (© ESRI – Environmental Systems Research Institute) (Souza et al., 2003).

3. RESULTADOS E DISCUSSÃO

3.1. Elaboração da base de trabalho

As imagens do LANDSAT foram tratadas para produzir uma base onde fosse possível distinguir os diversos portes de vegetação e sua distribuição na área urbana. Essa proposta baseia-se na configuração da cidade e na época do ano em que as imagens foram obtidas. Como a cidade apresenta uma predominância de construções de 1 e 2 pavimentos e em maio a vegetação cobre rasteira inclusive terrenos baldios, pode-se inferir que onde não há vegetação trata-se de área construída. Outras informações, sobre as áreas verticalizadas foram extraída a partir da carta de densidade de ocupação do Plano Diretor Municipal.

Dos tratamentos realizados com as imagens, o melhor resultado foi obtido realizando-se uma operação com as bandas 4 e 7, do tipo *[R(4)-R(7)]/[R(4)+R(7)]*. Nessa equação, *R(n)* representa o valor do byte da imagem *n* numa determinada posição. A imagem resultante é obtida pela aplicação da equação ponto a ponto ao longo da área escolhida, convertendo a seguir o índice obtido (de -1 a 1) para tons de cinza (de 0 – preto a 255 – branco). Sobre a imagem resultante foi realizada a operação de fatiamento, que consiste na divisão do intervalo total de níveis de cinza de determinadas fatias (ou classes de cores), no caso 5: sem vegetação (área construída), vegetação esparsa, vegetação rasteira, vegetação de porte médio e vegetação de grande porte. Adicionando-se a informação de áreas com verticalização, obteve-se uma carta temática com dez classes: as cinco anteriores e mais cinco compostas por aquelas com verticalização (Figura 1).

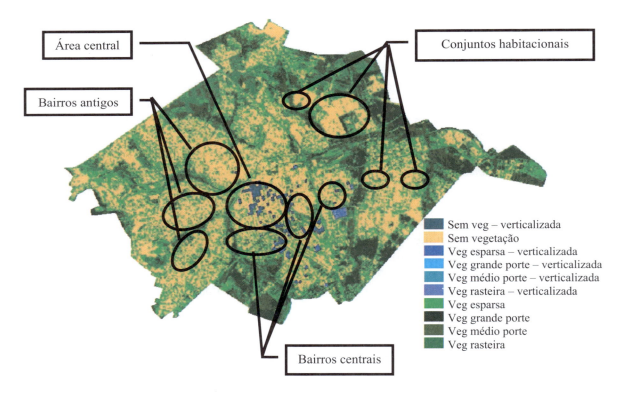

Figura 1 - Mapa de uso e ocupação do solo gerado a partir de imagens do satélite LANDSAT-7 TM+, de 17 de Maio de 2002

Analisando-se rapidamente o mapa gerado, nota-se que Bauru não conta ainda com uma área central densamente construída. Sua estrutura reticulada de quadras ortogonais de 100 x 100 m² cria espaços em seu interior, espaços esses freqüentemente vazios e muitas vezes arborizados. Por outro lado, os conjuntos habitacionais de interesse social, localizados em sua maioria a nordeste e a sudeste da área urbana, apresentam-se como grandes manchas homogêneas com grande densidade de edificações. Na verdade, o padrão de quadras nesses conjuntos é totalmente diferente do padrão de quadras do centro e de bairros mais antigos (próximos ao centro, ao norte e leste). Neles, os lotes são pequenos e há uma ausência quase total de vazios. As construções são levadas a todos os limites do lote, e a vegetação no interior das quadras praticamente desaparece, permanecendo apenas em algumas ruas arborizadas. Verifica-se também a presença de vales com cobertura vegetal expressiva. Esses fatores atuando conjuntamente – vale e vegetação – são responsáveis por grandes gradientes térmicos noturnos em relação a outras áreas urbanas, tendo sido medidas, durante o levantamento, variações pontuais da ordem de 10ºC. A partir dessa base, de análises das fotos aéreas e de visitas a campo, propôs-se a seguinte classificação, também repesentada na Figura 1:

a) Área central: arranjo de malha ortogonal com quadras de 100 x 100 m^2. Apresentam a maior ocupação do lote da cidade, com área impermeabilizada correspondente praticamente ao seu total. Nas vias, a vegetação é bastante esparsa, às vezes inexistente. Ocorre verticalização, com prédios isolados de até 30 m de altura.

b) Bairros antigos: primeiros bairros da cidade, apresentam o mesmo traçado do centro, com praticamente todos os lotes ocupados. As edificações, predominantemente residências unifamiliares de um pavimento, apresentam fachadas contíguas, mas não ocupam todo o lote. É comum a existência de quintais com vegetação. Boa parte das ruas é arborizada, em especial as menos movimentadas.

c) Bairros centrais: criados a partir da década de 1950, guardam grande semelhança morfológica com os bairros antigos: a forma e a dimensão das quadras são as mesmas, assim como a volumetria das edificações. A diferença fica pela ocupação mais intensa dos lotes, aumentando a área construída e, conseqüentemente, reduzindo a presença da vegetação, que permanece apenas nas ruas.

d) Conjuntos habitacionais: tiveram início a partir da década de 1970 e são caracterizados por uma ocupação intensiva dos lotes. Ao contrário do centro e dos bairros antigos, nos conjuntos a quadra determina lotes pequenos, da ordem de 10 x 15 m^2. As edificações, predominantemente residências unifamiliares, às vezes alteradas para uso comercial, são expandidas até as divisas do lote. Nesse caso, não há quintal arborizado; no entanto, as ruas são em geral arborizadas.

e) Fundos de vale: correspondem à região ao longo do rio Bauru. Trata-se de um vale bastante aberto, com encostas suaves. Em cada margem do rio corre uma avenida, cuja ocupação fronteiriça é composta principalmente por comércio de pequeno porte, praças e áreas vazias, mantendo assim a amplidão daquela área.

f) Áreas verdes: áreas dentro da malha urbana compostas por bosques propriamente ditos ou por praças com massa arbórea significativa.

3.2. Temperaturas do ar

Inicialmente, através de uma análise visual das fotos aéreas e de visitas a campo, foram selecionadas três áreas da cidade com padrões de urbanização bastante homogêneas e semelhantes entre si: Bairro da Bela Vista, Vila Falcão e Vila Independência. Em cada um deles foi instalado um termômetro com datalogger, num posto de gasolina localizado no interior da área. Realizou-se uma série de medições móveis no dia 17 de julho de 2002, período em que também ficaram ligados os dataloggers. Os resultados são mostrados na Figura 2. A súbita elevação da temperatura do ar na série automática da Vila Independência deve-se à incidência de radiação solar direta no sensor naquele horário. Os dados da série automática do Bairro da Bela Vista foram inutilizados, porque a inércia térmica da cobertura do local onde foi instalado o equipamento era bastante superior à dos demais locais, causando um achatamento da curva de dados.

Verifica-se grande semelhança entre as séries dos diferentes bairros e entre as séries obtidas automáticamente e por medições móveis ao longo das áreas: todos os pontos obtidos nas medições móveis estão dentro de um intervalo de ±5% em relação ao dado do registro automático. Isto comprova a primeira hipótese da pesquisa, de que a temperatura do ar num ponto no interior de uma área urbanísticamente homogênea é representativa da temperatura do ar da área.

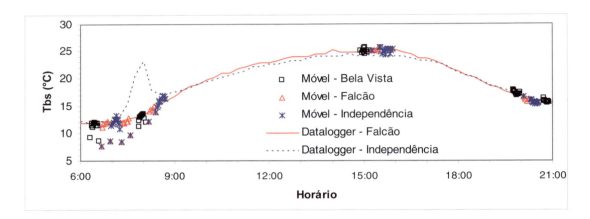

Figura 2 - Temperaturas do ar registradas no levantamento do dia 17 de Julho de 2002

Em 2003 foram realizadas duas campanhas de medição móvel de temperatura, nos dias 14 de abril e 29 de junho, num total de 60 pontos. Procurou-se com esses levantamentos abranger todos os padrões citados na classificação de tipologias adotada. Com os dados obtidos, comparou-se em primeiro lugar as temperaturas medidas em pontos comuns a mais de um levantamento em relação às temperaturas registradas no IPMet. Como mostra a Figura 3, os coeficientes angulares das retas de regressão lineares são bastante semelhantes para os diversos dias de levantamentos e os coeficientes de correlação são sempre elevados. Isso demonstra que esse "coeficiente angular de aquecimento ou resfriamento relativo" (CAR) pode ser determinado a partir de levantamentos em dias diversos, desde que observadas condições meteorológicas semelhantes.

Outra comparação foi feita entre os coeficientes angulares e de interceptação das retas de regressão de aquecimento e de resfriamento relativos. Pela Figura 4, observa-se que é possível linearizar também essa relação. Verifica-se também nessa figura que os valores dos coeficientes angulares são baixos para valores de coeficientes de interceptação altos e vice-versa. Isso equivale a dizer que áreas inicialmente mais quentes tendem a se aquecer mais lentamente e vice-versa, ou simplesmente comprova-se que áreas com maior inércia térmica sofrem menores variações de temperatura diariamente e vice-versa

Os períodos de validade de aplicação desses parâmetros são aqueles em que as taxas de aquecimento e de resfriamento são aproximadamente constantes, ou seja, aproximadamente das 9 às 12 horas e das 17 às 22 horas. Nesses períodos, em geral as temperaturas locais do ar se encontram acima das temperaturas observadas no IPMet.

Espacializando-se os CARs, obtém-se os resultados apresentados na Figura 5.

Os gráficos dessas figuras mostram que as distribuições das taxas de variação relativa de temperatura são semelhantes para os casos de aquecimento e de resfriamento. Confirmam também as diferenças de comportamento térmico das diferentes áreas, cujas razões foram explicadas anteriormente. Assim, as amplitudes decorrem de diferenças de fatores microclimáticos entre pontos de uma mesma área, diferenças essas que são tão menores quanto mais homogênea for a área. Nesse caso, a maior homogeneidade é alcançada nas áreas verdes que, por conseguinte, apresentam menores amplitudes entre as taxas de aquecimento e de resfriamento relativos.

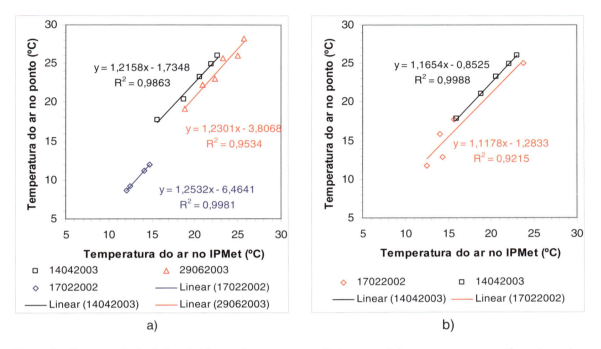

Figura 3 - Comparação de dados obtidos em levantamentos distintos em dois pontos comuns aos levantamentos: a) Praça Cyrênio Ferraz de Aguiar; b) Esquina das ruas Alto Acre x 1º de Maio

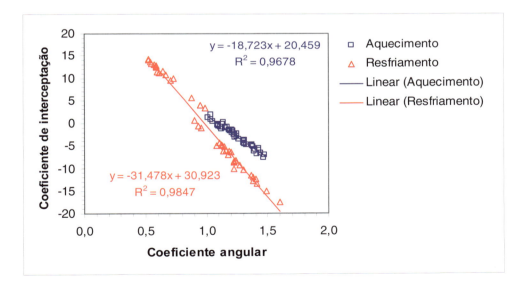

Figura 4 - Relação entre os coeficientes angulares e de interceptação das retas de regressão de aquecimento e resfriamento relativo

A ordenação de CARs que se estabelece a partir das Figura 5 mostra inicialmente uma dependência desse parâmetro em relação à presença da vegetação na área. Exceto no caso do centro, a proporção de vegetação cresce da esquerda para a direita. Ou seja, o valor do CAR diminui com o aumento da proporção de vegetação na área.

Como pode ser observado nos gráficos da Figura 3, as temperaturas do ar locais ficam, na maioria das vezes, acima da temperatura do ar no IPMet. Conforme a Figura 5, os CARs exibem comportamento distinto dependendo se de aquecimento ou de resfriamento: no primeiro caso são maiores que a unidade e no segundo podem ser tanto maiores como menores que um. A explicação reside no fato de não haver troca de calor latente nas superfícies urbanas construídas durante o aquecimento; dessa forma, elas se aquecem mais rapidamente que as áreas verdes, onde a evaporação da água reduz o aporte de calor sensível. Conseqüentemente, no período da tarde as superfícies secas e compostas por materiais de grande capacidade térmica, que acumularam calor pela manhã, vão emitir radiação térmica para o entorno, reduzindo sua taxa de resfriamento. As áreas verdes urbanas acompanham essa tendência, apresentando taxas próximas da unidade, em particular durante o período da manhã, quando as trocas úmidas de calor são o diferencial em relação às outras áreas.

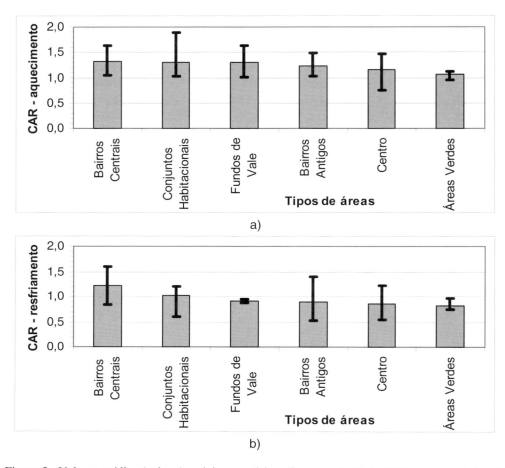

Figura 5 - Valores médios (coluna), máximo e mínimo (barra vertical) de CAR para o períodos de aquecimento (a) e de resfriamento (b), para os diversos tipos de área da cidade

No caso de área central, a ausência quase total de vegetação é compensada por outros fatores, em particular a verticalização, que aumenta as superfícies laterais das vias e a conseqüentemente a capacidade térmica das áreas e altera a exposição das superfícies mais baixas à radiação solar. Por isso, nesse caso foi estudada a relação entre o CARs e o FVCs, cujos gráficos são apresentados na Figura 6.

Apesar da baixa correlação apresentada, na Figura 6 existe uma nítida diferença entre as obtidas a partir de dados de bairros, onde a vegetação é presente nas ruas, e da área central, onde a vegetação está quase que totalmente ausente. Isto reforça que o FVC, sendo um parâmetro que indica a geometria urbana, é mais representativo para estudos de áreas com baixo índice de vegetação, para os quais as superfícies construtivas são predominantes, do que para áreas com grande ocorrência de vegetação. Além disso, conforme a literatura aponta, para melhor verificação da influência do FVC nas trocas de calor urbana, devem ser observados os padrões de temperaturas superficiais, não tendo este aqui o enfoque aqui pretendido.

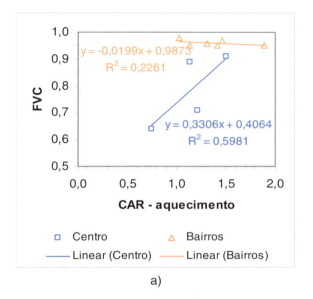
a)

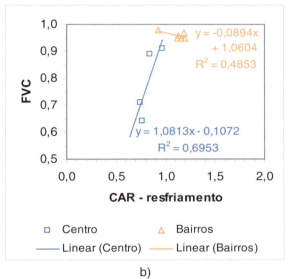
b)

Figura 6 - Relação entre CAR e FVC. a) aquecimento; b) resfriamento

4. CONCLUSÕES

Inicialmente, conclui-se que o levantamento de dados de temperatura do ar para caracterização do comportamento térmico de diferentes áreas urbanas pode ser realizado por medições móveis. O trabalho mostrou que o levantamento pode ser realizado inclusive em épocas distintas, desde que respeitada a similaridade das condições de tempo, o qual necessariamente deve ser estável. Para a comparação das características térmicas pode ser usado o coeficiente angular de retas de regressão linear (CAR) dos dados de temperatura do ar local em função das temperaturas do ar registradas em uma estação fixa, fora da área urbana.

Evidentemente, o método apresenta limitações intrínsecas. A principal é não se ter uma tabela de dados síncronos, o que exige que se faça interpolações entre as medidas, de forma a possibilitar a realização de comparações. No presente trabalho, realizaram-se comparações em períodos onde é possível linearizar o comportamento dos dados, ou seja, no meio da manhã e no final da tarde/início da noite. No entanto, encontra-se na bibliografia especializada uma série de modelos de interpolação de dados de temperatura do ar, que podem ser empregados tanto para períodos onde o ajuste dos dados não seja linear para refinar a análise.

Por outro lado, o método apresenta uma série de vantagens. O principal é a rapidez na obtenção dos dados e a simplicidade da instrumentação exigida: um termômetro com sensor de baixa inércia térmica (neste estudo foi empregado um termopar) e um termógrafo ou um termômetro com leitura freqüente das temperaturas, para uso como referência (neste trabalho foi usada a estação automática do IPMet).

Em relação aos resultados obtidos para a cidade de Bauru, houve uma confirmação dos relatos encontrados na bibliografia: a distribuição da vegetação exerce um papel fundamental na variação das características térmicas do clima intra-urbano. Assim, as áreas mais densamente construídas, como alguns bairros residenciais e conjuntos habitacionais apresentam maiores taxas de aquecimento e de resfriamento, em contraposição a áreas com proporção expressiva de vegetação, como bosques, praças e os fundos de vale com grandes extensões de vazios com cobertura vegetal. Na região central da cidade a proporção de vegetação é muito pequena e nas áreas onde ocorre verticalização o comportamento térmico da camada intra-urbana passa a ter boa correlação com a geometria das vias, traduzida pelo fator de visão do céu: as taxas de variação relativa de temperatura do ar são diretamente proporcionais a ele.

REFERÊNCIAS

Kaiser, I. M.; Faria, J. R. G. (2001) Validation of transects for air temperature and moisture profiles measurements in urban areas under high diurnal air temperatures. Em: *Renewable energy for a sustainable development of the built development*. PLEA, Florianópolis, v. 1, p. 571-576.

Oke, T. R. (1981) Canyon geometry and the nocturnal urban heat island: comparison of scale model and field observations. *Journal of Climatology*, 1, 237-254.

Oke, T. R. (1987) *Boundary layer climates*. 2th. Ed. Routledge, London.

Oke, T. R. (1988) Street design and urban canopy layer climates. *Energy and Buildings*, 11, 03-113.

Pinho, O. S.; Manso Orgaz, M. D. (2000) The urban heat island in a small city in coastal Portugal. *Int J Biometeorol*, 44, 198–203.

Souza, L. C. L. (1996) *Influência da geometria urbana na temperatura do ar ao nível do pedestre*. EESC/USP, São Carlos, 1996. (Tese de doutorado).

Souza, L. C. L.; Rodrigues, D. S; Mendes, J.F.G. (2003) A 3D-GIS extension for sky view factors assessment in urban environment. Em: Proceedings of 8th International Conference on Computers in Urban Planning and Urban Management. Sendai, 13p. (CD-Rom).

Svensson, M. K.; Eliasson, E. (2002) Diurnal air temperatures in built-up areas in relation to urban planning. *Landscape and Urban Planning*, 61(2002), 37–54.

Svensson, M. K.; Thorsson, S.; Lindqvist, S. (2003) A geographical information system model for creating bioclimatic maps – examples from a high, mid-latitude city. *Int J Biometeorol* 47(2003), 102–112.

Voogt, J. A. ; Oke, T. R. (1997) Complete urban surface temperatures. *Journal of Applied Meteorology*, 36, 1117-1131.

Voogt, J. A.; Oke, T. R. (2003) Thermal remote sensing of urban climates. *Remote Sensing of Environment* (artigo em impressão). Acessado na web em www.sciencedirect.com em junho de 2003.

4
Avaliação de Zonas de Criticidade Acústica numa Cidade de Média Dimensão

Lígia T. Silva e José F.G. Mendes

RESUMO

O crescimento urbano, pelas dimensões que actualmente assume, vem exercendo pressões de forma continuada nos recursos, nas infraestruturas e nos equipamentos, afectando negativamente o *standard* de vida dos cidadãos. Neste contexto a avaliação e monitorização da qualidade do ambiente urbano tornou-se um tema de primordial importância quando considerado como um instrumento de apoio à decisão que pode contribuir para a construção de cidades mais sustentáveis e com melhor qualidade de vida.

Viana do Castelo é uma cidade de média dimensão localizada no litoral norte de Portugal e que aceitou o desafio de desenvolver uma programa para a melhoria da qualidade do seu ambiente urbano, com o objectivo de aderir ao Projecto Cidades Saudáveis e integrar a Rede Europeia das Cidades Saudáveis.

Neste programa, a caracterização do ruído urbano, nomeadamente a determinação dos níveis de intensidade sonora na zona urbana e da exposição da população ao ruído ambiente, foi considerada uma das acções prioritárias. A ferramenta adoptada para desenvolver estes estudos inclui modelos de previsão de ruído numa plataforma de SIG. Com base em dados de tráfego e nas características físicas do local foram desenvolvidos mapas de ruído e procedeu-se ao seu cruzamento com o zonamento acústico do território e com a população residente.

Esta combinação foi a base para a identificação das zonas de criticidade acústica, em termos de níveis de ruído e dos índices de exposição da população a esses níveis de ruído.

O presente artigo apresenta uma abordagem deste problema, passando pelos fundamentos teóricos e pelo estudo desenvolvido para a cidade de Viana do Castelo.

1. INTRODUÇÃO

O Projecto Cidades Saudáveis é hoje um movimento de amplitude mundial, tendo por base o conceito de Saúde para Todos (SPT) da Organização Mundial de Saúde e as orientações estratégicas da Carta de Ottawa, a qual procurou proporcionar um veículo para testar a aplicação destes princípios a um nível local.

Em 1986 foram seleccionadas pela Organização Mundial de Saúde (OMS) onze cidades para demonstrar que as novas abordagens à saúde pública definidas na SPT funcionariam na prática. Assim nasceu o conceito de Cidades Saudáveis.

No âmbito do Projecto Cidades Saudáveis na cidade de Viana do Castelo, o ruído urbano, nomeadamente a determinação dos níveis de intensidade sonora na zona urbana e de exposição da população ao ruído ambiente, foram consideradas como acções prioritárias.

Em Portugal, o ruído está regulamentado desde 2000 através do novo Regime Legal sobre Poluição Sonora (RLPS), publicado no D.L. 292/2000 de 14 de Novembro.

Este diploma legal introduziu pela primeira vez a consideração da variável ruído urbano em sede de planeamento. O mesmo diploma define que as áreas vocacionadas para usos habitacionais existentes ou previstos, bem como para escolas, hospitais, espaços de recreio e lazer e outros equipamentos colectivos são classificadas de zonas sensíveis e as áreas cuja vocação seja afecta em simultâneo às utilizações referidas bem como a outras utilizações, nomeadamente comércio e serviços, são classificadas de mistas.

Às zonas sensíveis e mistas estão associados valores máximos admissíveis de ruído ambiente no exterior. Nos termos do RLPS, a aplicação do critério de exposição máxima obriga a que: as zonas sensíveis não devem ficar expostas a um nível sonoro contínuo equivalente, ponderado A, L_{Aeq}, de ruído ambiente exterior, superior a 55 dB(A) no período diurno (compreendido entre as 7h00 e as 21h00) e 45 dB(A) no período nocturno (compreendido entre as 21h00 e as 7h00); as zonas mistas não devem ficar expostas a um nível sonoro contínuo equivalente, ponderado A, L_{Aeq}, de ruído ambiente exterior, superior a 65 dB(A) no período diurno e 55 dB(A) no período nocturno.

O presente estudo tem como objectivo a avaliação de zonas de criticidade acústica numa cidade de médio porte, precisamente Viana do Castelo. A metodologia adoptada inclui a utilização de modelos de previsão de ruído urbano num ambiente de Sistema de Informação Geográfica (SIG).

Com base em dados de tráfego e nas características físicas do local foram criados mapas horizontais de ruído, e foi feita uma sobreposição com cartas de zonamento acústico e com a distribuição da população residente. Esta combinação foi a base para a identificação das zonas de criticidade acústica, em termos de níveis de ruído e de índices de exposição da população. Os resultados foram utilizados para identificar e priorizar as medidas de mitigação a adoptar.

2. RUÍDO AMBIENTAL EM MEIO URBANO

O ruído tornou-se um dos principais factores de degradação da qualidade de vida das populações. Constitui um problema que tende a agravar-se devido, sobretudo, ao desenvolvimento desequilibrado dos espaços urbanos e ao aumento significativo da mobilidade das populações, com o consequente incremento dos níveis de tráfego rodoviário.

O ruído tem vindo a aumentar no espaço e no tempo, sendo de facto o tráfego de veículos motorizados uma das fontes sonoras mais poluentes; no entanto, outras fontes, tais como o tráfego aéreo e ferroviário, o funcionamento de equipamentos industriais e domésticos e o ruído da vizinhança têm tendência a desenvolver-se e a multiplicar-se. Além disso, a intensidade do ruído atinge em muitos casos níveis preocupantes, afectando de diversas formas a saúde física e mental, com consequências mais ou menos graves que vão do simples incómodo à afectação da audição.

Dada a importância relativa que assume o ruído produzido pelo tráfego em meio urbano, a sua avaliação quantitativa é a base na qual assentam as políticas de controle de ruído (OECD, 1995). São necessárias ferramentas de avaliação para estabelecer os níveis de ruído existentes, avaliar o impacto do ruído do tráfego no processo de planeamento e determinar a eficiência das medidas anti-ruído tomadas.

Existem disponíveis no mercado numerosos modelos previsionais de ruído que constituem um importante instrumento de trabalho na modelação da situação acústica, como referido por Bertellino e Licitra (2000). O método utilizado, designado por *Novo Método de Previsão do Ruído do Tráfego* (NMPB 96) foi desenvolvido em França em 1996 por um grupo de trabalho constituído pelas seguintes entidades: *Centre d'Études sur les Réseaux, les Transports, l'Urbanisme et les Constructions Publiques* (CERTU), *Centre Scientifique et Technique du Bâtiment* (CSTB), *Laboratoire Central des Ponts et Chaussées* (LCPC) e *Service d'Etudes Techniques des Routes et Autoroutes* (SETRA). Este é o método recomendado pela Directiva 2002/49/EC do Parlamento Europeu e do Conselho, de 25 de Junho, relativa à avaliação e gestão do ruído ambiente.

O algoritmo de cálculo gera, a partir de cada ponto receptor, um conjunto de raios correspondentes à propagação do ruído, normalmente espaçados em ângulos iguais e, portanto, definindo sectores de círculo. O cálculo acústico é realizado para cada raio que sai do receptor considerado e que pode intersectar uma fonte de ruído. Se o intervalo angular for suficientemente pequeno, poder-se-á assumir que, nesse intervalo, o terreno e o meio mantém características constantes e a propagação média não varia no sector. Nestas condições, o problema resume-se ao cálculo numa secção definida entre uma fonte pontual e o receptor. Para tal é necessário definir a potência acústica associada à fonte, a atenuação devida à divergência geométrica (A_{div}), a absorção pelo ar (A_{atm}), a difracção (A_{dif}), os efeitos devidos ao solo (A_{solo}) e a absorção das superfícies verticais (A_{ref}) nas quais o raio foi reflectido no plano horizontal.

Para a estimativa do nível sonoro por um período longo, denominado *a longo termo* (L_{LT}), o método tem em consideração as condições meteorológicas observadas localmente. Este nível L_{LT} é obtido à custa da soma dos contributos energéticos dos níveis sonoros obtidos para as condições atmosféricas homogéneas (situação em que o gradiente vertical de velocidade do som é nulo) e favoráveis (situação em que aquele gradiente é positivo), ponderadas segundo a sua ocorrência relativa no local considerado. Nos períodos em que ocorrem condições atmosféricas desfavoráveis (situação em que o gradiente vertical de velocidade do som é negativo) são assumidos pelo método níveis sonoros correspondentes a condições homogéneas. Esta assumpção majora de facto os níveis reais obtidos nestas condições de propagação, mas acaba por traduzir uma abordagem pelo lado da segurança (Berengier e Garai, 2000).

Desta forma, segundo este método, o nível acústico para um período longo é calculado segundo a expressão:

$$L_{LT} = 10\log\left(p \times 10^{\frac{L_{pF}}{10}} + (1-p) \times 10^{\frac{L_{pH}}{10}} \right) \tag{1}$$

onde $L_{p,H}$: é o nível sonoro para condições meteorológicas homogéneas do local e é calculado pela expressão:

$$L_{p,H} = LW - A_{div} - A_{atm} - A_{solo,H} - A_{dif,H} - A_{ref} \qquad (2)$$

$L_{p,F}$: é o nível sonoro para condições meteorológicas favoráveis do local e é calculado pela expressão:

$$L_{p,F} = LW - A_{div} - A_{atm} - A_{solo,F} - A_{dif,F} - A_{ref} \qquad (3)$$

p : representa a ocorrência das condições meteorológicas favoráveis durante a propagação do som e assume valores no intervalo $0 < p < 1$;
LW : representa a potência acústica associada a tráfego rodoviário.

O cálculo da potência acústica LW é função das características do tráfego (fluxo, composição e velocidade média), bem como da tipologia e tipo de pavimento da estrada (CSTB, 2001).

Por simplificação de cálculo, os dados de tráfego relativos a duas categorias de veículos (ligeiros e pesados) são tratados de uma forma agregada ponderando o fluxo de veículos pesados através de um factor de equivalência acústica entre veículos ligeiros e pesados.

A potência acústica por metro de faixa rodoviária é calculado pela expressão:

$$LW = LW_{VL} + 10\log\left(\frac{fluxo + fluxo \times \%P \times (EQ-1)/100}{V_{50}}\right) - 30 \qquad (4)$$

onde LW_{VL} : é a potência acústica produzida por um veículo ligeiro;
$fluxo$: é o número de veículos por hora por faixa de rodagem;
$\%P$: é a percentagem de veículos pesados; e
EQ : é a equivalência de veículos pesados/veículos ligeiros.

A potência acústica de um veículo ligeiro é obtida a partir da expressão:

$$LW_{VL} = 46 + 30\log V_{50} + C \qquad (5)$$

onde V_{50} : é a velocidade do fluxo de veículos e $V_{50} = 30$ se $V_{50} < 30$;
$C = 0$ para fluxo de tráfego fluído;
$C = 2$ para fluxo de tráfego ininterrupto; e
$C = 3$ para fluxo de tráfego em aceleração.

O factor de equivalência acústica entre veículos ligeiros e pesados é dado pela Tabela 1 de acordo com a Norma Francesa – NF S.31.085 (AFNOR, 1991).

Tabela 1 - Factores de equivalência acústica entre pesados e ligeiros

EQ		Declive da faixa de rodagem (%)				
		≤2	3	4	5	≥6
Velocidade	120 km/h	4	5	5	6	6
	100 km/h	5	5	6	6	7
	80 km/h	7	9	10	11	12
	50 km/h	10	13	16	18	20

3. AVALIAÇÃO DE ZONAS DE CRITICIDADE ACÚSTICA NUMA CIDADE DE MÉDIA DIMENSÃO

Este estudo tem como objectivo a avaliação de zonas de criticidade acústica numa cidade de médio porte, localizada no litoral norte de Portugal. Reporta-se à cidade de Viana do Castelo, com uma área de 37,04 km^2 e uma população residente de 36.544 habitantes, onde as grandes preocupações em termos das emissões de ruído centram-se numa via de atravessamento, que divide a cidade e apresenta um volume de tráfego rodoviário assinalável.

Com base em dados de tráfego e nas características físicas do local foram criados mapas horizontais de ruído, foi feita uma sobreposição com cartas de zonamento acústico e com a população residente. Esta combinação foi a base para a identificação das zonas de criticidade acústica, em termos de níveis de ruído e de índices de exposição da população a esses níveis de ruído.

3.1. Cálculo dos mapas horizontais de ruído

Os mapas acústicos são cartas que representam o ruído efectivamente existente numa determinada área, podendo ser obtidos através de medição e/ou através de instrumentos computacionais. Estes últimos permitem também elaborar simulações do ruído esperado em determinadas condições, as quais podem ser tidas em conta no desenvolvimento de cenários de planeamento do território.

A elaboração dos mapas horizontais de ruído da cidade de Viana do Castelo foi baseada em métodos previsionais e complementada com medições acústicas para validação do modelo.

A previsão dos níveis sonoros teve em conta a contribuição do tráfego rodoviário, a informação geográfica e física relativa à cidade e os fenómenos físicos mais relevantes na radiação e propagação das ondas sonoras.

Para o cálculo dos níveis de ruído rodoviário, o modelo utilizado teve como parâmetros de entrada o tráfego rodoviário (densidade, composição e velocidade média de circulação), as características do pavimento (betuminoso, cubos, macadame, ...) e o tipo de tráfego (fluido, ininterrupto ou em aceleração).

Relativamente à informação geográfica e física, teve-se em conta a altimetria do terreno, perfis transversais e longitudinais das vias rodoviárias e a implantação dos edifícios na cidade com as respectivas cércea e características de superfície de fachadas.

Para a caracterização das fontes de ruído ambiental na cidade de Viana do Castelo, e considerando o seu carácter sazonal, foram levadas a cabo duas campanhas de contagem de veículos automóveis, uma de Verão e outra de Inverno, as quais deram origem a dois cenários.

As campanhas de contagem de Verão e de Inverno contaram com a informação de 31 postos de contagem estrategicamente localizados nas 5 freguesias da cidade de Viana do Castelo e decorreram em períodos contínuos de 24 horas.

Após levantamento detalhado da topografia do local e da localização e características dos obstáculos à propagação do ruído, tais como por exemplo edifícios, muros ou barreiras arbóreas, foi levada a cabo a modelação matemática tendo em vista a elaboração de mapas acústicos horizontais do local (para os períodos diurno e nocturno). Para efeitos de cálculo, a cidade foi dividida numa malha irregular cuja dimensão se apresentava mais reduzida nas zonas de maior densidade de edifícios. Os valores de Leq(A) foram calculados para os vértices da malha e os parâmetros de cálculo adoptados foram os seguintes:

Mapa acústico horizontal;

Altura do mapa: h = 1,2 m acima da cota do solo;

Condições meteorológicas favoráveis à propagação de ruído;

Nº de raios: 50 nas zonas urbanas dispersas e 100 nas zonas urbanas densas;

Distância de propagação: 2000 m;

Nº de reflexões: 5;

Índices calculados: Leq(A) diurno e Leq(A) nocturno;

Tipo de piso (variável): betuminoso, cubos de granito;

Velocidades médias consideradas (variáveis):
    80 km/h nas vias de atravessamento
    (EN13 e acesso ao IC1–troço nascente);
    50 km/h nas vias de acesso/penetração ao centro da cidade e vias de atravessamento no interior da cidade;
    35 – 45 km/h (arruamentos urbanos);

A partir dos níveis estimados foram delimitadas classes de ruído por intervalos de 5 dB(A). Às diferentes classes de ruído foi atribuída uma cor de acordo com a norma portuguesa NP 1730, de 1996.

Devido a limitações de espaço neste artigo, os resultados apresentados restringem-se ao cenário de Verão, aquele que se identificou como o mais crítico. As Figuras 1a) e 1b) apresentam os mapas de ruído obtidos para os períodos diurno e nocturno na cidade.

3.2. Confronto do ambiente acústico com o zonamento acústico

A carta de zonamento acústico é efectuada a partir do uso do solo, existente e planeado, seguindo essencialmente normativas nacionais ou de outros países europeus, quer em termos de valores de referência quer em termos metodológicos.

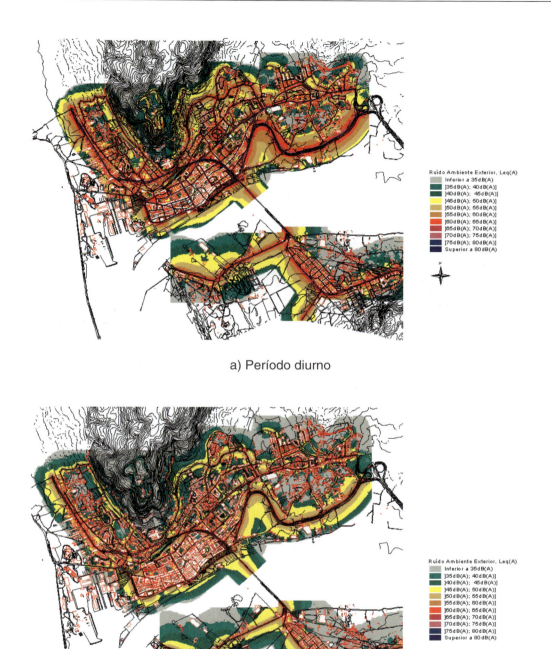

a) Período diurno

b) Período nocturno

Figura 1 - Cartas de ruído para o cenário de Verão

As cartas de zonamento acústico estabelecem zonas no território de acordo com os níveis de ruído admissíveis, constituindo assim condicionantes ao uso do solo. Com base no uso do solo existente e proposto na carta de ordenamento do PDM, e de acordo com o estabelecido no RLPS, a carta de zonamento acústico classifica o solo em duas classes, identificando zonas no território sensíveis e zonas mistas. A Figura 2 apresenta um extracto da Carta de Zonamento Acústico que compreende a área urbana de Viana do Castelo.

Figura 2 - Extracto da carta de zonamento acústico para a zona em estudo

Os mapas de ruído e o zonamento acústico foram introduzidos em ambiente SIG e sobrepostos. Esta operação teve como resultado o mapa de desvios de Leq(A) em relação ao limite legal constante no RLPS e previsto em sede de zonamento, os quais podem ser observados nas Figuras 3a) e 3b).

3.3. Confronto do ambiente acústico com a população

O levantamento e respectiva georeferenciação da população foram feitos a partir de dados fornecidos pelo Instituto Nacional de Estatística através do CENSOS2001 (INE – CENSOS2001). Estes dados encontram-se associados a uma base geográfica de referenciação com uma desagregação espacial de vários níveis. Neste estudo, utilizou-se a unidade estatística mais reduzida – a subsecção estatística, que em meio urbano representa o quarteirão.

Os dados da população foram introduzidos no SIG e sobrepostos com os mapas de ruído de forma a permitir o calculo da população exposta aos vários níveis de ruído ambiente. Neste cálculo foi assumida uma distribuição uniforme da população em cada subsecção estatística e foram adoptadas as recomendações da Directiva 2002/2002/49/CE do Parlamento Europeu, relativa à monitorização do ruído ambiente para definir as classes de ruído a estudar. Os resultados obtidos podem ser observados na Tabela 2.

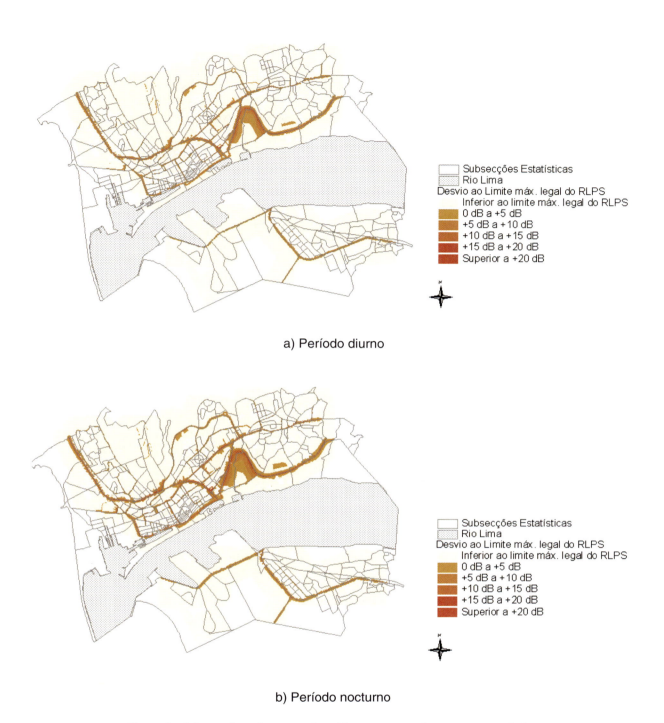

a) Período diurno

b) Período nocturno

Figura 3 - Sobreposição das cartas de ruído com a carta de zonamento acústico

Foi levada a cabo uma sobreposição de dados similar à anterior, mas desta vez combinando os dados da população com os dados de desvios de Leq em relação ao limite, resultando neste caso no número de pessoas expostas aos níveis de ruído acima dos limites estabelecidos no RLPS, nos períodos diurno e nocturno (Tabela 3).

Tabela 2 - População exposta ao ruído - classes de níveis de ruído

Níveis de ruído ambiente Leq(A) dB(A)	População exposta ao ruído			
	Período diurno		Período nocturno	
	População	%	População	%
]0 ; 35]	2640	9,4	6557	23,4
]35 ; 40]	2534	9,1	4268	15,3
]40 ; 45]	3906	14,0	4660	16,7
]45 ; 50]	4398	15,7	3910	14,0
]45 ; 55]	4361	15,6	3193	11,4
]55 ; 60]	3337	11,9	2621	9,4
]60 ; 65]	2970	10,6	1684	6,0
]65 ; 70]	2147	7,7	840	3,0
]70 ; 75]	1244	4,5	120	0,4
]75 ; 80]	287	1,0	0	0,0
]80 ; 85]	6	0,0	0	0,0

Tabela 3 - População exposta ao ruído - classes de desvios de ruídoao limite legal

Desvios de Leq(A) ao limite legal dB(A)	População exposta ao ruído			
	Período diurno		Período nocturno	
	População	%	População	%
]-30 ; -15]	10672	38,2	10120	36,2
]-15 ; -10]	4287	15,3	4580	16,4
]-10 ; -5]	3335	11,9	3880	13,9
]-5 ; 0]	3071	11,0	3268	11,7
]0 ; +5]	2225	8,0	2716	9,7
]+5 ; +10]	1281	4,6	1730	6,2
]+10 ; +15]	314	1,1	870	3,1
]+15 ; +30]	18	0,1	147	0,5

3.4. Identificação de zonas de criticidade acústica

Nesta fase, a "fotografia acústica" da cidade, descrita pelos mapas acústicos e o pelo zonamento acústico, é ponderada pela população residente de forma a identificar as zonas acusticamente problemáticas, denominadas zonas de criticidade acústica..

O índice de criticidade acústica de determinada zona, identificado por C, é calculado através da multiplicação do desvio de Leq ao limite legal em dB(A), DL, pela densidade populacional que habita aquela zona DP:

$$C = DP \times DL$$

(6)

Nas Figuras 4a) e 4b) pode observar-se a distribuição do índice de criticidade para a cidade de Viana do Castelo, para os períodos diurno e nocturno, incluindo a identificação das zonas mais críticas, consideradas acusticamente problemáticas.

a) Período diurno

b) Período nocturno

Figura 4 - Cartas de criticidade acústica para o cenário de Verão

4. CONCLUSÕES

Os resultados apresentados nas cartas de ruído (Figura 1) e cartas de desvio de *Leq* ao limite legal (Figura 3), permitem concluir que cerca de 11,3% e 15,6% da área estudada, respectivamente para os períodos diurno e nocturno, se encontram acima do limite estabelecido no RLPS.

Esta área de não conformidade inclui obviamente as próprias vias rodoviárias; se estas forem excluídas, verifica-se que apenas pontualmente e ao longo das faixas adjacentes às vias principais de atravessamento, se ultrapassam os limites legais. Esta é aliás uma situação incontornável, verificada em todas as cidades europeias, dado que sobre a rodovia e no local de passagem dos veículos a potência sonora significa níveis de *Leq(A)* sempre superiores a 80 dB(A).

Uma análise da variação do ruído ao longo das 24 horas mostra que o período nocturno é mais gravoso relativamente ao diurno. Esta é também uma situação habitual em cidades sazonais de veraneio, que se relaciona com hábitos de vida nas cidades de praia em horários nocturnos e os resultados apresentados neste artigo reportam-se a uma simulação do cenário de Verão.

Analisando as situações de não conformidade acústica mais pertinentes, os resultados apresentados nas Figuras 1 e 3 mostram a existência de uma via que atravessa a cidade onde os níveis de ruído se apresentam substancialmente acima dos limites legais. Esta via, com características de atravessamento, é composta pela Avenida 25 de Abril e prolonga-se para Norte com a EN13 e para Nascente com a via de acesso ao IC1, apresentando uma elevada percentagem de veículos pesados que se vêm obrigados, por falta de alternativas, a atravessar a cidade.

Analisando agora o centro histórico da cidade de Viana do Castelo, com características essencialmente pedonais, verifica-se que se encontra dentro dos limites estabelecidos no RLPS nos dois períodos diurno e nocturno.

Para toda a zona em estudo e para o período diurno, calculou-se uma percentagem de 13,2 % da população exposta a níveis de ruído (*Leq(A)*) acima de 65 dB(A); no período nocturno, 18,8% da população encontra-se exposta a níveis de ruído (*Leq(A)*) acima de 55 dB(A). Quando considerados os desvios de Leq(A) ao limite legal para zonas sensíveis e zonas mistas, a população acima dos limites é similar, 13,7% e 19,5% para os períodos diurno e nocturno respectivamente.

Os dados de ruído e de população, combinados através do índice de criticidade, revelam a existência de seis zonas acusticamente problemáticas, como mostra a Figura 4, a saber: Avenida 25 de Abril em quase toda a sua extensão, vias de acesso ao IC1 (troço poente), Escola localizada na via Entre Santos, cruzamento da EN 202 com a Rua Aquilino Ribeiro, Avenida Campo do Castelo e troço da via EN 13 em Darque. Estas zonas deveriam assumir um estatuto de primeira prioridade num plano de mitigação futuro.

REFERÊNCIAS

AFNOR (1991) *NF S 31-085 - Acoustique - Caractérisation et mesurage du bruit du trafic routier.* Association Française de Normalisation, Saint-Denis La Plaine, France.

Berengier, M. e M. Garai (2000) Propagazione del Rumore da Traffico Veicolare. *Atti Convegno Nazionale Traffico e Ambiente 2000*, Progetto Trento Ambiente, Trento, Italia, p. 49-62.

Bertellino, F. e G. Licitra (2000) I Modelli Previsionali per il Rumore da Traffico Stradale. *Atti Convegno Nazionale Traffico e Ambiente 2000*, Progetto Trento Ambiente, Trento, Italia, p. 63-82.

INE – CENSOS2001. Lisboa, 2001

CSTB (2001) *Mithra Technical Manual.* Centre Scientifique et Technique du Bâtiment, Paris, France.

Decreto-Lei nº 292/2000. *Diário da República* , I Série-A, Lisboa, Portugal, n. 263, p. 6511-6520.

Directiva 2002/49/EC do Parlamento Europeu e do Conselho, de Junho de 2002, Official Journal of the European Communities, p.12-25, 2000.

NP 1730, Norma Portuguesa nº 1730, 1996

OECD (1995) *Roadside Noise Abatement.* Organisation for Economic Co-operation and Development Publications, Paris, France.

5
Layout Urbano em Função da Eficiência Energética dos Edifícios

Manuela G. Almeida, Luís Bragança,
José F.G. Mendes e Sandra Silva

RESUMO

Em termos energéticos, o consumo de energia no sector dos edifícios representa 22% da energia final consumida em Portugal. Apesar de estar longe dos 40% da média comunitária, este consumo tem aumentado preocupantemente a uma taxa de 7.5% ao ano. O consumo de energia nos edifícios aumentou 31% na última década. Este número corresponde a um consumo de energia (e à consequente emissão de CO_2) equivalente a 3.5 milhões de toneladas de petróleo.

Um dos actuais objectivos da Comissão Europeia consiste em, até 2010, reduzir em 20% o consumo de energia primária no parque habitacional urbano. O comportamento energético dos edifícios urbanos torna-se, deste modo, um alvo de análise e de intervenção prioritário.

Grande parte dos factores que afectam o comportamento energético dos edifícios está directamente relacionada com o "layout" urbano adoptado em cada cidade. O modo como os edifícios são implantados no terreno e a própria forma do edifício, têm consequências energéticas significativas para as quais os técnicos têm que estar alertados.

É neste sentido que surge este trabalho numa tentativa de fornecer aos técnicos do planeamento urbano elementos que permitam fazer uma análise objectiva das consequências energéticas das diversas opções tomadas.

1. INTRODUÇÃO

De acordo com os Censos 2001, em Portugal existem 5.36 milhões de unidades residenciais para um total de 3.7 milhões de famílias. De acordo com a mesma fonte, entre 1991 e 2000 construíram-se cerca de 84 000 unidades residenciais por ano, tendo este valor chegado às 100 000 unidades por ano nos anos 1999 e 2000. Estes valores mostram que neste período foram construídos 8.4 edifícios por cada 1000 habitantes o que é um valor substancialmente superior ao da média europeia que ronda os 5.5.

A crescente consciência ambiental por parte da sociedade em geral, tem levado a uma contínua procura de soluções para resolver os problemas associados à produção e consumo de energia, tentando reduzir o impacto negativo do seu uso, sem contudo reduzir os actuais padrões de qualidade de vida e de conforto no interior dos edifícios. Tudo passa pelo recurso crescente às energias renováveis e, mais concretamente, pelo aproveitamento da energia solar no sector dos edifícios, tanto de uma forma activa como de uma forma passiva.

Para tirar o maior proveito possível dessa fonte de energia não poluente e disponível em abundância, é necessário que o parque habitacional urbano obedeça a algumas regras básicas no que concerne à sua concepção e enquadramento urbano. Para reduzir os consumos energéticos no sector dos edifícios, torna-se necessária uma abordagem integrada de toda a problemática, uma vez que o estudo do comportamento térmico do edifício não se pode limitar ao estudo do objecto em si, isolado do contexto em que está inserido. O seu bom desempenho energético depende não só de factores intrínsecos ao edifício (como sejam as características mais ou menos eficientes da envolvente), como também, e em grande parte, de numerosos factores que lhe são externos, como sejam uma adequada exposição solar, ausência de sombreamentos, existência de edifícios contíguos, presença de zonas verdes para reduzir o efeito de ilha de calor, etc..

É neste sentido que surge este trabalho numa tentativa de fornecer aos técnicos do planeamento urbano elementos que permitam fazer uma análise objectiva das consequências energéticas das diversas opções tomadas.

2. METODOLOGIA

Neste trabalho vão ser apresentados resultados da avaliação energética de edifícios inseridos em diferentes "layouts" urbanos, típicos das cidades portuguesas e de outros países do Sul da Europa. Nomeadamente serão estudados os seguintes casos:

- Edifícios multifamiliares isolados onde será analisada de uma forma específica a influência da forma e do modo de implantação do edifício no terreno;
- Edifícios unifamiliares isolados inseridos em zonas residenciais urbanas;
- Edifícios unifamiliares em banda;
- Edifícios unifamiliares geminados.

O consumo energético de cada edifício e de cada zona dos edifícios foi determinado, para as estações de aquecimento e de arrefecimento, em função da orientação geográfica e das condições de conforto usualmente requeridas, definidas na regulamentação portuguesa, Regulamento das Características de Comportamento Térmico dos Edifícios, RCCTE (1990) e usando modelos de simulação térmica adequados. Para este estudo seleccionaram-se materiais e tecnologias construtivas típicos dos utilizados em Portugal, pertencentes a um patamar de qualidade que pode ser classificado de médio/superior.

Os dados climáticos utilizados nas diversas simulações térmicas efectuadas correspondem à zona climática representativa da generalidade do território português - zona climática I2-V2 (definida no RCCTE (1990)). O estudo foi realizado para as oito orientações principais (N, NE, E, SE, S, SO, O e NO).

3. FACTORES URBANOS QUE AFECTAM O COMPORTAMENTO TÉRMICO DOS EDIFÍCIOS

Para se obter um adequado comportamento térmico de um edifício é necessário, em primeiro lugar, que ele se encontre inserido numa zona em que a densidade e o grau de ocupação do solo sejam os mais adequados para que a sua eficiência energética seja maximizada. Para tal, o edifício deve-se localizar em espaços que lhe permitam ter um fácil acesso à radiação solar durante a estação de aquecimento e que lhe permitam ter um efectivo controlo sobre essa mesma radiação na estação de arrefecimento. Tal como mostra a Figura 1, as encostas viradas a Sul podem ser mais densamente povoadas que zonas planas e, nas encostas voltadas a Norte, a densidade de urbanização deve ser menor. No Sul da Europa, as encostas viradas a Oeste são as mais desfavoráveis em termos de eficiência energética. Edifícios com esta orientação não possuem ganhos solares de Inverno, tornando-se por isso frios, e de Verão, dada a grande dificuldade em sombrear essa fachada, aliada ao facto de a hora da máxima radiação solar coincidir também com a hora da temperatura máxima, há riscos de sobreaquecimento excessivo devido à existência de ganhos solares indesejáveis bastante significativos. Os edifícios com a maior fachada exposta a Oeste devem, por isso, ser evitados ou, quando tal não for possível, a percentagem de área envidraçada dessa fachada deve ser reduzida ao mínimo.

O afastamento entre edifícios é outro factor que não deve ser negligenciado e deve ser definido em função da altura solar, da altura dos edifícios e da inclinação do terreno, tal como se mostra na Figura 2.

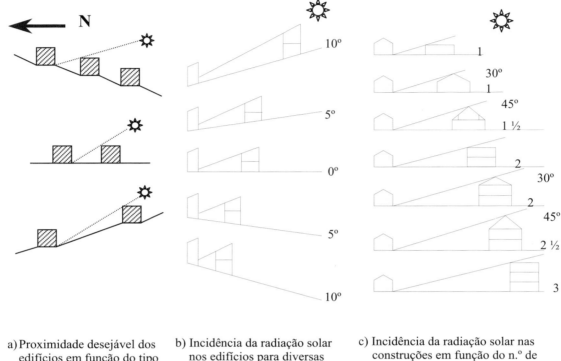

a) Proximidade desejável dos edifícios em função do tipo de inclinação do terreno

b) Incidência da radiação solar nos edifícios para diversas inclinações do terreno

c) Incidência da radiação solar nas construções em função do n.º de pisos e do tipo de cobertura dos edifícios vizinhos

Figura 1 - Densidade de Urbanização [fonte: Goulding (1992)]

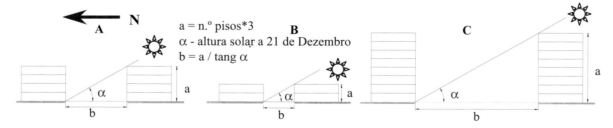

Figura 2 – Afastamento dos edifícios em função da sua altura e da altura solar [fonte: Moita (1988)]

Os arruamentos e os edifícios devem ser projectados de forma a se adaptarem à topografia do local mas sem comprometerem a localização óptima das construções, uma vez que a localização do edifício no lote está directamente relacionada com o seu desempenho térmico. A localização determina não só os ganhos solares (pois condiciona o acesso solar e o sombreamento) como também as perdas pela envolvente do edifício. De referir que o sombreamento das fachadas é uma questão que é tratada muitas vezes de uma forma leviana sem haver plena consciência das graves consequências energéticas que a sua falta provoca no Verão ou que a sua presença provoca no Inverno. Assim, os edifícios e a vegetação envolvente devem ser implantados de forma a garantir ganhos solares durante a estação de aquecimento e a evita-los na estação de arrefecimento. Deve haver um especial cuidado com os edifícios altos que, sempre que possível, devem ser colocados a Norte dos edifícios mais baixos ou onde a sua sombra não afecta os ganhos solares dos edifícios adjacentes.

A orientação é outro factor que influencia fortemente o comportamento microclimático de um edifício e que, não maior parte das vezes também não é tratado com o devido cuidado. Esta característica dos edifícios introduz diferenças termo-higrométricas entre edifícios orientados de formas distintas, mas também entre as diversas zonas de um mesmo edifício, Goulding (1992).

Por exemplo, para uma latitude de 40° N (zona centro/norte de Portugal), os ganhos de energia obtidos através da radiação solar em envidraçados orientados a Sul, são de ≈ 4100 W/m^2 para um dia de Janeiro e de ≈ 1400 W/m^2 para um dia de Junho. Ou seja, a radiação transmitida através do envidraçado orientado a Sul, considerando apenas a variação do ângulo solar (que é grande de Verão e pequeno de Inverno, sendo quase perpendicular à janela) no Verão é cerca de três vezes menor do que no Inverno, Ignacio (1999). Ao contrário do que acontece nas fachadas Sul, nas fachadas Este e Oeste a radiação é muito maior no Verão do que no Inverno dada a diferença existente na altura solar nas duas estações (sol está mais baixo no Inverno do que no Verão). Este facto enfatiza a importância da localização dos envidraçados na fachada Sul pois permitem um mais eficaz controlo da radiação solar incidente. Num edifício mal orientado, no Inverno não só não se consegue optimizar a captação da radiação solar, que é máxima nas fachadas a Sul, tornando-se o edifício mais frio, como também, no Verão, é praticamente impossível evitar a penetração da radiação solar por recurso a elementos sombreadores, tornando-se o edifício mais quente.

Em relação às características próprias do edifício, a sua forma é também determinante para um bom desempenho energético. A forma define a extensão da envolvente exterior, através da qual ocorrem as trocas térmicas sendo, sendo por isso, um dos principais factores a ter em conta na sua concepção térmica.

O maior impacto da forma, sob o ponto de vista das condições térmicas interiores, está relacionado com a proporção entre a área da envolvente e a área útil de pavimento ou ao volume útil do edifício e, consequentemente, com as trocas de calor entre o edifício e o exterior. Quanto mais compacto for o edifício, ou seja quanto menor for o seu factor de forma[1], menor será a área de paredes e coberturas expostas ao clima exterior, para o mesmo volume. Assim as trocas de calor entre o interior e o exterior do edifício serão reduzidas.

As perdas térmicas de um edifício, expressas em percentagem das perdas de um caso de referência (por exemplo, um cubo com 1 m^3 de volume), são directamente proporcionais ao factor de forma, diminuindo com o aumento do volume do edifício. Para diferentes formas de igual volume, os balanços térmicos são diferentes, tal como se mostra na Figura 3 a).

A formas diferentes correspondem coeficientes diferentes e, para uma forma constante, a superfície exterior aumenta menos rapidamente que o volume habitável, concluindo-se, assim, que um edifício grande tem, proporcionalmente, menos perdas térmicas que um pequeno, tal como se apresenta na Figura 3 b).

De referir que quando as necessidades preponderantes são de arrefecimento, há necessidade de ponderar bem qual o factor de forma mais adequado uma vez que optar pelo menor valor vai conduzir a uma menor área de envolvente disponível para efectuar trocas de

---

[1] Define-se factor de forma como o quociente entre a área da envolvente e o volume, $F_f = A_{envolvente}/V$), ver Monteiro Silva (2001) e Guedes de Almeida (2001).

calor com o exterior a qual é indispensável para garantir um eficaz arrefecimento nocturno do edifício.

Dada a importância destes factores, a influência de cada um deles (forma, orientação e densidade de ocupação do solo) foram estudados através da análise de três tipologias de edifícios típicos de Portugal.

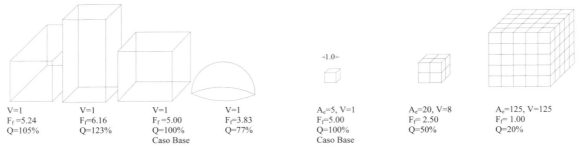

a) Variação das perdas térmicas, Q, para diferentes formas de igual volume

b) Variação das perdas térmicas, Q, para a mesma forma, mas com volumes diferentes

Figura 3 – Variação das perdas térmicas, Q, de diversas configurações em função do factor de forma, Moita (1988).

4. DESCRIÇÃO DOS LAYOUTS ANALISADOS

O primeiro layout urbano estudado é o típico dos edifícios multifamiliares isolados. Para este layout foram estudadas as consequências energéticas das diferentes posições que um edifício isolado pode assumir. Neste caso de estudo foi considerado um edifício de forma paralelipipédica com as dimensões de 9m x 18m x 24m, implantado no terreno em 3 posições distintas, de acordo com o representado na Figura 4. Todos os edifícios possuem a mesma área habitável e o mesmo volume mas apresentam factores de forma distintos. Estes factores assumem os valores de 0.27, 0.25 e 0.21, correspondendo a edifícios com 16 (C_1), 8 (C_2) e 4 (C_3) andares de altura, respectivamente (Figura 4).

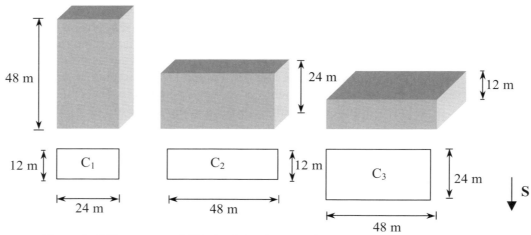

Figura 4 – Diferentes possibilidades de implantação de um bloco de 9m x 18m x 24m

O estudo foi efectuado para edifícios com uma envolvente algo cuidada do ponto de vista térmico. Os edifícios possuem paredes duplas com um pano de 11 cm e outro de 15 cm com 40 mm de poliestireno expandido extrudido preenchendo parcialmente a caixa-de-ar, vidros duplos colocados em caixilharia de metal com corte térmico (ocupando cerca de 33% da fachada), sendo o elemento sombreador uma persiana metálica de cor clara, cobertura inclinada em laje aligeirada de blocos de betão com 60 mm de espuma rígida de poliuretano em placas colocadas sobre a laje de esteira, com revestimento em telha cerâmica vermelha e pavimentos interiores em laje aligeirada, com 20 mm de poliestireno expandido moldado em placas fixado directamente ao pavimento.

Da avaliação energética das diferentes possibilidades de configuração do bloco estudado, resultaram algumas conclusões e ensinamentos quanto às configurações e orientações energeticamente mais económicas.

O seguno layout urbano escolhido é constituído por três casos distintos de disposição espacial de conjuntos de edifícios residenciais unifamiliares. No 1º caso é estudada a geometria de implantação de residências unifamiliares isoladas (com um factor de forma de 0.56), no 2º caso de residências em banda (factor de forma de 0.41) e no 3º caso de residências geminadas (factor de forma de 0.55).

As Figuras 5, 6 e 7 mostram esquematicamente, em planta, os três layouts urbanos dos edifícios residenciais unifamiliares estudados.

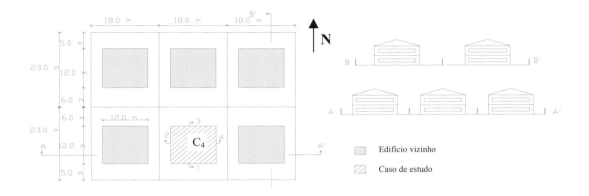

Figura 5 – Geometria das residências unifamiliares isoladas

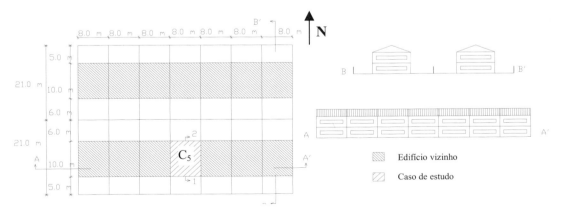

Figura 6 – Geometria das residências unifamiliares em banda

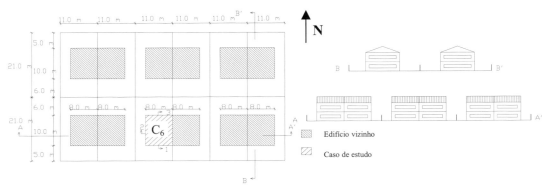

Figura 7 – Geometria das residências unifamiliares geminadas

Os edifícios são constituídos por paredes duplas de tijolo cerâmico com panos de 11 cm e 15 cm, com 2 cm de isolamento leve entre panos, cobertura inclinada, com desvão não acessível, com 4 cm de isolamento na laje de esteira e envidraçados com vidro simples.

Da avaliação energética deste segundo layout urbano resultaram conclusões para estes três casos, acerca da distribuição espacial das residências e da orientação geográfica energeticamente mais económica.

Na Tabela 1 são apresentadas as características geométricas e térmicas dos layouts estudados.

Tabela 1 - Características geométricas e térmicas dos layouts estudados

	F_f	U (W/m².°C)	Área (m²)
C₁ – Edifício Multifamiliar Isolado ao Alto	0.27	–	A_u = 4608 *
Cobertura		0.40	288
Paredes exteriores		0.50	2304
Envidraçados		2.60	1152 (25% A_u)
C₂ – Edifício Multifamiliar Isolado ao Baixo	0.25	–	A_u = 4608 *
Cobertura		0.40	576
Paredes exteriores		0.50	1920
Envidraçados		2.60	960 (21% A_u)
C₃ – Edifício Multifamiliar Isolado "Deitado"	0.21	–	A_u = 4608 *
Cobertura		0.40	1152
Paredes exteriores		0.50	1152
Envidraçados		2.60	576 (12,5% A_u)
C₄ – Edifício Unifamiliar Isolado	0.56	–	A_u = 288 *
Cobertura		0.85	144
Paredes exteriores (fachada 1, 2, 3 e 4)		0.90	208
Envidraçados		5.80	80 (28% A_u)
C₅ – Edifício Unifamiliar em Banda	0.41	–	A_u = 160 *
Cobertura		0.85	80
Paredes exteriores (fachada 1 e 2)		0.90	72
Envidraçados (fachada 1 e 2)		5.80	24 (15% A_u)
C₆ – Edifício Unifamiliar Geminado	0.55	–	A_u = 160 *
Cobertura		0.85	80
Paredes exteriores (fachada 1 e 3)		0.90	72
Envidraçados (fachada 1 e 3)		5.8	24
Paredes exteriores (fachada 2)		0.90	44
Envidraçados (fachada 2)		5.80	16 (10% A_u)

* A_u - Área útil de pavimento

5. ANÁLISE DOS RESULTADOS

5.1. Edifícios Multifamiliares Isolados

Para o primeiro layout, verificou-se que o desempenho térmico, no Verão, de cada uma das configurações analisadas, está directamente relacionado com as trocas de calor através da envolvente, traduzidas pelo factor de forma, sendo as necessidades energéticas de arrefecimento tanto maiores quanto maior for este factor, como se pode observar na Figura 8. No Inverno, o desempenho térmico depende não só das perdas pela envolvente (caracterizadas pelo factor de forma) mas também dos ganhos térmicos através dos envidraçados não sombreados existentes no quadrante Sul, não se verificando, por isso, a mesma relação anterior.

Como resultado da análise efectuada, definiu-se um índice, FPG (factor entre perdas e ganhos), que relaciona o factor de forma com a área útil dos envidraçados. Este índice, traduzido pela equação (1) e definido em Guedes de Almeida (2000 a) e Guedes de Almeida (2000 b), poderá constituir uma forma simples de avaliar o impacto da configuração geométrica dos edifícios nos seus consumos energéticos de Inverno uma vez que existe uma relação perfeitamente identificável entre este factor e as necessidades de aquecimento, como se pode ver na Figura 9 e na Tabela 2.

$$FPG = \frac{F_f}{A_{env.util}} V \qquad (1)$$

onde:
F_f - factor de forma;
V - volume do edifício;
$A_{env.util}$ - a área de envidraçados não sombreada orientada a Sul.

Tabela 2 – Avaliação das necessidades energéticas dos edifícios (kWh/m².ano)

Conf.	Norte/Sul				Este/Oeste				Nordeste/Sudoeste e Noroeste/Sudeste			
	FPG	NEAq	NEArr	NEA	*FPG*	NEAq	NEArr	NEA	*FPG*	NEAq	NEArr	NEA
C1	*9*	8	2	9	*19*	14	2	16	*9*	7	2	9
C2	*8*	7	1	8	*34*	17	2	19	*10*	8	2	10
C3	*14*	10	1	11	*28*	14	1	15	*13*	10	1	11

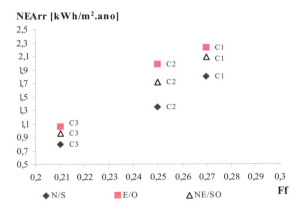

Figura 8 – Relação entre o factor de forma e as necessidades energéticas de arrefecimento para diferentes orientações dos edifícios

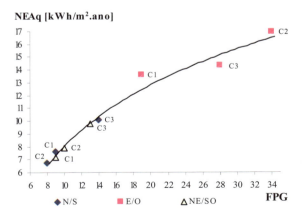

Figura 9 – Avaliação da eficiência da forma do edifício através do factor de perdas e ganhos, para as três configurações analisadas

Estes dois índices, FPG e F_f, quantificados em Guedes de Almeida (2000 a), Guedes de Almeida (1999) e em Bragança (1999), além de evidenciarem a influência determinante que a forma do edifício tem no seu comportamento, são uma forma fácil de comparar edifícios com diferentes formas e orientações e com o mesmo tipo de envolvente.

Deste estudo concluiu-se que a utilização de um edifício compacto, que minora as perdas de calor pela envolvente, não é suficiente para um desempenho térmico global optimizado. É também necessário que o edifício esteja orientado da melhor forma de modo a garantir ganhos solares suficientes. Por isso, das configurações estudadas, a que apresenta um melhor comportamento global é a configuração C_2 (nas situações de edifícios de inércia térmica média ou forte, que são os que constituem a esmagadora maioria dos edifícios existentes), porque é aquela que consegue a melhor optimização entre as perdas pela envolvente e os ganhos solares pelos envidraçados, como se pode observar na Figura 10.

Para edifícios de inércia térmica fraca, a configuração C_3 é aquela que apresenta melhor comportamento térmico, uma vez que possui menores perdas através da envolvente, por ser mais compacta e por ser a que apresenta menor área de paredes. Por este facto é menos sensível à variação da capacidade de armazenamento térmico da envolvente. No entanto, como referido, edifícios de inércia térmica fraca são praticamente inexistentes no nosso parque habitacional.

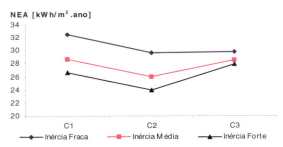

Figura 10 - Influência da forma nas necessidades energéticas do edifício, em função do tipo de inércia térmica

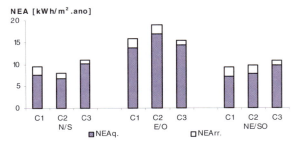

Figura 11 - Influência da forma nas necessidades energéticas do edifício, em função do tipo de configuração e da orientação

A título de exemplo, e para o edifício com a orientação N/S (mais favorável), a configuração C_3 (menor factor de forma) é a que apresenta maiores necessidades energéticas de aquecimento: 26% superiores às da configuração C_2 e 14% superiores às da configuração C_1. É também o que apresenta as menores necessidades energéticas de arrefecimento: 56% inferiores às de C_1 e 41% inferiores às de C_2. A configuração C_2 é, por isso, a que apresenta melhor comportamento térmico anual uma vez que é a configuração que de Inverno possui menores perdas, por ser mais compacta, e de Verão é a que possui menores ganhos solares perniciosos pois é a que tem a menor área de envidraçados nas fachadas Este e Oeste.

O tipo e área dos envidraçados, a sua orientação e a existência ou não de elementos sombreadores, são também parâmetros com uma forte influência num adequado desempenho térmico dos edifícios. Para melhor avaliar a influência da área de envidraçados a Sul no desempenho térmico do edifício efectuou-se o estudo do comportamento térmico dos três edifícios em função da orientação e determinaram-se separadamente as necessidades energéticas de aquecimento e de arrefecimento. A Figura 11 evidencia a importância da orientação dos envidraçados.

A orientação E/O, com menor área de envidraçados com ganhos solares úteis (a Sul) e com maior área de envidraçados com ganhos solares perniciosos (a Este e a Oeste), é a que apresenta pior comportamento térmico, apresentando, em média, valores para as necessidades energéticas 85% superiores aos valores obtidos para a orientação N/S.

A Figura 11 evidencia ainda outro aspecto importante a ter em conta aquando da concepção do edifício: independentemente da orientação do mesmo, as necessidades energéticas de aquecimento são responsáveis por mais de 80% das necessidades energéticas anuais dos edifícios. É importante realçar que para a maior parte do território nacional, se o edifício for bem concebido de início, as necessidades energéticas de arrefecimento são desprezáveis, não se justificando de modo algum o recurso aos aparelhos de ar-condicionado, cujo número de instalações tem vindo a crescer de uma forma preocupante nos últimos anos.

A este facto não são alheios os frequentes erros cometidos pelos projectistas no que toca ao dimensionamento dos dispositivos de sombreamento. Apesar de ser um factor intrínseco ao edifício, nunca é demais chamar a atenção para esta questão pois ela é responsável por inúmeros gastos energéticos desnecessários.

A Figura 12 mostra, a título de exemplo, a eficiência relativa dos vários tipos de sombreadores em função da sua localização (interior ou exterior) e em função da sua cor (clara, média ou escura). Esta figura mostra ainda que se conseguem reduções muito significativas nas necessidades energéticas de arrefecimento (superiores a 70%) quando os sombreadores são colocados pelo exterior em vez de pelo interior. Verifica-se também que a influência da cor só é significativa quando os sombreadores são aplicados pelo interior. Neste caso, conseguem-se reduções superiores a 35% nas necessidades energéticas de arrefecimento ao passar de um sombreador de cor escura para um de cor clara.

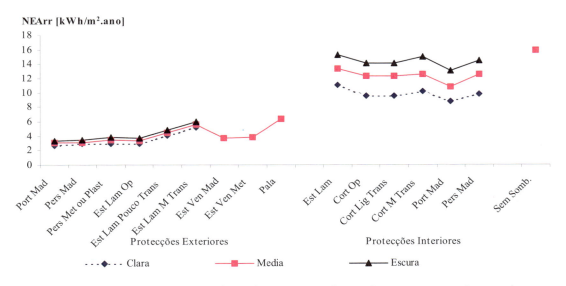

Figura 12 – Influência dos dispositivos de sombreamento em função da cor para protecções exteriores e interiores com vidro duplo

5.2 Edifícios Residenciais Unifamiliares

O estudo dos edifícios residenciais unifamiliares foi feito para os três casos atrás referidos, edifícios isolados, edifícios geminados e edifícios em banda, de modo a quantificar as consequências efectivas do layout urbano e da orientação nos consumos energéticos. A Figura 13 ilustra, de forma esquemática, as diversas orientações do lote estudadas.

Do estudo efectuado concluiu-se que as necessidades energéticas de aquecimento dependem em grande medida dos edifícios adjacentes tanto no que diz respeito às trocas energéticas permitidas pela envolvente opaca como no que se refere à disponibilidade demonstrada para captar a radiação solar.

Na Figura 14 e na Tabela 4 apresentam-se os resultados do estudo realizado para estes edifícios unifamiliares. Este estudo permitiu concluir que as necessidades energéticas de aquecimento dos edifícios isolados e geminados são cerca de 40% superiores às de um edifício em banda, uma vez que este possui menor área de envolvente exterior e por isso têm menores perdas térmicas.

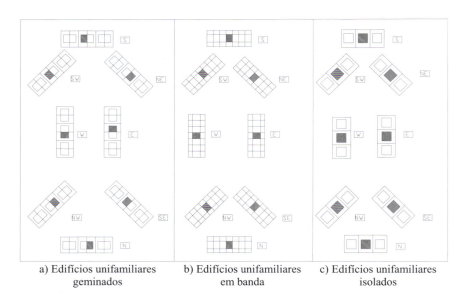

a) Edifícios unifamiliares geminados   b) Edifícios unifamiliares em banda   c) Edifícios unifamiliares isolados

Figura 13 – Diferentes orientações do lote de urbanização

Tabela 4 – Necessidades Energéticas de Aquecimento (kWh/m^2.ano)

Orientação	N	NE	E	SE	S	SO	O	NO	Média	Máx.	Mín.	Máx.-Mín
Isolada	58	64	78	74	68	74	78	64	70	78	58	20
Geminada	75	75	75	64	59	64	75	75	70	75	59	17
Banda	56	56	56	44	39	44	56	56	51	56	39	17

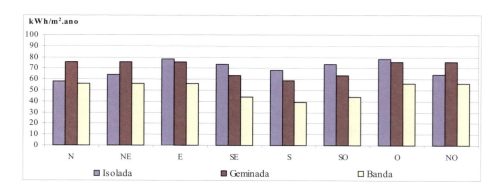

Figura 14 - Necessidades Energéticas de Aquecimento

A diferença entre as necessidades energéticas máxima e mínima para as diversas orientações e para cada configuração, indica que os edifícios isolados são os mais sensíveis à orientação, uma vez que essa é a configuração com maior área de exposição e a que apresenta envidraçados em todas as fachadas, sendo por isso mais influenciada pelos ganhos solares.

É também possível verificar que as necessidades energéticas de aquecimento máximas dos edifícios em banda são ligeiramente inferiores às necessidades energéticas de aquecimento mínimas dos edifícios geminados ou isolados, ou seja, os edifícios em banda são os que apresentam melhor comportamento térmico de Inverno, qualquer que seja a orientação.

Durante o Verão, tal como acontece para o Inverno, os edifícios isolados e geminados são os que apresentam maiores necessidades energéticas. Estas necessidades são cerca de 70% superiores às de um edifício em banda, tal como se pode verificar através da análise da Figura 15 e da Tabela 5.

Durante a estação de arrefecimento a variação das necessidades energéticas com a orientação dos edifícios unifamiliares isolados é pequena, pois este tipo de edifícios possui envidraçados em todas as fachadas. Os edifícios unifamiliares geminados, pelo contrário, são os mais sensíveis à alteração da orientação, pois podem ser bem ou mal orientados, tal como acontece para os edifícios em banda, mas neste caso com um menor variação, uma vez que possui apenas duas fachadas, em vez de três, expostas à radiação solar.

Tabela 5 – Necessidades Energéticas de Arrefecimento (kWh/m^2.ano)

Orientação	N	NE	E	SE	S	SO	O	NO	Média	Máx.	Mín.	Máx.-Mín.
Isolada	18	18	18	18	18	18	18	18	18	18	18	0
Geminada	16	13	20	19	16	15	15	15	16	20	13	7
Banda	8	11	13	11	8	11	13	11	11	13	8	5

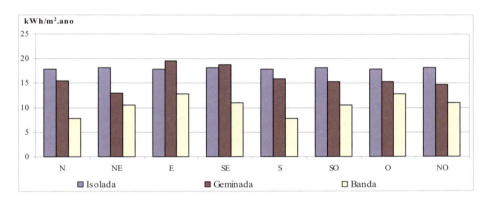

Figura 15 - Necessidades Energéticas de Arrefecimento

Para a estação de arrefecimento os edifícios em banda são a solução mais económica do ponto de vista energético, pois as necessidades energéticas máximas são aproximadamente 40% menores do que as necessidades energéticas de arrefecimento mínimas dos edifícios isolados e cerca de 35% menores do que as dos edifícios geminados.

Se a análise for realizada para as necessidades energéticas globais, a conclusão é a mesma. Os edifícios em banda são os que apresentam o melhor comportamento térmico, tal como se mostra na Tabela 6 e na Figura 16, sendo as necessidades energéticas globais dos edifícios isolados e geminados cerca de 40% superiores. As diferenças de comportamento com a orientação são semelhantes em valor absoluto, o que significa que são mais significativas, em termos relativos, para os edifícios em banda.

Tabela 6 – Necessidades Energéticas Globais (kWh/m².ano)

Orientação	N	NE	E	SE	S	SO	O	NO	Média	Máx.	Mín.	Máx.-Mín.
Isolada	76	82	96	92	86	92	96	82	88	96	76	20
Geminada	91	88	95	83	75	79	91	90	86	95	75	20
Banda	64	67	69	55	47	55	69	67	62	69	47	21

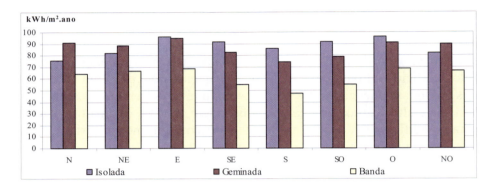

Figura 16 - Necessidades Energéticas Totais

6. CONCLUSÃO

6.1. Edifícios Multifamiliares Isolados

Do estudo realizado para os edifícios multifamiliares isolados concluiu-se que a sua forma e a sua orientação são de vital importância para se obter um elevado desempenho térmico. Concluiu-se que os edifícios mais eficazes são aqueles que apresentam valores do factor de forma mais baixos. No entanto, o recurso a edifícios compactos, onde as perdas de calor são minoradas, não é suficiente. É também necessário que o edifício esteja orientado da melhor forma de modo a garantir ganhos solares suficientes. Torna-se, por isso, necessário optimizar o balanço energético entre ganhos e perdas através da envolvente. Daqui resultou a necessidade de definir um índice que entrasse em linha de conta com essa relação – FPG - Factor entre Perdas e Ganhos.

Uma correcta orientação do edifício é também fundamental para um bom desempenho térmico do mesmo. Uma má orientação (por exemplo, fachadas orientadas a E/O) resulta em aumentos significativas das necessidades energéticas do edifício que podem ser mais de 80% superiores às necessidades de um edifício com uma correcta orientação.

O estudo também mostrou que na maior parte do território nacional, as necessidades energéticas de aquecimento representam cerca de 80% das necessidades energéticas de um edifício. É também claro, que se um edifício for bem concebido de início, consegue, na maioria dos casos, reduzir as necessidades energéticas de arrefecimento para valores muito próximos do zero. Daí nunca ser demais chamar a atenção para o facto de, na maior parte das situações, não ser necessário recorrer a aparelhos de ar condicionado para climatizar os espaços, ao contrário do que se tem vindo a verificar ultimamente com a proliferação destes aparelhos com as consequentes repercussões quer energéticas quer estéticas.

De realçar também que não se podem negligenciar, como tantas vezes acontece, as questões relacionadas com o sombreamento dos envidraçados, tanto de Inverno como de Verão. De Inverno pelo obstáculo que eles representam à captação dos ganhos solares essenciais e de Verão pelo risco de sobreaquecimento que a sua ausência provoca.

6.2. Edifícios Residenciais Unifamiliares

Segundo o estudo realizado para edifícios residenciais unifamiliares, verificou-se que os edifícios isolados e os edifícios geminados necessitam, no Inverno, de mais de 40% de energia do que os edifícios em banda para manter temperaturas interiores confortáveis, pois possuem uma maior área de envolvente em contacto com o exterior.

Pela mesma razão, de Verão, os edifícios isolados e geminados necessitam de mais cerca de 70% de energia, para manter as condições interiores de conforto, do que os edifícios em banda.

Relativamente à orientação, concluiu-se que os edifícios em banda são muito mais sensíveis à orientação do lote do que qualquer outra configuração pois, como só possuem duas fachadas envidraçadas, se estas estiverem mal orientadas, o edifício é fortemente penalizado.

Por último, os estudos efectuados evidenciam a importância de alguns factores urbanos no comportamento térmico de um edifício. Foi possível concluir que, do ponto de vista energético, o layout, a forma e a orientação dos edifícios são de extrema importância. Muitas vezes estes factores não são devidamente tidos em conta pelas entidades competentes aquando da realização dos planos de urbanização, criando-se situações que conduzem à ineficiência energética dos edifícios que são praticamente impossíveis de solucionar e que têm consequências energéticas muito negativas à escala global.

REFERÊNCIAS

Bragança, Luís; Mendes, José Fernando; Guedes de Almeida, Manuela (1999) *Energy Efficiency for Typical Building Layout*. In PLEA'99 – Sustaining the Future, Proceedings of the PLEA 99 Conference. Brisbane.

Goulding, John; Lewis, Owen; Steemers, Teo (1992) Energy in Architecture, The European Passive Solar Handbook, *B.T. Batsford Limited*, Londres.

Guedes de Almeida, Manuela; Bragança Luís; Monteiro Silva, Sandra (2000) *Avaliação Energético-Económica de Configurações Típicas de Edifícios Urbanos*. In Proc. Segundo Taller Internacional de Vivienda Popular - ViPo'2000, Camaguey.

Guedes de Almeida, Manuela; Bragança, Luís (1999) *The Influence of Urban Layout on Thermal Performance of Buildings*. In PLEA'99 – Sustaining the Future, Proceedings of the PLEA 99 Conference. Brisbane.

Guedes de Almeida, Manuela; Bragança, Luís; Monteiro Silva, Sandra (2001) *A Metodology to Select Cost Effective and Thermal Efficient Constructive Solutions*. In Proceedings of the PLEA 2001 Conference, Florianópolis.

Guedes de Almeida, Manuela; Bragança, Luís; Monteiro Silva, Sandra (2000) *As Consequências da Forma e Implantação dos Edifícios Urbanos*. In NUTAU'2000 – Tecnologia & Desenvolvimento, Proceedings do X Congresso Ibérico de Energia Solar; V Congresso Ibero-Americano de Energia Solar. São Paulo, 2000.

Moita, Francisco, Energia Solar Passiva 1, DGE, INCM, Lisboa.

Monteiro Silva, Sandra (2001) *Caracterização Energético-Económica de diversas Soluções Construtivas*, Dissertação apresentada à Universidade do Minho para obtenção do grau de Mestre em Engenharia Civil. Guimarães.

Paricio, Ignacio (1999) La Proteccion Solar, 3ª ed., Barcelona: Bisagra.

Regulamento das Características de Comportamento Térmico dos Edifícios, Decreto--Lei n.º 40/90, de 6 de Fevereiro de 1990.

Parte II

Transporte e
Mobilidade Sustentável

6
Indicadores de Mobilidade Urbana Sustentável para Brasil e Portugal

Marcela S. Costa, Antônio N.R. da Silva e Rui A.R. Ramos

RESUMO

Este trabalho tem por objetivo principal identificar indicadores de mobilidade para cidades selecionadas no Brasil e em Portugal, com base na preocupação principal de promover sua sustentabilidade.

É apresentado inicialmente um inventário de sistemas de indicadores já existentes para as cidades abrangidas pela pesquisa, a partir dos dados e informações disponibilizados através de suas páginas na *Internet*. Os resultados mostram que existe uma carência de informações e dados que permitam hoje o acompanhamento das condições de mobilidade urbana tanto para Brasil como para Portugal.

É feita também uma seleção e análise de indicadores de mobilidade a partir de um conjunto de experiências nacionais e internacionais. Os indicadores identificados foram organizados em uma estrutura de Categorias e Temas e, posteriormente, submetidos à avaliação por parte de especialistas de Brasil e Portugal com o objetivo de determinar sua importância relativa para a monitoração da mobilidade urbana. Com base nesta avaliação foi possível identificar um conjunto comum de indicadores de mobilidade para as cidades brasileiras e portuguesas, além dos critérios principais que devem ser observados no sentido de desenvolver sistemas de indicadores de mobilidade para cada país em particular.

1. INTRODUÇÃO

O agravamento dos problemas urbanos, incluindo os problemas relacionados à mobilidade, tem impulsionado a adoção de ferramentas inovadoras, que superem as limitações dos atuais instrumentos de gestão. No entanto, qualquer que seja a estratégia adotada para o planejamento urbano e de transportes, esta irá exigir a identificação e quantificação detalhada de muitos dos elementos e funções envolvidos nestes processos.

Desta forma, o desenvolvimento de indicadores voltados a monitorar as condições de mobilidade em cidades do Brasil e de Portugal assume grande importância no processo de planejamento, ao fornecer os subsídios necessários para a elaboração de qualquer plano ou projeto que vise a maior sustentabilidade do ambiente urbano.

Neste sentido, o objetivo principal deste trabalho é identificar indicadores adequados a monitorar as condições de mobilidade em um grupo de cidades de médio porte no Brasil, aqui entendidas como aquelas selecionadas em um estudo recentemente conduzido pelo Instituto de Pesquisa Econômica Aplicada (IPEA, 1999), e em Portugal, para um grupo de cidades pertencentes à porção continental do país, reunidas no Atlas das Cidades de Portugal, estudo promovido pelo Instituto Nacional de Estatística (INE, 2002). Aliado a este objetivo principal, este trabalho pretende também:

84 Contribuições para o Desenvolvimento Sustentável em Cidades Portuguesas e Brasileiras

- No contexto da mobilidade, contribuir para a identificação dos principais elementos e atributos relacionados à promoção de um transporte sustentável;
- Promover um estudo comparativo, avaliando o nível de informação sobre as condições urbanas (ou seja, dados estatísticos e informações que caracterizem aspectos geográficos, demográficos, socioeconômicos ou ambientais) disponibilizado em páginas da *Internet* relacionadas aos centros urbanos que constituem objeto de estudo deste trabalho.

Assim, são discutidos na próxima seção alguns dos principais conceitos relacionados à questão da mobilidade urbana sustentável, bem como são feitas algumas considerações sobre a abordagem do tema no Brasil e em Portugal. Posteriormente, é apresentado o inventário de indicadores urbanos e a classificação das cidades brasileiras e portuguesas com base nos resultados obtidos através do mesmo e, ainda, a identificação de indicadores de mobilidade com base em uma avaliação realizada por um grupo de especialistas de Brasil e Portugal. Em uma etapa final são feitas algumas considerações sobre o estudo como um todo.

2. MOBILIDADE URBANA SUSTENTÁVEL

Nas cidades, a importância dos transportes para o desenvolvimento econômico e eqüidade social, além dos muitos impactos que podem causar ao meio ambiente, têm exigido o desenvolvimento de uma perspectiva mais sustentável para a mobilidade urbana. Mesmo que esta intenção já tenha sido expressa em diferentes partes do mundo, ainda são poucos os esforços conhecidos no sentido de definir o que é "mobilidade sustentável".

Para Gudmundsson e Höjer (1996) quatro princípios básicos que compõem o conceito de desenvolvimento sustentável devem ser aplicados no contexto dos transportes:

- A proteção dos recursos naturais dentro de limites, níveis e modelos pré-estabelecidos;
- A manutenção do capital produtivo para as futuras gerações;
- A melhoria da qualidade de vida dos indivíduos;
- E a garantia de uma distribuição justa da qualidade de vida.

No contexto da Agenda 21 (UNDSD, 2003), os transportes são considerados em diversos pontos, dentre eles os Capítulos 7 e 9, que abordam respectivamente questões relacionadas à "Atmosfera" e aos "Assentamentos Humanos". Neste documento reforça-se a idéia de que sistemas de transporte eficientes e adequados são fundamentais dentro das estratégias de combate à pobreza e que medidas que minimizem os impactos das atuais tecnologias de transporte sobre a saúde humana e o meio ambiente necessitam ser desenvolvidas.

As bases de uma mobilidade urbana sustentável passam ainda pelo amplo acesso à informação relativa aos custos e formas de financiamento das diversas opções de transporte. Informações mais detalhadas dos benefícios e dos custos sociais (poluição, ruído, congestionamento, uso do solo) causados pelas diferentes modalidades de transportes devem, tanto quanto possível, estar disponíveis ao público, já que a quantificação apropriada destes fatores é fundamental para a proposição de planos e políticas para o setor. Além destes, os seguintes aspectos também são fundamentais na implantação de políticas de mobilidade sustentável:

- Equilíbrio entre os diferentes modos de transporte e incentivo ao uso de modos não motorizados;
- Consumo de energia pelo setor de transportes;
- Tecnologia para um transporte sustentável;
- Questões sobre a oferta e demanda por transportes;

- Integração transportes e uso do solo (Greene e Wegener, 1997; Gudmundsson e Höjer, 1996; Moore e Johnson, 1994).

É interessante ainda proceder a uma avaliação das iniciativas que vêm sendo desenvolvidas, no Brasil e em Portugal em particular, no sentido de contextualizar a abordagem que o tema tem recebido nos dois países.

Em Portugal, os trabalhos desenvolvidos no sentido de implementar o conceito de mobilidade sustentável no país são coordenados, de um modo geral, pelo Instituto do Ambiente, responsável pela Estratégia Nacional de Desenvolvimento Sustentável (ENDS), a qual inclui em sua estrutura o Painel Setorial sobre Transportes. O Painel Setorial sobre Transportes permitiu definir, por sua vez, um conjunto de objetivos, metas e ações para o setor de transportes em Portugal. Foi realizada uma revisão dos indicadores de transportes incluídos no Sistema de Indicadores de Desenvolvimento Sustentável (SIDS) propostos pelo Instituto do Ambiente, além da proposição de novos indicadores a fim de complementar este sistema (Instituto do Ambiente, 2002).

Já no Brasil, o conceito de mobilidade urbana sustentável ainda é pouco explorado, e somente recentemente alguns esforços têm sido notados no sentido de melhor defini-lo. Dentre eles, cabe destacar a iniciativa do recém criado Ministério das Cidades, através da Secretaria Nacional de Transporte e da Mobilidade Urbana, a qual tem se empenhado em formular uma definição para o tema, de modo a nortear os trabalhos a serem desenvolvidos. Esta definição procurou, de um modo geral, incluir os princípios de sustentabilidade econômica e ambiental, além da questão da inclusão social, que constituem a base do conceito de desenvolvimento sustentável propriamente dito. Conforme o documento divulgado pela secretaria, mobilidade urbana sustentável pode ser assim definida:

> "Mobilidade Urbana Sustentável é o resultado de um conjunto de políticas de transporte e circulação que visam proporcionar o acesso amplo e democrático ao espaço urbano, através da priorização dos modos de transporte coletivo e não motorizados de maneira efetiva, socialmente inclusiva e ecologicamente sustentável" (ANTP, 2003a).

No que se refere ao desenvolvimento de medidas voltadas a monitorar as condições de mobilidade no país, ainda são poucas as iniciativas empreendidas no Brasil. Neste sentido, um trabalho que visa desenvolver um sistema de informações técnicas sobre transporte público e trânsito vem sendo desenvolvido pela Associação Nacional de Transportes Públicos (ANTP), em parceria com o Banco Nacional de Desenvolvimento Econômico e Social (BNDES). Este sistema busca integrar dados gerados por órgãos destes dois segmentos em cidades com população superior a 60 mil habitantes, abrangendo um número aproximado de 300 municípios brasileiros. Mesmo consciente da relevância de determinados indicadores, a comissão responsável pelo projeto reconhece a dificuldade em desenvolvê-los, uma vez que muitas das informações necessárias para a construção dos mesmos não estão disponíveis para o universo de cidades abrangidas pelo sistema (ANTP, 2003b).

A carência de dados e informações é, portanto, um dos principais problemas associados à construção de indicadores de mobilidade. Neste sentido, na próxima seção são apresentados os resultados obtidos a partir de um inventário de indicadores urbanos realizado para um grupo de cidades brasileiras e portuguesas através de suas páginas oficiais na *Internet*, o qual permitiu avaliar, pelo menos no que diz respeito aos meios de acesso público à informação, os dados já disponíveis para as cidades pesquisadas.

3. INVENTÁRIO DE INDICADORES URBANOS

A primeira etapa do inventário exigiu a identificação das cidades brasileiras e portuguesas que constituiriam o objeto de estudo desta pesquisa. Para o Brasil, foram abrangidas as cidades identificadas no recente estudo intitulado "Caracterização e Tendências da Rede Urbana do Brasil" (IPEA, 1999). Deste, constam os 111 principais centros urbanos que estruturam a rede municipal do país. De acordo com sua importância, estes centros estão agrupados nas seguintes categorias: metrópoles (globais, nacionais e regionais), centros regionais, centros sub-regionais de nível um e centros sub-regionais de nível dois. Este estudo, por sua vez, concentra-se somente nas três últimas categorias, englobando 86 dos principais centros urbanos de médio porte do país. Como alguns destes configuram aglomerados e, portanto, são constituídos por mais de um núcleo urbano, estes foram desmembrados e considerados isoladamente. Deste modo, o inventário contempla um total de 106 cidades brasileiras.

Já as cidades portuguesas selecionadas são aquelas pertencentes à porção continental do país, reunidas na publicação denominada "Atlas das Cidades de Portugal", realizada pelo Instituto Nacional de Estatística (INE, 2002), baseada em sua maioria, em informações provenientes do Censo 2001. Ao excluir as cidades localizadas nos arquipélagos, além das áreas metropolitanas de Lisboa e Porto, este estudo abrange um total de 121 centros urbanos portugueses.

Uma vez identificadas as cidades a serem contempladas nesta pesquisa, a segunda etapa compreendeu uma busca pelas suas respectivas páginas oficiais na *Internet*. No Brasil, as páginas oficiais correspondem na maioria dos casos às páginas das Prefeituras Municipais, disponíveis, de um modo geral, através do endereço <*http://www.nomedacidade.uf.gov.br*>. Já para Portugal, as páginas oficiais correspondem àquelas desenvolvidas para as Câmaras Municipais, Poder Executivo ao nível dos Concelhos naquele país. Estas, de um modo geral, encontram-se disponíveis através do endereço <*http://www.cm-nomedoconcelho.pt.*>. Uma vez que em Portugal os limites das cidades e das Freguesias podem não ser coincidentes, e mesmo que um Concelho pode conter mais de um núcleo urbano, foram consideradas, para estes casos particulares, as páginas das Freguesias que concentram a maior parte da população destas cidades. Estas encontram-se disponíveis através do endereço <*http://www.jf-nomedafreguesia.pt*>.

Na etapa posterior do inventário foram definidos os elementos e características a serem avaliados na página consultada na *Internet* para cada uma das cidades em questão. Estes grupos ou categorias de informação foram estabelecidos com o intuito de facilitar a análise do conteúdo apresentado em cada página, bem como permitir a identificação de dados e informações disponíveis, os quais eventualmente podem constituir base para o desenvolvimento de indicadores urbanos. Cabe ressaltar que estes elementos foram identificados e agrupados pelos próprios pesquisadores a partir de uma análise preliminar das páginas consultadas, uma vez que estes constituíam os temas comumente disponíveis através da *Internet*. Estes atributos são, de um modo geral, constituídos por:

- **Existência de um plano ou estratégia de desenvolvimento urbano**, uma vez que estes podem vir acompanhados de diagnósticos mais detalhados das condições urbanas e mesmo disponibilizar uma série de indicadores fundamentais para a compreensão da realidade local. Esta informação permite também verificar se as cidades pesquisadas contemplam ou não estratégias para a implementação do conceito de desenvolvimento sustentável em nível urbano (Categoria de Informação 1);
- **Disponibilidade de índices ou indicadores urbanos e/ou indicadores de sustentabilidade** propriamente ditos, ainda que não sistematizados. Neste caso, os

indicadores correspondem aos dados estatísticos agregados através de métodos aritméticos ou regras de decisão (Categoria de Informação 2);

- **Informações sobre elementos relacionados à mobilidade urbana**, tais como: transporte público, frota veicular, vias especiais para pedestres, poluição sonora, impactos ambientais causados pelos transportes, consumo energético, entre outros (Categoria de Informação 3);
- **Disponibilidade e natureza dos dados estatísticos e informações gerais desagregadas** contidas na página pesquisada, tais como: dados econômicos e sociais, informações relacionadas à saúde, educação, infra-estrutura e meio ambiente (Categoria de Informação 4);
- **Dados físicos e demográficos** que permitam caracterizar a área urbana e a população residente nas cidades pesquisadas (Categoria de Informação 5).

Em uma etapa posterior foi realizado o agrupamento e a classificação das cidades pesquisadas com base no número de informações disponíveis em sua página na *Internet* e no peso atribuído a cada uma das categorias de informação identificadas neste estudo. De forma a evitar uma atribuição arbitrária destes pesos, os mesmos foram obtidos por meio de uma avaliação desenvolvida com base na opinião de um grupo de especialistas de diferentes áreas do conhecimento, os quais exercem, no Brasil e em Portugal, atividades ligadas ao planejamento urbano e de transportes.

Todo o processo de avaliação que culminou com a obtenção dos pesos para as categorias de informação avaliadas nesta etapa do trabalho e nas demais descritas posteriormente, foi desenvolvido com base na técnica de avaliação multicritério conhecida como Processo Analítico Hierárquico (*Analytic Hierarchy Process*, ou *AHP*, em sua sigla em inglês).

Os pesos obtidos para as categorias de informação disponíveis via *Internet* para as cidades de Brasil e Portugal, respectivamente, são apresentados na Tabela 1.

Tabela 1 - Pesos obtidos para as categorias de informação disponíveis via *Internet* para as cidades de Brasil e Portugal

Categoria	Descrição	Pesos	
		Brasil	Portugal
1	Plano ou estratégia de desenvolvimento urbano	0,352	0,282
2	Índices ou indicadores urbanos e/ou indicadores de sustentabilidade	0,206	0,204
3	Informações sobre mobilidade urbana	0,263	0,353
4	Dados estatísticos e informações gerais	0,109	0,066
5	Dados físicos e/ou demográficos	0,070	0,095

Deste modo, às 106 cidades brasileiras e 121 cidades portuguesas foram atribuídos *scores* ou valores finais (incluídos no intervalo de 0 à 1), a partir dos quais foram calculados a média e o desvio padrão para cada conjunto em particular. Foram excluídas desta análise as cidades para as quais não foi possível o acesso à sua página na *Internet* ou a mesma não foi encontrada. Estas cidades foram imediatamente classificadas em grupos independentes tanto para o Brasil como para Portugal. A média e o desvio padrão, por sua vez, foram utilizados para delimitar os demais grupos de cidades por país. No entanto, o uso destes valores para a classificação dos centros urbanos acabou por determinar um número diferente de grupos para Brasil e Portugal (cinco e seis grupos respectivamente). A proporção de cidades incluídas em cada grupo para os dois países é mostrada na Figura 1.

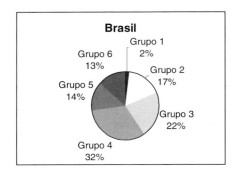 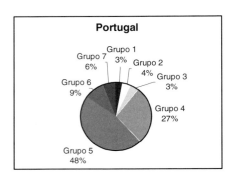

Figura 1 - Proporção de cidades incluídas em cada grupo para Brasil e Portugal

Como pode ser visto em detalhes em Costa (2003), os resultados obtidos através do inventário mostram que mesmo que a disponibilidade de páginas oficiais na *Internet* para as cidades pesquisadas já seja uma realidade, uma vez que 87 % das cidades brasileiras e 94 % das cidades portuguesas já dispunham de algum tipo de página, o conteúdo das mesmas ainda é bastante limitado.

Para o Brasil, grande parte dos centros pesquisados restringiu suas informações a dados físicos, demográficos e dados estatísticos gerais, incluindo em sua maioria, questões econômicas e sociais, sem um maior detalhamento de temas relacionadas ao ambiente urbano ou mobilidade, entre outros. Muitos destes dados têm como origem o Instituto Brasileiro de Geografia e Estatística - IBGE, sendo poucos aqueles compilados ou desenvolvidos pela própria gestão municipal. Deste modo cria-se uma lacuna, uma vez que é praticamente impossível para um órgão de abrangência nacional cobrir todo o leque de informações relacionadas às áreas urbanas de um país com dimensões continentais, como é o caso do Brasil.

Já no caso das cidades portuguesas o conteúdo de suas páginas na *Internet* limita-se, na sua maioria, a informações de caráter turístico. Como no Brasil, grande parte dos dados tem origem no órgão oficial de estatísticas (no caso o Instituto Nacional de Estatística - INE), estando as informações físicas e demográficas muitas vezes desagregadas ao nível das Freguesias.

De um modo geral, os resultados obtidos para o Brasil mostraram-se um pouco melhores do que aqueles obtidos para Portugal, a começar pela média dos *scores* atribuídos aos centros pesquisados, que para as cidades brasileiras foi superior à das cidades portuguesas, (0,346 e 0,266, respectivamente). Cabe esclarecer que *scores* mais elevados podem representar maior disponibilidade de informações ou, ainda, a possibilidade das cidades pesquisadas apresentarem, na *Internet*, as categorias de informação que receberam maiores pesos, a partir da avaliação realizada pelos profissionais e especialistas de Brasil e Portugal.

Ainda que um número inferior de cidades brasileiras (1,89 % para o Brasil contra 3,31 % para Portugal) esteja incluído no Grupo 1, ou seja, tenha atingido *scores* mais elevados, a proporção de centros brasileiros incluídos nos Grupos 2 e 3 é significativamente maior, se comparado ao número de cidades portuguesas classificadas nestes dois grupos. Para o Brasil, a percentagem de cidades incluídas nos Grupos 2 e 3 é de aproximadamente 39 %, enquanto para as cidades portuguesas este valor não chega a 8 %. Vale destacar também que 74,38 % dos centros portugueses analisados foram classificadas nos Grupos 4 e 5, com *scores* variando entre 0,022 e 0,510. Isto significa que a maioria das cidades portuguesas atingiu valores finais inferiores aos das cidades brasileiras, cuja participação das cidades nos Grupos 3 e 4 somados (com *scores* variando de 0,094 e 0,598) atinge 53,78 %. A proporção de cidades classificadas nos grupos onde não foi possível o acesso às suas páginas na *Internet*

(Grupo 6 para o Brasil e Grupo 7 para Portugal), no entanto, foi inferior para os centros portugueses (5,79 %) se comparados aos centros brasileiros pesquisados (13,21 %).

Se analisado o caso do Brasil em particular, algumas diferenças podem ser percebidas quanto à participação de cada região do país nos grupos aqui determinados. Pertencem à região Sudeste as duas cidades que atingiram os *scores* mais elevados dentre todos os centros urbanos avaliados para o Brasil (Ribeirão Preto - SP e Juiz de Fora - MG). Para os Grupos 2 e 3, observa-se uma grande participação das cidades localizadas na região Centro-oeste (33,33 % e 50,00 %) seguida pelas regiões Sul (28,57 % e 38,10 %) e Sudeste (16,28 % e 25,58 %). Ainda quanto aos grupos superiores, foi nula a participação da região Norte nos Grupos 1, 2 e 3. Tanto a região Norte como a região Nordeste apresentaram uma maior proporção de cidades classificadas nos Grupos 4, 5 e 6, o que revela uma carência maior de dados e informações disponíveis via *Internet*. Já para o Grupo 6, caracterizado pelas cidades cujas páginas não foram encontradas ou não puderam ser acessadas, participação maior foi a dos centros localizados na região Nordeste.

Para Portugal, a análise por regiões foi feita com base na Nomenclatura das Unidades Territoriais Estatísticas (NUTS II), constituídas pelas unidades Alentejo, Algarve, Centro, Lisboa e Vale do Tejo e Norte. Deste modo, as regiões que apresentaram maior participação nos Grupos 1 e 2, que incluem as cidades com mais altos *scores*, foram Alentejo, Centro e Norte com 22,22 %, 6,66 % e 8,34 %, respectivamente. Ao mesmo tempo, a região do Alentejo apresentou uma maior proporção de cidades cujas páginas na *Internet* não foram encontradas ou não puderam ser acessadas (Grupo 7), seguida pelas regiões do Algarve e Lisboa e Vale do Tejo. A maioria das cidades portuguesas, no entanto, foi classificada nos Grupos 4 e 5, com maior participação das cidades localizadas nas regiões de Norte e Lisboa e Vale do Tejo. A Figura 2 ilustra a distribuição dos resultados obtidos para as regiões de Brasil e Portugal.

No tocante à mobilidade, a percentagem de cidades para as quais já se encontravam disponíveis dados específicos (Categoria de Informação 3) desagregados em nível urbano para Brasil ou Portugal foram, respectivamente, 36,79 % e 11,57 %. De um modo geral, os dados ou indicadores encontrados com maior freqüência nas cidades dos dois países foram:

- Frota veicular do município, em alguns casos diferenciada por categoria; idade média dos veículos em circulação e índice de motorização;
- Média de passageiros transportados mensalmente e anualmente por transporte coletivo;
- Consumo de combustível mensal e anual;
- Tarifas de transporte público e, em alguns casos, resumo de planilhas tarifárias;
- Acidentes de trânsito;
- Área do município servida por transporte coletivo;
- Frota de ônibus urbanos, número e tipo de linhas de transporte público;
- Tempo médio de viagem.

Já alguns dados apresentados pelas cidades portuguesas, em particular, dizem respeito às vias especiais para circulação de pedestres e ciclistas, distribuição e capacidade dos parques de estacionamento urbanos e informações referentes a campanhas que visam sensibilizar a população a optar por meios alternativos de transporte em detrimento do automóvel.

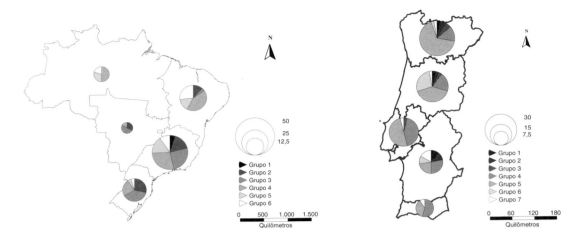

Figura 2 - Proporção de cidades classificadas em cada grupo para as regiões brasileiras e portuguesas

Apresentados e discutidos os resultados obtidos a partir do inventário de indicadores urbanos de mobilidade, a próxima seção aborda a identificação e análise desses indicadores a partir de um conjunto de experiências nacionais e internacionais de indicadores de sustentabilidade.

4. IDENTIFICAÇÃO E ANÁLISE DE INDICADORES DE MOBILIDADE URBANA

Com o objetivo de identificar indicadores adequados a monitorar as condições de mobilidade em cidades de médio porte no Brasil e em Portugal foi realizada também uma seleção de experiências nacionais e internacionais de indicadores de sustentabilidade, de modo a extrair destes sistemas, indicadores relacionados à questão.

Esta seleção buscou incluir sistemas com características e escalas de abrangência distintas, de modo a contemplar um amplo número de informações e dados que pudessem contribuir para a identificação e caracterização dos elementos e funções envolvidos pelo complexo conceito de sustentabilidade. Ainda que muitos dos sistemas disponíveis tenham sido desenvolvidos para monitorar a sustentabilidade ou a mobilidade em nível nacional, adaptações podem ser realizadas no sentido de adequar estes indicadores ao contexto urbano. Deste modo, foram selecionadas para análise 16 experiências em diferentes escalas, as quais incluíram diversas dimensões da sustentabilidade. Como não poderia deixar de ser, sistemas específicos voltados a monitorar a questão dos transportes e mobilidade também foram incluídos nesta seleção. A Tabela 2 apresenta os sistemas selecionados, bem como o número total de indicadores que incluem.

Para facilitar a busca por indicadores de mobilidade nas experiências selecionadas foram identificados, primeiramente, **Categorias** e **Temas** relacionados à questão. Nesta estrutura foram incluídos aspectos fundamentais para a monitoração dos transportes e mobilidade, identificados a partir da revisão bibliográfica e do referencial teórico estabelecido através da análise preliminar dos sistemas de indicadores selecionados. Estas Categorias e Temas incluíram também questões relacionadas à dinâmica populacional, desenvolvimento urbano, qualidade do ambiente urbano, acessibilidade, uso do solo, além de aspectos econômicos, sociais e ambientais que podem influenciar as condições de mobilidade no nível das cidades. Cada Tema, por sua vez, possui um conjunto de **Palavras-chave** ou expressões (neste caso, partes de palavras) utilizadas para auxiliar a identificação dos indicadores de mobilidade disponíveis em cada sistema.

Tabela 2 - Sistemas de indicadores selecionados para análise

Sistema	Indicadores
Indicadores da Agenda 21	132
Indicadores da UNCSD (2001)	62
Indicadores urbanos UNCHS (Habitat)	32
Indicadores de sustentabilidade baseados na Teoria da Orientação (Bossel, 1997)	215
Base de dados de indicadores - Sustainable Measures	102
Categorias e variáveis relacionadas à sustentabilidade urbana (Dickey, 2001)	317
Indicadores Comuns Europeus	10
Sistema para Planejamento e Pesquisa em Centros e Cidades para a Sustentabilidade Urbana - SPARTACUS	28
Indicadores sobre a integração transportes e meio ambiente na União Européia - TERM	37
Indicadores para a integração das questões ambientais nas políticas de transportes - OECD	32
Indicadores do Reino Unido	48
Sistema de Indicadores de Desenvolvimento Sustentável - SIDS (Portugal)	132
Indicadores de Seattle	40
Indicadores de Desenvolvimento Sustentável - IDS (IBGE)	50
Sistema Nacional de Indicadores Urbanos - SNIU (Brasil)	73
Índice de Qualidade de Vida Urbana de Belo Horizonte – MG IQVUBH	40
Total	**1350**

As cinco Categorias, bem como os vinte Temas e suas respectivas Palavras-chave são apresentados na Tabela 3. Para cada item disposto nas linhas da tabela foi atribuído um **Identificador (ID)** representando a Categoria e o Tema a que pertence. Com base nesta estrutura foram identificados cerca de 465 indicadores relacionados à questão da mobilidade, do total de 1350 que foram contemplados nos 16 sistemas selecionados. Por meio dos IDs atribuídos na etapa anterior, estes indicadores foram posteriormente agrupados de acordo com os 20 Temas apresentados na Tabela 3. Uma vez que muitos destes indicadores constituíam medidas semelhantes entre si ou eram totalmente inadequados para serem aplicadas no nível urbano, uma nova seleção foi realizada a fim de estabelecer um conjunto mínimo que pudesse ser submetido à avaliação de especialistas do Brasil e Portugal. Com base nesta nova seleção, o conjunto a ser avaliado foi reduzido para 115 indicadores.

Em uma etapa posterior, todos os critérios (Categorias, Temas e Indicadores de mobilidade) foram submetidos à avaliação por profissionais e especialistas de Brasil e Portugal, com o objetivo de estabelecer sua importância relativa para a monitoração da mobilidade urbana no contexto de cada pais em particular. Toda a avaliação foi desenvolvida com base no Processo Analítico Hierárquico (*AHP*), resultando em pesos para cada elemento considerado.

No que diz respeito às Categorias de informação avaliadas, algumas considerações podem ser feitas. Para o Brasil as Categorias **Transportes e Meio Ambiente** e **Aspectos Socioeconômicos dos Transportes** receberam os maiores pesos a partir da avaliação realizada pelos especialistas do país (0,297 e 0,217, respectivamente), seguidas pelas Categorias **Planejamento Espacial e Gestão da Demanda** (peso 0,210), **Gestão da Mobilidade Urbana** (peso 0,173) e **Infra-estrutura e Tecnologias de Transporte** (peso 0,102).

Para Portugal os resultados divergem dos obtidos para o Brasil. Com base nos julgamentos efetuados pelos especialistas portugueses, maior peso foi atribuído à categoria **Planejamento Espacial e Demanda por Transportes** (peso 0,363) seguida pelas categorias **Transportes e Meio Ambiente** (peso 0,221) e **Gestão da Mobilidade Urbana** (peso 0,173). As categorias para as quais foram atribuídos os menores pesos foram **Infra-estrutura e**

Tecnologias de Transporte e **Aspectos Socioeconômicos dos Transportes** (0,129 e 0,114, respectivamente).

Já os pesos obtidos para os Temas incluídos em cada uma das cinco Categorias avaliadas para Brasil e Portugal são apresentados na Tabela 4.

Tabela 3 - Categorias, Temas e Palavras-chave relacionadas à mobilidade urbana

Categoria	ID	Tema	Palavras-chave
Transportes e Meio Ambiente (A)	A1	Energia/Combustíveis	consumo, *combustív*, *energ*, *efic*, *fós*, gasolina, *renováv*
	A2	Impactos ambientais	*ambient*, *eco*, descarga, *despej* *fragment*, impacto, resíduo
	A3	Qualidade do ar	ar, *emiss*, estufa, *ozôni*, partícula, *polu*, qualidade
	A4	Ruído de tráfego	ruído, *sonor*
Gestão da Mobilidade Urbana (G)	G5	Despesas/Investimentos/ Estratégias econômicas	despesa, gasto, *invest*, subsídio, taxação
	G6	Gerenciamento/Monitoração	aval, *gerenc*, *monitor*
	G7	Medidas para o incremento da mobilidade de urbana	estratégia, incentivo, iniciativa, medida, plano, política, *regul*
	G8	Novas tecnologias	*biocombust*, *ecológ*, *limp*, *intel*
Infra-estrutura e Tecnologias de Transporte (I)	I9	Frota	*automóv*, idade, frota, tamanho, tipo, veículo
	I10	Infra-estrutura/Sistema viário	capacidade, estacionamento, *ext*, infra, *paviment*, ponte, rede, rodovia, via
	I11	Tecnologias e serviços de transportes	*aér*, carga, *ferrov*, mar, *rodov*, ônibus, metrô, *barc*, bicicleta
	I12	Tráfego	*congest*, *inters*, ocupação, sinal, tráfego, trânsito, velocidade
Planejamento Espacial e Demanda por Transportes (P)	P13	Acesso aos serviços e atividades urbanas	*acess*, espaço, facilidade, serviço, atividade
	P14	Desenvolvimento urbano/Uso do solo	área, *conc*, desenvolvimento, *desc*, *dispers*, *espalha*, forma, solo, uso
	P15	População urbana	crescimento, demanda, *demog*, densidade, *habitant*, *popul*, *rend*, urbana
	P16	Viagens/Deslocamentos	*caminha*, deslocamento, distância, mobilidade, *mod*, *perc*, tempo
Aspectos Socioeconômicos dos transportes (S)	S17	Custos/Preços/Tarifas	custo, preço, tarifa
	S18	Impactos socioeconômicos dos transportes	benefício, prejuízo, *rendiment*, *soc*
	S19	Segurança	acidente, ferido, pedestre, segurança, vítima
	S20	Transporte público	coletivo, corredor, frequência, *passag*, *públic*, *transp*, *usuári*

A partir dos pesos obtidos para todos os critérios avaliados foram obtidos *scores* ou valores finais (cuja soma vale 1) para os 115 indicadores de mobilidade submetidos a análise através do painel de especialistas brasileiros e portugueses. Ou seja, os pesos resultantes para cada critério ou nível de informação foram combinados de modo a gerar um valor final que traduz prioridades para o conjunto de indicadores, considerando de forma particular os resultados obtidos para Brasil e Portugal e, ainda, para os dois países simultaneamente. Para cada conjunto de *scores* foram extraídos a média e o desvio padrão. Com base neste parâmetros foram identificados:

- Os grupos de indicadores com menores *scores* para Brasil e Portugal, respectivamente. Uma vez que não foram determinados aqui critérios de exclusão para os indicadores avaliados, é sugerido apenas que os indicadores que obtiveram os menores *scores* sejam desconsiderados em uma proposta final para cada país em particular;
- Os grupos de indicadores com melhores *scores* para Brasil e Portugal 52 e 39, respectivamente. Estes foram considerados como pontos importantes no sentido de desenvolver sistemas de indicadores de mobilidade sustentável para cada país em particular;

- Os grupos de indicadores com maiores *scores*, comuns para Brasil e Portugal. Estes constituíram, portanto, as bases para o desenvolvimento de um sistema de indicadores de mobilidade sustentável aplicável no contexto dos dois países.

Tabela 4 - Pesos obtidos para os Temas relacionados à monitoração da mobilidade urbana sustentável avaliados para Brasil e Portugal

Categoria	ID	Tema	Peso	
			Brasil	Portugal
Tranaportes e Meio Ambiente	A1	Energia/Combustíveis	0,198	0,104
	A2	Impactos Ambientais	0,257	0,223
	A3	Qualidade do ar	0,311	0,415
	A4	Ruído de Tráfego	0,234	0,258
Gestão da Mobilidade urbana	G5	Despesas/Investimentos/Estratégias econômicas	0,286	0,240
	G6	Gerenciamento/Monitoração	0,236	0,183
	G7	Medidas para o incremento da mobilidade urbana	0,271	0,335
	G8	Novas tecnologias	0,207	0,243
Infra-estrutura e Tecnologias de Transporte	I9	Frota	0,167	0,126
	I10	Infra-estrutura/Sistema Viário	0,264	0,430
	I11	Tecnologias e Serviços de transportes	0,252	0,181
	I12	Tráfego	0,316	0,264
Planejamento Espacial e Demanda por Transportes	P13	Acesso aos serviços e atividades urbanas	0,313	0,397
	P14	Desenvolvimento urbano/Uso do solo	0,222	0,211
	P15	População urbana	0,267	0,079
	P16	Viagens/Deslocamentos	0,199	0,313
Aspectos Socioeconômicos dos Transportes	S17	Custos/Preços/Tarifas	0,264	0,086
	S18	Impactos socioeconômicos dos transportes	0,233	0,184
	S19	Segurança	0,244	0,377
	S20	Transporte público	0,258	0,353

A Tabela 5 apresenta os indicadores com melhores *scores* para o Brasil, com base na avaliação desenvolvida pelos profissionais do país. Já a Tabela 6 apresenta os Indicadores que obtiveram os melhores resultados para Portugal. Cabe destacar que para o Brasil os indicadores relacionados às questões ambientais e socioeconômicas dos transportes obtiveram os maiores pesos dentre todos os critérios avaliados. Já para Portugal os indicadores com melhores resultados foram aqueles relacionados às questões de planejamento espacial e demanda por transportes.

Para o Brasil, em virtude da categoria **Infra-estrutura e Tecnologias de Transportes** incluir Indicadores com os piores resultados, esta pode eventualmente ser excluída do sistema proposto para o país. Já para Portugal, poderia ser considerada a possível exclusão dos Temas **Energia/Combustíveis, Frota e Custos/Preços/Tarifas,** uma vez que estes incluíram indicadores com *scores* inferiores e não contemplaram nenhum critério das categorias superiores.

No que diz respeito ao desenvolvimento de um sistema comum de indicadores de mobilidade sustentável para Brasil e Portugal foram sugeridos os indicadores que obtiveram os melhores resultados para os dois países em simultâneo, com base na avaliação realizada pelos especialistas brasileiros e portugueses. Estes indicadores, em sua maioria, relacionam-se à questão dos **Transportes e Meio Ambiente** e ao **Planejamento Espacial e Demanda por Transportes,** contemplando onze dos vinte Temas avaliados neste trabalho. Para os dois países foi desconsiderada a Categoria **Infra-estrutura e Tecnologias de Transporte** por incluir os indicadores que obtiveram os menores *scores*. A estrutura contendo os 24 indicadores que poderiam constituir as bases de um sistema de gestão da mobilidade comum aos dois países é mostrada na Tabela 7.

Tabela 5 - Indicadores que obtiveram os melhores *scores* para o caso do Brasil

Categ.	Tema	Indicador
A	Energia/Combustiveis	Consumo per capita de combustível fóssil por transporte em veículo motorizado
		Eficiência energética do transporte de passageiros e carga
		Energia final consumida pelo setor de transportes
		Intensidade no uso de energia: transportes
		Proporção de energia originada de fontes de combustível fósseis e não-fósseis
	Impactos ambientais	Descargas acidentais de óleo no mar por navios
		Fragmentação de terras e florestas
		Impactos do uso de automóveis
		Proximidade de infra-estrutura de transportes a áreas protegidas
		Resíduos gerados por veículos rodoviários
	Qualidade do ar	Dias por ano em que os padrões de qualidade do ar não são atendidos
		Emissão de gases acidificantes pelos transportes
		Emissão de gases que geram o efeito estufa pelos transportes
		Emissões causadas pelos transportes e intensidade das emissões
		População exposta à poluição do ar causada pelos transportes
		Qualidade do ar
	Ruido de trafego	Medidas de minimização de ruído
		Poluição sonora
		População exposta ao ruído acima de 65 dB (A) causado pelos transportes
		Ruído de tráfego: exposição e incômodo
G	Despesas/Investimentos/Estrategias economicas	Capital investido por modo
		Despesas públicas com transporte público
		Investimentos em infra-estrutura de transportes
	Gerenciamento/ Monitoracao	Avaliação de impacto ambiental
		Gerenciamento efetivo do tráfego/fiscalização
		Sistemas nacionais para a monitoração dos transportes e meios ambiente
	Medidas para o incremento da mobilidade	Desenvolvimento de planos municipais para a redução das viagens
		Estabelecimento de regulamentação para densidades mínimas na cidade
	Novas Tecnologias	Novas formas de transporte
P	Acesso aos servicos e atividades urbanas	Acessibilidade ao centro
		Acesso aos serviços básicos
		Acesso aos serviços de transportes
	Desenvolvimento urbano/Uso do solo	Forma urbana
		Planejamento do uso do solo urbano
	Populacao urbana	Densidade populacional
		Estrutura etária da população
		Rendimento familiar per capita
		Taxa de crescimento da população
	Viagens/Deslocamentos	Mobilidade local e passageiros transportados
S	Custos/Precos/Tarifas	Custo por passageiro transportado, corrigido pela inflação
		Mudanças reais nos preços de transporte por modo
		Preço dos combustíveis e taxas
		Tendências dos preços do transporte público
	Impactos socioeconomicos dos transportes	Benefícios dos usuários de transportes
		Custos do congestionamento
		Custos sociais dos transportes
	Segurança	Acidentes fatais de transportes
		Feridos por acidentes de tráfego
		Pedestres e ciclistas feridos em acidentes de trânsito
		Segurança e proteção para as vias residenciais
	Transporte publico	Demanda por transporte de passageiros
		Necessidade de sistemas de transporte

Tabela 6 - Indicadores que obtiveram os melhores *scores* para o caso de Portugal

Categ.	Tema	Indicador
A	Impactos ambientais	Fragmentação de terras e florestas
		Impactos do uso de automóveis
		Resíduos gerados por veículos rodoviários
	Qualidade do ar	Dias por ano em que os padrões de qualidade do ar não são atendidos
		Emissão de gases acidificantes pelos transportes
		Emissão de gases que geram o efeito estufa pelos transportes
		Emissões causadas pelos transportes e intensidade das emissões
		População exposta à poluição do ar causada pelos transportes
	Ruido de trafego	Poluição sonora
		População exposta ao ruído acima de 65 dB (A) causado pelos transportes
		Ruído de tráfego: exposição e incômodo
G	Despesas/Investimentos/Estrategias economicas	Investimentos em infra-estrutura de transportes
	Gerenciamento/Monitoracao	Gerenciamento efetivo do tráfego/fiscalização
		Sistemas nacionais para a monitoração dos transportes e meios ambiente
	Medidas para o incremento da mobilidade	Desenvolvimento de planos municipais para a redução das viagens
		Implementação de estratégias ambientais para o setor de transportes
		Melhoria dos transportes
	Novas Tecnologias	Desenvolvimento de combustíveis limpos e número de veículos que utilizam combustíveis alternativos
I	Infra-estrutura/Sistema viario	Possibilidade de acesso de transporte coletivo (pavimentação)
		Provisão de infra-estrutura para *traffic calming* e vias para bicicletas e pedestres
P	Acesso aos servicos e atividades urbanas	Acessibilidade ao bairro
		Acessibilidade ao centro
		Acesso aos serviços básicos
		Acesso aos serviços de transportes
		Percentagem de empregos situados a até 3 quilômetros de distância das residências
		Percentagem de pessoas que vivem a até 3 quilômetros de distância das facilidades de lazer
	Desenvolvimento urbano/Uso do solo	Áreas verdes versus áreas destinadas ao automóvel privado
		Mudanças no uso do solo devido à infra-estrutura de transportes
		Planejamento do uso do solo urbano
		Políticas de uso do solo para pedestres, ciclistas e transporte público
	Populacao urbana	Densidade populacional
		Taxa de crescimento da população
	Viagens/Deslocamentos	Deslocamento de crianças para a escola
		Distância aos serviços básicos
		Mobilidade local e passageiros transportados
		Percentagem de pessoas que utilizam o automóvel para viagens com distância inferior a 3 quilômetros
		Tempo de viagem
S	Segurança	Acidentes fatais de transportes
		Segurança e proteção para as vias residenciais

Tabela 7 - Estrutura de Categorias, Temas e Indicadores comum à Brasil e Portugal

Categ.	Tema	Indicador
A	Impactos ambientais	Fragmentação de terras e florestas
		Impactos do uso de automóveis
		Resíduos gerados por veículos rodoviários
	Quanlidade do ar	Dias por ano em que os padrões de qualidade do ar não são atendidos
		Emissão de gases acidificantes pelos transportes
		Emissão de gases que geram o efeito estufa pelos transportes
		Emissões causadas pelos transportes e intensidade das emissões
		População exposta à poluição do ar causada pelos transportes
	Ruído de tráfego	Poluição sonora
		População exposta ao ruído acima de 65 dB (A) causado pelos transportes
		Ruído de tráfego: exposição e incômodo
G	Despesas/Investimentos/ Estratégias econômicas	Investimentos em infra-estrutura de transportes
	Gerenciamento/Monitoração	Gerenciamento efetivo do tráfego/fiscalização
		Sistemas nacionais para a monitoração dos transportes e meio ambiente
	Medidas para o incremento da mobildiade urbana	Desenvolvimento de planos municipais para a redução das viagens
P	Acesso aos serviços e atividades urbanas	Acessibilidade ao centro
		Acesso aos serviços básicos
		Acesso aos serviços de transportes
	Desenvolvimento urbano/Uso do solo	Planejamento do uso do solo urbano
	População urbana	Densidade populacional
		Taxa de crescimento da população
	Viagens/Deslocamentos	Mobilidade local e passageiros transportados
S	Segurança	Acidentes fatais de transportes
		Segurança e proteção para as vias residenciais

5. CONSIDERAÇÕES FINAIS

Ainda que iniciativas em promover o conceito de mobilidade sustentável no Brasil e em Portugal já sejam uma realidade, como mostrado no item 2 deste trabalho, muitas questões ainda merecem maior investigação, principalmente às relacionadas ao desenvolvimento de indicadores adequados ao contexto das <u>cidades</u> dos dois países.

De modo a promover um diagnóstico inicial sobre a disponibilidade de indicadores urbanos e de mobilidade para estas cidades, foi realizado um inventário com base nas informações obtidas em suas páginas oficiais na *Internet*. Os resultados mostraram que tanto no Brasil como em Portugal, ao menos no tocante dos meios de acesso público via *Internet*, o que deve refletir com razoável fidelidade o conjunto de informações de fato disponíveis para os municípios analisados, existe uma carência de informações e dados que permitam hoje a monitoração das condições urbanas, principalmente no que se refere às questões relacionadas à mobilidade. Esta situação pode refletir não só a inexistência de informações nos dois países, como pode revelar o não interesse por parte das administrações municipais em disponibilizá-las à população.

O inventário contribuiu igualmente para o conhecimento da importância relativa de cada um dos grupos de informação avaliados, com base no julgamento de especialistas e profissionais que exercem atividades ligadas ao planejamento urbano e de transportes no Brasil e em Portugal. Enquanto que para o Brasil a categoria que recebeu o maior peso está relacionada a existência de planos ou estratégias de desenvolvimento em nível urbano, para Portugal a categoria considerada como mais importante está relacionada de forma direta à mobilidade urbana.

Em uma etapa posterior deste trabalho, buscou-se estabelecer um referencial teórico para a questão da mobilidade urbana sustentável, a partir da seleção de experiências em nível nacional e internacional de sistemas de indicadores e da identificação dos principais elementos e atributos que devem ser monitorados no sentido de promover o conceito. Esta seleção buscou incluir um conjunto amplo de indicadores, de modo a cobrir um grande leque de informações relacionadas à sustentabilidade e mobilidade urbanas.

Com base neste referencial e na revisão bibliográfica realizada na primeira etapa deste estudo foi identificada uma estrutura ou hierarquia de Categorias, Temas e Indicadores relacionados à monitoração da mobilidade urbana. O desenvolvimento de uma estrutura como essa permitiu visualizar as relações existentes entre diversos temas e sua contribuição para a questão da mobilidade urbana sustentável, uma vez que para todos os critérios avaliados foram atribuídos pesos, baseados na avaliação de especialistas de Brasil e Portugal.

Enquanto que para o Brasil, as Categorias e Temas considerados mais importantes estavam relacionados, de um modo geral, às questões ambientais, principalmente no que diz respeito à poluição provocada pelos sistemas de transportes, para Portugal estes temas tratavam de questões relacionadas ao planejamento espacial e demanda por transportes. Tais diferenças já eram esperadas, uma vez que os países analisados inserem-se em contextos distintos e enfrentam problemas diferenciados no que diz respeito ao meio ambiente e à gestão e organização do seu território. Para o Brasil merece destaque, igualmente, a importância atribuída aos indicadores incluídos na Categoria Aspectos Socioeconômicos dos Transportes, principalmente aqueles relacionados aos custos e tarifas de transporte.

Para os dois países, os critérios relacionados à monitoração da Infra-estrutura e Tecnologias de Transporte foram considerados menos relevantes dentre todos avaliados. Assim, para um sistema de indicadores comum aos mesmos poder-se-ia, eventualmente, desconsiderar os critérios relacionados a esta Categoria de informação diante dos baixos *scores* obtidos.

Cabe destacar ainda para o contexto de Brasil e Portugal, a importância atribuída aos critérios relacionados à acessibilidade em nível urbano, principalmente o acesso aos serviços essenciais e aos serviços de transporte. Questões sobre segurança viária e monitoração do crescimento e concentração da população nas áreas urbanas de modo a auxiliar na previsão da demanda por transportes também foram consideradas como extremamente relevantes no contexto dos dois países.

Buscou-se, deste modo, contribuir para um maior conhecimento dos critérios fundamentais para a elaboração de sistemas voltados a monitorar a mobilidade em cidades do Brasil e de Portugal. No entanto, para o desenvolvimento destes sistemas é importante avaliar a disponibilidade dos dados necessários para a construção dos indicadores sugeridos. Recomenda-se ainda a inclusão de outros segmentos da sociedade no processo de avaliação dos indicadores selecionados, de forma a garantir a ampla participação da comunidade na construção de instrumentos adequados à realidade local.

REFERÊNCIAS

ANTP (2003a). Associação Nacional de Transportes Públicos. Secretaria diz como trabalhará pela mobilidade sustentável. *Informativo ANTP,* São Paulo, n. 101, maio.

ANTP (2003b). ANTP e BNDES começam a definir formato do sistema de informações sobre transporte público e trânsito. *Informativo ANTP,* São Paulo, n. 102, abril.

Bossel, H. (1997). Finding a comprehensive set of indicators of sustainable development by application of the orientation theory. In: Moldan, B. et al (ed.). *Sustainability indicators: a report on the project on indicators of sustainable development.* New York: Wiley. Cap.1, p. 101-109.

Costa, M. S. (2003). *Mobilidade urbana sustentável: um estudo comparativo e as bases de um sistema de gestão para Brasil e Portugal.* Dissertação (Mestrado) – Escola de Engenharia de São Carlos, Universidade de São Paulo, São Carlos, 2003.

Dickey, J. (2001). New conceptual modeling using QCQ: Hall's "Future Cities". In: INTERNATIONAL CONFERENCE ON COMPUTERS IN URBAN PLANNING AND URBAN MANAGEMENT ON THE EDGE OF THE MILLENIUM, 7, 2001, Honolulu, Hawai. *Proceedings...*(em CD-ROM).

Greene, D.; Wegener, M. (1997). Sustainable Transport. *Journal Transport Geography,* v. 5, n. 3, p. 177-190.

Gudmundsson, H; Höjer, M. (1996). Sustainable development principles and their implications for transport. *Ecological Economics*, v. 19, p. 269-282.

Instituto do Ambiente (2002). *Painel sectorial institucional - Transportes.* Disponível em: <http://www.iambiente.pt/docs/5026/PIENDS2transportes.pdf>. Acesso em: 10 out. 2003.

INE – Instituto Nacional de Estatística (2002). *Atlas das cidades de Portugal.* Lisboa, Portugal.

IPEA – Instituto de Pesquisa Econômica Aplicada (1999). *Caracterização e tendências da rede urbana do Brasil.* Campinas. 2v.

Moore, J. A.; Johnson, J. M. (1994). *Transportation, land use and sustainability.* Florida Center for Community Design and Research Disponível em:<http://www. fccdr.usf.edu/projects/tlushtml>. Acesso em: 06 ago. 2003.

UNDSD – United Nations Division For Sustainable Development (2003). *Sustainable development issues: energy, transport and atmosphere.* Disponível em: <http://www.un.org/esa/sustdev/sdissues/transport/transp.htm>. Acesso em: 09 out. 2003.

7
Uma Abordagem Multicritério para Avaliação da Acessibilidade

Daniel S. Rodrigues, José F.G. Mendes,
Rui A.R. Ramos e Josiane P. Lima

RESUMO

Incidindo geralmente sobre uma realidade que implica a tomada em conta de uma multiplicidade de atributos, grande parte dos problemas de planeamento de transportes são por natureza multicritério. Por este motivo, o uso da técnica com o mesmo nome revela-se adequada à análise de diversos problemas nesta área. Por outro lado, estes problemas podem ser, na sua grande maioria, enquadrados no âmbito da análise espacial.

Assim, é objectivo deste artigo apresentar um modelo de avaliação de acessibilidade que integra métodos de avaliação multicritério em ambiente de Sistemas de Informação Geográfica (SIG). A acessibilidade é avaliada recorrendo a técnicas multicritério, permitindo assim diferenciar a importância relativa dos vários destinos.

Através dos estudos de caso apresentados, é possível identificar as potencialidades deste modelo no apoio à decisão no Planeamento Territorial. Um dos estudos de caso, consistiu na elaboração de um mapa de acessibilidade para o munícipio de Valença, no noroeste de Portugal, num contexto de localização industrial. Um outro, desenvolvido para a sub-região Portuguesa do Vale do Cávado, permite avaliar a acessibilidade local aos centros urbanos de relevância supra-regional, externos à sub-região. Por fim, o último permite avaliar a acessibilidade interna de um campus universitário.

1. INTRODUÇÃO

É possível observar na literatura especializada que os Sistemas de Informação Geográfica (SIG) parecem ser a plataforma ideal para a aplicação da técnica de avaliação multicritério envolvendo problemas de natureza espacial, sendo por este motivo frequentemente associados. Pelo seu lado, a avaliação multicritério oferece uma vasta colecção de técnicas e procedimentos que permite revelar as preferências de decisores e incorporá-las em tomadas de decisão baseadas num SIG. No que diz respeito à indicação de se avaliar, por exemplo, especificamente a acessibilidade em ambiente SIG, existem diversas razões pelas quais estes sistemas disponibilizam um ambiente adequado à implementação de índices de acessibilidade ou, de forma mais geral, de medidas de performance espacial. Os SIGs integram técnicas de gestão de dados que permitem gerir e manusear a informação em que se baseiam os índices. Por outro lado, oferecem também funções de apresentação que oferecem a possibilidade de representar os resultados obtidos em mapas da área em estudo. Por fim, os SIGs dispõem ainda de ferramentas de análise que permitem efectuar diversas funções que integram o processo de cálculo de índices de acessibilidade, tais como a selecção de locais relevantes, a agregação de zonas ou a determinação de distância entre objectos espaciais (não só distâncias Euclidianas, mas também através de redes).

2. ACESSIBILIDADE

Como demonstra o trabalho de Hoggart (1973) ao citar artigos sobre este tema escritos em 1826, 1903 e 1909, o conceito de acessibilidade no âmbito dos transportes – por ser esse o que se procura neste trabalho – é um tema discutido e objecto de estudo há cerca de duzentos anos. Hoggart defende que a acessibilidade está associada à interpretação, implícita ou explícita, da facilidade de alcançar oportunidades espacialmente distribuídas. Interpreta-se assim que a acessibilidade depende não só da localização das oportunidades, mas igualmente na facilidade de vencer a separação espacial entre indivíduos e locais específicos (Silva, 1998; Mendes, 2001). No mesmo sentido, Ingram (1971) define acessibilidade de um local como a característica (ou vantagem) respeitante a superar alguma forma de resistência ao movimento. Por outro lado, Ingram (1971) também estabeleceu uma distinção entre acessibilidade relativa, referente ao grau de conexão entre dois pontos na mesma superfície (ou rede), e acessibilidade integral ou total, inerente ao grau de interconexão entre um ponto e todos os restantes da mesma superfície (ou rede).

Considerando que a forma como a acessibilidade é avaliada depende do objectivo a atingir, Morris *et al.* (1979) mostram uma classificação e uma formulação extensivas das medidas de acessibilidade relativa e integral. Encontram-se trabalhos recentes cujas medidas de acessibilidade apresentadas, de uma forma ou outra, se enquadram com a classificação de Morris *et al.* (ver Allen *et al.*, 1993; Arentze *et al.*, 1994a e 1994b; Tagore e Sikdar, 1995; Love e Lindquist, 1995; Mackiewicz e Ratajczak, 1996; Geertman e Van Eck, 1995; Shen, 1998; Bruinsma e Rietveld, 1998; Talen e Anselin, 1998; Schoon *et al.*, 1999). Trabalhos ainda mais recentes sobre o tema (como, por exemplo, Van der Waerden *et al.*, 1999; Turró *et al.*, 2000; Goto *et al.*, 2001, Silva *et al.*, 2002, Rodrigues *et al.*, 2002 e Lima *et al.*, 2002), indicam que o tema ainda continua motivando o interesse para o desenvolvimento de novas pesquisas. O que se observa claramente em vários dos trabalhos acerca do tema é que, enquadrada no âmbito da análise espacial, a acessibilidade herda com naturalidade um carácter que leva a que a sua mensuração ou avaliação envolva inúmeros atributos, razão pela qual não só se justifica, mas se recomenda, o desenvolvimento de um modelo fundamentado em métodos de avaliação multicritério para a obtenção dos seus índices.

3. AVALIAÇÃO MULTICRITÉRIO

A tomada de decisão de âmbito espacial e multicritério requer uma articulação entre os objectivos do ou dos decisores e a identificação dos atributos necessários na determinação do grau em que esses objectivos serão atingidos. Um atributo é utilizado na medida da performance em relação a um objectivo. Ao objectivo e aos respectivos atributos, por formarem uma estrutura hierárquica de critérios de avaliação para um determinado problema de decisão, devem ser atribuídos um peso, de forma a permitir quantificar a importância relativa de cada um em relação ao seu contributo na obtenção de um índice global. De um conjunto de procedimentos para a definição de pesos estabelecidos e utilizados por diversos autores, alguns dos mais usuais são (Malczewski, 1999, Mendes, 2001): escala de n pontos (originalmente apenas de sete pontos, como introduzido por Osgood *et al.*, 1957); distribuição de pontos e sua variante, estimativa de rácios (Easton, 1973); Analytic Hierarchy Process (Saaty, 1977, 1980, 1987); e rank sum e rank reciprocal (Stillwell *et al.*, 1981), baseados na ordenação de critérios.

Quer os critérios individualmente, quer os conjuntos de critérios deverão possuir propriedades de forma a representar adequadamente a vertente multicritério de um problema de decisão. Após o estabelecimento da estrutura hierárquica dos objectivos e dos atributos, as atenções deverão estar viradas para a existência de uma diversidade de escalas em que os diversos critérios são medidos. Dado que as análises multicritério visam a comparação entre critérios, é necessário que as unidades destes possam ser convertidas em unidades comparáveis, isto é, serem normalizadas. Segundo Eastman (1997) e Eastman *et al.* (1998), o processo de normalização é na sua essência idêntico ao processo de fuzzification, introduzido pela lógica fuzzy (expressão original apresentada por Zadeh, 1965, para a qual não se adoptou qualquer tradução neste texto). O objectivo consiste em transformar qualquer escala noutra comparável e medida num intervalo normalizado (por exemplo [0, 1]). Uma vez normalizados para um intervalo fixado, os scores dos critérios podem ser agregados de acordo com a regra de decisão (Ramos, 2000). Nesse sentido, existem diversas classes de operadores para a combinação de critérios (uma descrição extensiva pode ser encontrada em Malczewski, 1999). Dois procedimentos considerados mais relevantes no âmbito dos processos de decisão de natureza espacial são a Combinação Linear Pesada (WLC, de Weighted Linear Combination, conforme Voogd, 1983) e a Média Pesada Ordenada (OWA, de Ordered Weighted Average, conforme Yager, 1988). A estrutura conceptual do modelo, que é apresentada na sequência, foi elaborada tendo por base o estudo, como definido *a priori*, da acessibilidade, por ser este um elemento cuja avaliação envolve inúmeros atributos.

4. MODELO DE AVALIAÇÃO MULTICRITÉRIO DE ACESSIBILIDADE EM AMBIEMTE SIG

Como já referido, a avaliação e o conceito de acessibilidade constituem tópicos de discussão por um período que ronda já os duzentos anos. A acessibilidade depende não só da localização das oportunidades, mas também da aptidão em superar a separação espacial entre determinados locais.

A acessibilidade mede-se para determinados pontos (locais). Mas, dado que em ambiente SIG existem dois modelos de representação do espaço – raster e vectorial, considera-se relevante esclarecer qual a natureza desses pontos. No modelo vectorial, será adequado recorrer a uma rede (linhas) e os pontos a avaliar serão efectivamente entidades pontuais, por exemplo os nós e/ou vértices da rede. No entanto, no modelo raster, os pontos correspondem a células da imagem raster e dependem da resolução adoptada. Para evitar qualquer confusão, daqui em diante usaremos a designação local para referir os pontos.

O modelo apresentado neste artigo baseia-se em princípio na medição de afastamento incluindo o efeito da distância. Enumeram-se de seguida os principais pontos teóricos para a avaliação da acessibilidade que nele se procuraram englobar, especificando sempre que oportuno para os dois modelos de representação, raster e vectorial, existentes em ambiente SIG:

a) A acessibilidade avalia-se em função de um objectivo;

b) O índice de acessibilidade é uma medida que incorpora o efeito da distância e resulta da combinação das distâncias a um conjunto de destinos-chave;

c) Os destinos-chave são caracterizados pelo objectivo/propósito em se aí deslocar, pelo que possuem importâncias diferentes (pesos dos destinos-chave);

d) Os destinos-chave são alcançados:
   - raster – através da rede existente ou fora dela, oferecendo níveis de resistência ao movimento (fricção) diferentes;
   - vectorial – através da rede existente, podendo os seus segmentos apresentar níveis de impedância diferenciados (por exemplo no caso viário, devido às condições das vias, devido às velocidades praticadas, ao volume de tráfego instalado, etc.);

e) As distâncias-custo resultam:

- raster – da combinação de uma distância real sobre uma superfície de fricção;
- vectorial – da aplicação da impedância às distâncias medidas ao longo da rede;

f) As distâncias-custo para os destinos-chave podem ser normalizadas com recurso a funções *fuzzy* e, também, ponderadas de forma a espelhar suas contribuições para o índice de acessibilidade;

g) O índice de acessibilidade de cada local, ponto (vectorial) ou célula (raster), resulta da agregação das distâncias-custo aos destinos-chave considerados, resultantes da alínea anterior.

A forma adoptada para a quantificação da importância dos vários destinos-chave, ou seja, a sua importância na avaliação da acessibilidade e a forma de agregação, é estabelecida no modelo desenvolvido recorrendo a técnicas de Avaliação Multicritério (MCE - *Multicriteria Evaluation*). No modelo admite-se que os destinos-chave funcionam como critérios na avaliação da acessibilidade, ou seja, que possuem importâncias distintas que serão traduzidas em contribuições diferenciadas no valor final do índice de acessibilidade. Num processo MCE os aspectos críticos são a avaliação de pesos para os diferentes critérios considerados, a normalização dos valores obtidos para os vários critérios e a sua agregação.

Para um local i, o seu índice de acessibilidade A_i é traduzido pela equação (1), onde $f(c_{ij})$ representa a normalização por uma função *fuzzy* da distância-custo do local i para o destino-chave j e w_j o peso do destino-chave j:

$$A_i = \sum_j f(c_{ij})w_j \tag{1}$$

No entanto, os vários destinos-chave em análise podem ser complementares ou equivalentes, pelo que, dever-se-á considerar o seu agrupamento em valências funcionais. Nesta situação, a agregação não deverá ser feita para todos os destinos-chave, mas sim para grupos de destinos-chave com funcionalidades similares. Deste modo, o índice de acessibilidade passa a ser avaliado por grupos de destinos-chave.

Com a equação (1) servindo de ponto de partida, esta sugestão concretiza-se com o recurso às equações (2) e (3):

$$A_i^g = \sum_j^{n_g} f(c_{ij})w_j^g \tag{2}$$

$$A_i = \sum_g A_i^g . w_g \tag{3}$$

O índice de acessibilidade A_i de um local i, equação (3), obtém-se agora pela agregação dos índices de acessibilidade do mesmo local para cada grupo g de destinos-chave A_i^g devidamente ponderados pelos respectivos pesos w_g. Este último resulta do recurso à equação (2) que é em tudo idêntica a equação (1). No entanto, é de salientar que, se na equação (1) o peso w_j do destino-chave j representava a sua importância em relação a todo o universo de destinos-chave considerados, agora na equação (2) essa relevância, peso w_j^g, faz unicamente sentido dentro do grupo de destinos-chave g.

Outra componente importante é o processo de normalização a adoptar. Neste caso e por ser o mais adequado para variáveis contínuas (neste caso distâncias), optou-se pelo recurso ao procedimento de *fuzzification*, isto é, a aplicação de uma função *fuzzy*, devidamente escolhida e criteriosamente calibrada (ver Figura 1). O objectivo é, para todos os destinos-chave, transformar qualquer escala de avaliação numa comparável onde os valores se enquadrem num intervalo normalizado, neste caso entre 0 e 1. Assim, o resultado expressa um grau de pertença que varia de 0 a 1, delineando uma variação contínua desde a não-pertença (ausência de acessibilidade) até a pretença total (acessibilidade máxima), com base no critério (distância) ao qual se aplica a função *fuzzy*.

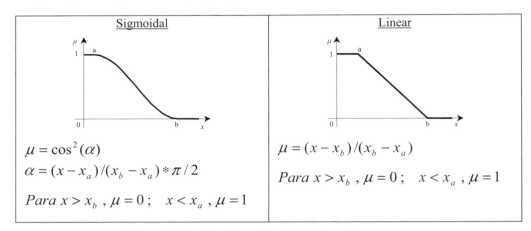

Figura 1 - Funções *fuzzy* sigmoidal e linear decrecentes

Os pontos *a* e *b* da curva *fuzzy* adoptada constituem pontos de controle e devem ser calibrados em cada situação. O ponto *a* é o ponto a partir do qual se considera que começa a ser relevante o afastamento ao destino-chave e o ponto *b* é o ponto a partir do qual o afastamento deixa de ter significado para a decisão.

As equações (1), (2) e (3) correspondem essencialmente a Combinações Lineares Pesadas (WLC - *Weighted Linear Combination*) que permitem aos critérios compensar entre eles as suas qualidades (*trade-off*). No caso do índice de acessibilidade, este tipo de agregação admite que a pior acessibilidade a um destino mais procurado pode ser compensada pela existência de melhores acessibilidades a múltiplos destinos de procura inferior. Existem outras abordagens, tal como a combinação OWA (*Ordered Weighted Average*), que permitem algum controle sobre o *trade-off* e afectar uma atitude de risco ao processo de avaliação.

Nesse sentido, propõe-se uma avaliação da acessibilidade em duas etapas de forma a introduzir cenários de risco. Numa primeira etapa e após agrupar os destinos-chave em função de uma determinada valência comum (por exemplo funcionalidade), avalia-se a acessibilidade de cada local em relação a cada grupo A_i^g através da equação (2) que, como já referido, recorre ao método WLC.

A segunda etapa destina-se ao cálculo do índice de acessibilidade global, através da combinação OWA dos valores da acessibilidade em relação aos grupos de destinos-chave A_i^g. Impõe-se, então, a consideração de dois conjuntos de pesos: um primeiro relativo à importância dos próprios grupos de destinos-chave w_g e um segundo O constituído pelos *order weights*. Este último, organizado sob a forma de um vector, permite aplicar o procedimento OWA e definir cenários de avaliação, ao considerar diferentes combinações de valores. O índice de acessibilidade global A_i do local *i* será dado então pela equação (4):

$$A_i = A^i \times O \qquad (4)$$

onde A^i : vector $\left[A_i^1.w_1 \ A_i^2.w_2 \ ... \ A_i^{n_g}.w_{n_g}\right]$ ordenado (em ordem crescente), sendo que A_i^g é índice de acessibilidade do local *i* em relação ao grupo de destinos-chave *g* e n_g o número de grupos de destinos-chave.

Este modelo é de fácil integração em ambiente SIG, visto que, após a digitalização dos dados espaciais e, em ambiente vectorial, a organização dos dados alfanuméricos em tabelas, é possível recorrer à análise de redes e à álgebra de mapas para implementar o modelo em causa. Uma descrição extensiva pode ser encontrada em Rodrigues (2001).

5. CASOS DE ESTUDO

5.1. Avaliação multicritério de acessibilidade aplicada à localização industrial em Portugal

Num enquadramento onde o uso do solo é muitas vezes extremamente limitado, devido a opções de planeamento e de zonamento que impõem regras e limitações estritas, os factores para a localização industrial devem ser o mais rigorosos possível. Por outras palavras, regras de decisão e critérios devem ser escolhidos de forma a que os objectivos e as condições para essa decisão sejam fielmente descritos (Mendes, 2001).

No âmbito da localização industrial, um critério é algo que, baseado num processo de decisão, permite avaliar a contribuição, positiva ou negativa, para a elegibilidade de um local, entre alternativas, para a localização, ou relocalização, de unidades industriais. Neste contexto, este exemplo consiste na criação de um mapa de acessibilidade, para fins de localização industrial, de Valença, município localizado no noroeste de Portugal.

Assim, implementou-se o modelo base (equação 1), apresentado anteriormente, numa plataforma SIG raster que oferece um vasto conjunto de ferramentas para modelação cartográfica, incluindo um extenso rol de funções algébricas sobre mapas, de análise de superfícies, de distância e de apoio à decisão.

O primeiro passo consistiu em criar mapas de distância-custo para cada destino-chave. De seguida, um mapa de declives foi derivado do modelo numérico do terreno e, com uma operação de reclassificação, produziu-se um mapa de fricção fora de estradas principais. Por outro lado, um mapa de fricção de estradas foi obtido directamente do mapa de estradas. Da sobreposição destes dois mapas de fricção, resultou a produção de um mapa de fricção final, sendo o último então combinado com cada um dos mapas de destinos-chave de forma a obter os mapas de distância-custo.

Com todos os mapas de distância-custo gerados, iniciou-se o procedimento multicritério propriamente dito. A sequência de operações começou com a normalização (isto é, a aplicação das funções *fuzzy* adoptadas), seguida da ponderação. Gerados os mapas normalizados de distância-custo, estes foram sobrepostos para elaborar o mapa final de acessibilidade.

Para determinar quais os pesos e funções *fuzzy* (sem esquecer os respectivos pontos de calibração) a aplicar aos critérios, este estudo consultou, via entrevista directa, um painel de 25 empresários do sector. Os critérios foram divididos em três grupos: factores associados à actividade industrial, factores associados às opções administrativas e sócio-económicos, e factores associados com planeamento físico. Entre os elementos do primeiro grupo, a acessibilidade foi considerada a mais importante.

Apresentam-se os resultados das entrevistas no tocante à acessibilidade na Tabela 1. Os pesos foram derivados por um processo de comparação par-a-par efectuado com cada empresário, seguido da média e normalização. A função *fuzzy* sigmoidal (monótona e decrescente) adoptada reuniu praticamente a unanimidade, enquanto que as distância de controle correspondem à média das opiniões expressas pelos empresários.

Tabela 1 – Factores de acessibilidade associados à actividade industrial

Factor de acessibilidade associados à actividade industrial	d_a(km)	d_b(km)	Pesos
Proximidade a nós de autoestrada	0	27.36	0.2266
Proximidade a estradas da rede principal	0	3.49	0.3739
Proximidade a terminal rodoviário de carga	0	10.40	0.1623
Proximidade a terminal ferroviário de carga	0	20.08	0.1199
Proximidade a porto marítimo com terminal de carga	0	51.91	0.0773
Proximidade a aeroporto com terminal de carga	0	69.90	0.0400

Na Figura 2 apresentam-se os mapas de acessibilidade aos destinos-chave da Tabela 1. Observa-se que os seis destinos-chave sob estudo contribuem de forma diferenciada para o índice global de acessibilidade. Repara-se que, globalmente, uma zona situada a Noroeste da área em estudo obteve *scores* de acessibilidade mais elevados. Esta situação deve-se na realidade à presença nesse sector do nó da auto-estrada e dos terminais rodoviários e ferroviários. Como agravante, existe uma zona de morfologia acidentada que ocupa a área em estudo de Este para Noroeste, que se caracteriza por declives íngremes e poucas estradas.

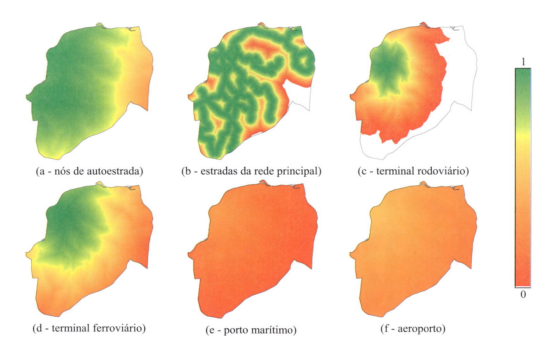

Figura 2 - Imagens normalizadas de custo-distância para o município de Valença

Focando as atenções no mapa final de acessibilidade (Figura 3), repara-se que o padrão verificado anteriormente não se altera significativamente. As combinações dos *scores* resultaram numa superfície com *scores* que variam de 0 até 0.925, com o valor médio de 0.337. A imagem reclassificada (Figura 3b) mostra uma distribuição de *scores* em anéis irregulares centrados na parte mais a Noroeste da área em estudo, com duas fontes de deformação originadas quer pela presença do nó sul da auto-estrada, quer pela área de morfologia acidentada.

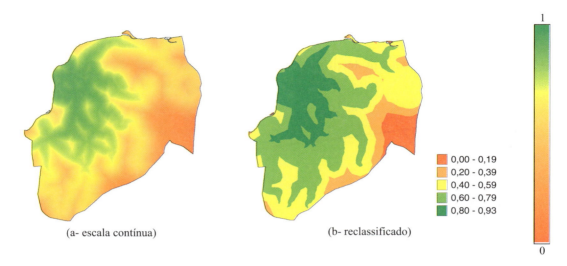

Figura 3 - Mapa de acessibilidade de Valença

A aplicação do modelo proposto a este caso de estudo permite delinear duas conclusões. Primeiro, do ponto de vista do grupo de empresários portugueses, o factor de acessibilidade mais relevante é a proximidade às estradas principais, seguido da proximidade aos nós de auto-estrada e aos terminais rodoviários. Estação de caminhos de ferro, portos e aeroportos são tidos como menos importantes no que concerne às decisões para a localização industrial, corroborando a ideia que a economia portuguesa assenta principalmente sobre os transportes rodoviários. Segundo, a aplicação do modelo ao município de Valença demonstra a sua global adequabilidade, e que estes resultados provaram serem uma informação útil para o suporte à decisão.

5.2. Avaliação multicritério da acessibilidade na sub-região do vale do Cávado

Numa área de aproximadamente 2370 Km^2 na região Norte de Portugal, com cerca de 410 mil habitantes, localiza-se a sub-região do Vale do Cávado (ver Figura 4), estendendo-se-no sentido nascente-foz do Rio Cávado. A Associação de Municípios do Vale do Cávado (AMVC), que agrupa nove concelhos, Amares, Barcelos, Braga, Esposende, Montalegre, Terras de Bouro, Póvoa de Lenhoso, Vieira do Minho e Vila Verde, foi constituída visando facilitar a realização de objectivos comuns e deste modo coordenar políticas de desenvolvimento para a sub-região.

Para avaliar a acessibilidade na sub-região do Vale do Cavado, foi utilizada o modelo apresentado anteriormente, optando-se por uma avaliação decorrente da agregação de índices de acessibilidade a grupos de destinos-chave (equação 3). A avaliação é feita para destinos-chave externos à região, mas com características funcionais para todo o Norte de Portugal. Na Figura 4 é identificada a localização dos vários municípios que englobam a sub-região e a respectiva rede viária principal.

Na Figura 5, expõe-se a metodologia seguida num ambiente SIG raster para obter a superfície de fricção e o mapa de índices de acessibilidade. Neste caso, apenas se considera o efeito do relevo como impeditivo à boa circulação viária, considerando quatro classes de valores para a fricção e considerando um valor unitário nas estradas. A partir do mapa de declives, derivado do modelo numérico do terreno, e implementando uma reclassificação, obtém-se o mapa de fricção territorial. Como os valores considerados para a reclassificação do declive, e apresentados na Figura 5, apenas devem ser aplicados fora da rede viária, o mapa final de fricção resulta de uma operação de sobreposição (*1st cover 2nd except where zero*) entre o mapa em que as estradas possuem o valor um e fora das estradas o valor zero e o mapa com a superfície de fricção territorial a considerar. Por fim, a partir do mapa da acessibilidade a destino-chave e do mapa de fricção, obtém-se o mapa com os índices de acessibilidade para a totalidade do território em análise.

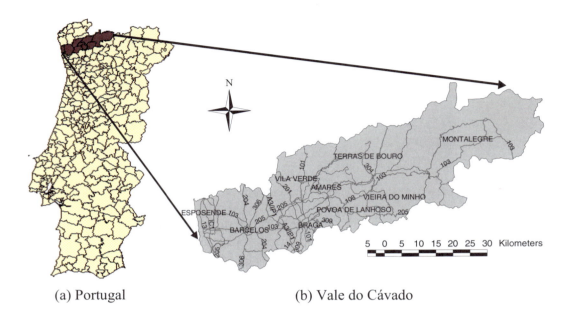

(a) Portugal   (b) Vale do Cávado

Figura 4 - Vale do Cávado: Localização, Municípios e estradas principais

Neste estudo a escolha dos destinos-chave foi feita tendo como base as opções tomadas no Plano Estratégico de Desenvolvimento do Vale do Cávado (1995), sendo estes agrupados de acordo com a lógica da sua funcionalidade e divididos em quatro grandes grupos: (1) Centros urbanos sedes de distrito ou equiparados; (2) Centros urbanos de influência supra-concelhia; (3) Centros urbanos relevantes na vizinha Espanha; e (4) Portos e aeroportos. A presença das cidades espanholas deve-se à grande interligação sócio-económica existente entre o Norte de Portugal e a vizinha Galiza.

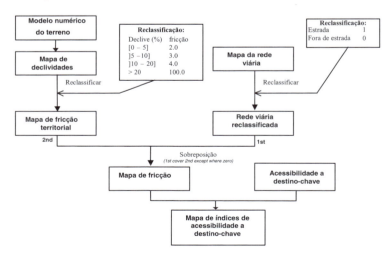

Figura 5 - Generalização territorial da acessibilidade a destino-chave

Os pesos adoptados para cada destino-chave foram idênticos dentro de cada um dos grupos, por se considerar que possuem importâncias idênticas. Os pesos adoptados para os grupos foram diferenciados, tendo-se considerado maior peso para o grupo 1, um peso ligeiramente inferior para o grupo 2 e um peso ainda menor quer para o grupo 3 quer pará o grupo 4. Na Tabela 2 são apresentados os vários destinos-chave em análise com os respectivos pesos, bem como os quatro grupos considerados e também os seus respectivos pesos. A Tabela 3 apresenta os pontos de controle das funções *fuzzy* sigmoidal utilizadas para normalizar os valores das distâncias-custo aos destinos-chave. Admitiu-se que destinos-chave pertencentes a um mesmo grupo possuem os mesmos pontos de controlo.

Com base no Modelo Numérico do Terreno, da sub-região, é derivado o Mapa de fricção, que atende à reclassificação proposta na Figura 5.

Tabela 2 - Vale do Cávado: Grupos de Destinos-chave,
Destinos-chave e respectivos pesos

Grupo de destinos-chave	Pesos	Destinos-chave	Pesos
1 - Sede de distrito e centros urbanos equiparados	0,33	Guimarães	0,25
		Porto	0,25
		Viana do Castelo	0,25
		Vila Real	0,25
2 - Centros urbanos de influência supra-concelhia	0,25	Chaves	0,20
		Felgueiras	0,20
		Póvoa de Varzim	0,20
		Vila do Conde	0,20
		Vila Nova de Famalicão	0,20
3 - Centros urbanos no país vizinho	0,21	Vigo	0,50
		Orense	0,50
4 - Portos e Aeroportos	0,21	Porto de Leixões	0,20
		Porto de Viana do Castelo	0,20
		Porto de Vigo	0,20
		Aeroporto Sá Carneiro	0,20
		Aeroporto de Vigo	0,20

Tabela 3 - Vale do Cávado: Pontos de controlo da função *fuzzy*

	d_a (km)	d_b (km)
1 - Sede de distrito e centros urbanos equiparados	0	60
2 - Centros urbanos de influência supra-concelhia	0	90
3 - Centros urbanos no país vizinho	0	120
4 - Portos e Aeroportos	60	150

Para a implementação do modelo obtiveram-se os mapas de distância-custo aos vários destinos-chave considerados, procedendo-se em seguida à sua normalização. Na Figura 6 é apresentada a normalização para o caso do destino-chave Guimarães, cidade a sul da sub-região e situada a cerca de 15km da sua fronteira. Pela comparação das duas imagens fica perceptível o processo de *fuzzification*, em que se admitiu um valor de d_b igual a 90km, pois a parte mais escura do mapa, onde estão as zonas que possuem pior acessibilidade a Guimarães, aumentou após a normalização.

Na Figura 7 são apresentados os mapas obtidos para os quatro grupos de destinos-chave considerados. Pela sua análise constata-se que a acessibilidade aos destinos dos Grupos 1 e 3 é baixa para quase a totalidade da região, exceptuando as zonas próximas das Auto-estradas (ver Figura 4) e das estradas a elas conectadas. Relativamente aos Grupos 2 e 4 a acessibilidade melhora, mas por razões diferentes para os dois grupos. No caso do Grupo 2 a principal razão é a proximidade desses destinos à sub-região e o aproveitamento de toda a rede viária existente. Relativamente ao grupo 4, a razão principal é a de os destinos-chave se situarem num raio de cerca de 120km a partir do centro da sub-região, e mais junto à região

Oeste, e a função adoptada para a normalização admitir distâncias elevadas para os pontos de controlo (ver Tabela 3).

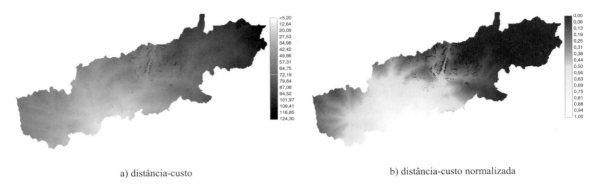

a) distância-custo

b) distância-custo normalizada

Figura 6 - Vale do Cávado: Mapas do destino-chave Guimarães, antes e após normalização

O Mapa explicitando os Índices de Acessibilidade Global é apresentado na Figura 8, em que se representa ainda a rede viária e os principais aglomerados urbanos da sub-região.

Pela análise do Mapa verifica-se que a zona Oeste, sensivelmente até metade da sub-região, possui índices de acessibilidade relativamente uniformes mas que para Este os valores dos índices se aproximam muito do zero.

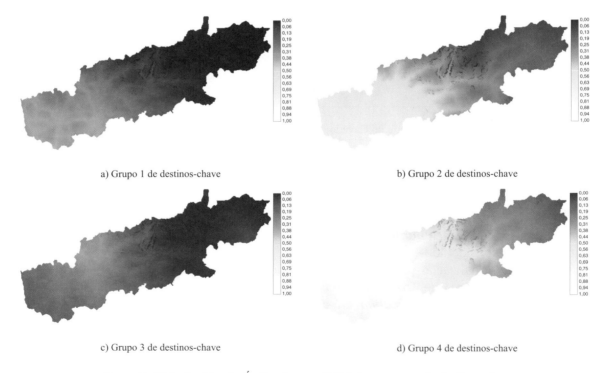

a) Grupo 1 de destinos-chave

b) Grupo 2 de destinos-chave

c) Grupo 3 de destinos-chave

d) Grupo 4 de destinos-chave

Figura 7 - Vale do Cávado: Índice de acessibilidade por grupo de destinos-chave

Analisando a distribuição espacial dos principais aglomerados urbanos sobre o mapa constata-se que poucos se situam no interior Este, ou seja, a maioria se situa na zona de índices elevados e quase uniformes. O elevado número de vias existentes na região Oeste contribui fortemente para a uniformidade do Índice de Acessibilidade nessa zona. No entanto, algumas das vias dessa zona são de construção recente, o que parece demostrar ter havido opções de planeamento territorial para a sub-região que contemplam de forma diferenciada o interior e o litoral. O Mapa mostra ainda a existência de lacunas na articulação entre estas duas zonas, o que poderá vir a estimular dinâmicas repulsivas e a menor fixação de recursos humanos na parte Este da sub-região. A aplicação de metodologia a este caso de estudo permite constatar o elevado potencial de análise espacial, adoptando uma avaliação contínua do território.

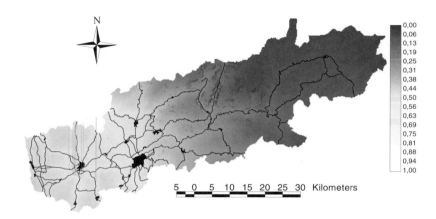

Figura 8 - Vale do Cávado: Índice de Acessibilidade Global, rede viária e principais aglomerados urbanos

5.3. Avaliação multicritério da acessibilidade interna de um campus universitário

De forma geral, os *campi* universitários em Portugal têm sido alvos de expansões com o intuito de melhorar, qualitativa e quantitativamente, a oferta de instalações e serviços para as comunidades utentes. Sabendo-se que o meio de locomoção dominante é o modo pedonal e que, como refere Aultman-Hall *et al.* (1997, p.12), um percurso de 400 metros a pé é frequentemente considerado como aceitável, as dimensões que tomaram os *campi* já justificam uma avaliação da acessibilidade interna. Esta avaliação poderá ajudar a descortinar zonas com défice de acessibilidade e procurar soluções para as mesmas (por exemplo, relocalizar serviços), ou também servir de apoio no planeamento de expansões futuras. Neste caso, a aéra em estudo escolhida foi o campus universitário de Gualtar da Universidade do Minho, na cidade de Braga em Portugal. A zona que actualmente está edificada e infra-estruturada estende-se ao longo de doze hectares (Figura 9). Este pólo da Universidade abrange uma comunidade universitária de aproximadamente 13000 utentes, os quais se dividem em 12000 alunos[1], 800 docentes e 300 funcionários[2].

Tendo-se optado por realizar um estudo que incluísse cenários de avaliação, recorreu-se à equação 4, proposta no modelo apresentado no ponto 4. Por outro lado, antes de iniciar a procura e criação de dados necessários à implementação do modelo, era fundamental ter em consideração o tipo de SIG em que este seria implementado: neste caso, foi adoptado o vectorial.

Foi então necessário digitalizar a rede pedonal do campus, bem como escolher e identificar os pontos a avaliar e os destinos-chave. Para os últimos, foram usados serviços, recursos e actividades fundamentais no quotidiano da comunidade utente (por exemplo, biblioteca, cantina, complexos pedagógicos, pavilhão desportivo, paragem de transporte

---

[1] Fonte: Serviços Académicos da Universidade do Minho, 2000.
[2] Fonte: Secção de Recursos Humanos da Universidade do Minho. Este número refere-se aos funcionários do quadro permanente; estima-se que trabalhem no Campus, para além destes, algumas centenas de outros funcionários, entre tarefeiros, monitores, investigadores, etc.

público, entradas do *campus*, etc.). Analisando a lista obtida, optou-se por agrupar os destinos-chave segundo funcionalidades comuns: serviços, acessos e um grupo relacionado com a leccionação, englobando departamentos, institutos e complexos pedagógicos. De forma a contemplar na avaliação o ponto de vista da comunidade utente, foi realizado um inquérito com o intuito de determinar os pesos, escolher as funções *fuzzy* a adoptar na normalização e os respectivos pontos de controle. A opção por uma abordagem directa foi considerada adequada em função da dimensão da comunidade abrangida.

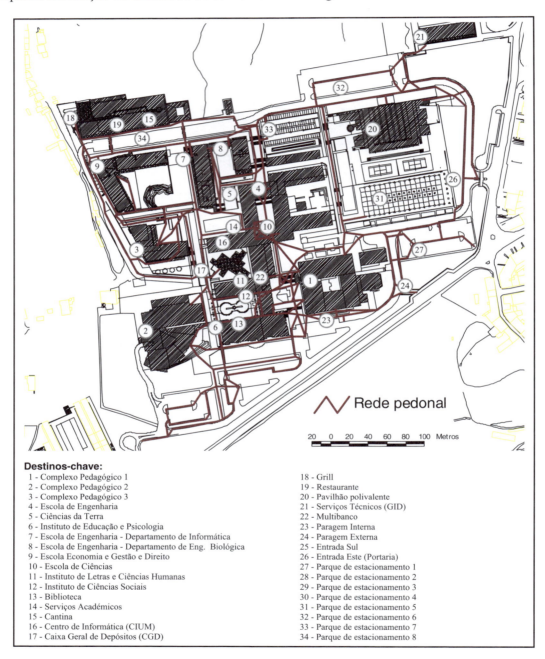

Figura 9 - Campus de Gualtar da Universidade do Minho

Na Tabela 4 podem ser consultados os destinos-chave agrupados e respectivos pesos, dados resultantes do inquérito já referido. No entanto, este inquérito não foi conclusivo quanto à escolha da função *fuzzy* a adoptar na normalização, uma vez que nenhuma das duas funções propostas (linear ou sigmoidal) reuniu a preferência clara dos inquiridos. Optou-se então por efectuar duas implementações do modelo: uma recorrendo à função sigmoidal e outra à função linear. Esta opção tornou possível avaliar a diferença de resultados originada pela adopção de curvas de tipo diferente.

Tabela 4 – Destinos-chave agrupados e respectivos pesos e distâncias máximas

Funcionalidade	Peso	Destino-chave	Peso	Dist. Max.
Complexos pedagógicos, Departamentos e Institutos	0,37	Complexo Pedagógico 1 (CP1)	0,14	306
		Complexo Pedagógico 2 (CP2)	0,17	356
		Complexo Pedagógico 3 (CP3)	0,08	227
		Escola de Engenharia	0,06	119
		Ciências da Terra	0,07	219
		Instituto de Educação e Psicologia	0,06	156
		Depart. Informática	0,08	174
		Eng. Biológica	0,05	133
		Escola Economia e Gestão e Direito	0,09	204
		Escola de Ciências	0,08	202
		Inst. de Letras e Ciências Humanas	0,06	135
		Inst. de Ciências Sociais	0,06	148
Serviços	0,34	Biblioteca	0,15	406
		Serviços Académicos	0,12	319
		Cantina	0,12	372
		Centro de Informática (CIUM)	0,09	199
		Caixa Geral de Depósitos CGD	0,10	223
		Grill	0,07	167
		Restaurante	0,07	138
		Pavilhão polivalente	0,10	287
		Gabinete de Instalações Definitivas (GID)	0,04	158
		Multibanco	0,14	285
Acessos	0,29	Paragem Interna	0,08	144
		Paragem Externa	0,08	173
		Entrada Sul	0,15	295
		Entrada Este (Portaria)	0,12	255
		Parque de estacionamento 1	0,08	183
		Parque de estacionamento 2	0,06	109
		Parque de estacionamento 3	0,06	124
		Parque de estacionamento 4	0,07	127
		Parque de estacionamento 5	0,08	186
		Parque de estacionamento 6	0,08	189
		Parque de estacionamento 7	0,07	119
		Parque de estacionamento 8	0,07	164

Não menos importante, era a procura dos dois pontos de controle, que permitissem calibrar as funções *fuzzy*. Ao primeiro foi atribuído o valor zero, dado que a uma distância nula corresponde um *score* máximo em termos de acessibilidade e, como as distâncias a percorrer são reduzidas, admitiu-se que não existia nenhum patamar no qual se considerava constante o *score* máximo. Para o segundo ponto (distância máxima), a partir do qual os *scores* passam a tomar o valor zero (acessibilidade nula), foram adoptados os valores resultantes do inquérito efectuado (médias), os quais também se apresentam na Tabela 4.

Os resultados do inquérito a este nível denotaram que os utentes do Campus são relutantes a deslocarem-se, pois as distâncias obtidas são extremamente baixas (entre 109 e 406 metros). Como referido por Aultman-Hall (1997, p.12) um percurso de 400 metros é frequentemente considerado como aceitável para percursos a pé. Deste modo, optou-se então por implementar uma terceira vez o modelo, onde se adaptou uma curva sigmoidal (que privilegia as curtas distâncias em detrimento das longas distâncias) com uma distância máxima de 400 metros para todos os destinos-chave.

Foram também identificados elementos geradores de resistência ao movimento ao longo dos percursos, a saber escadas, que levaram a inclusão de impedâncias nos arcos da rede: levou a um agravamento das distâncias das escadas em planta em 13%. Este valor advém da comparação entre a distância em planta e a distância que efectivamente se percorre ao transpor um lance de escadas.

A implementação em SIG vectorial seguiu os passos do fluxograma da Figura 10, que pretende ser uma orientação para futuras implementações bem sucedidas.

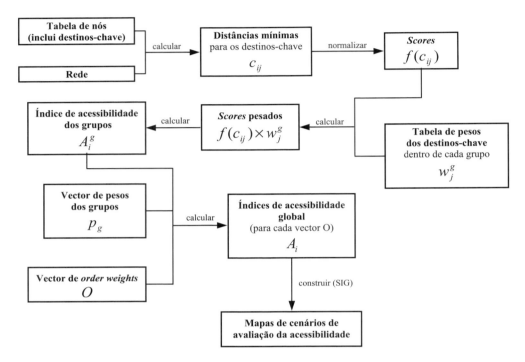

Figura 10 - Implementação em SIG vectorial

Com os nós (incluindo os destinos-chaves) e a rede sobre a qual efectuar-se-ão os deslocamentos, o primeiro passo consiste em calcular as distâncias mais curtas (c_{ij}) através da rede, de cada nó para todos os destinos-chave. Procede-se então à sua normalização recorrendo à ou às funções *fuzzy* adoptadas e devidamente calibradas (pontos de controlo), obtendo-se os *scores* $f(c_{ij})$. Uma tabela onde previamente foram armazenados os pesos de cada destino-chave e o recurso à equação (2) permitem calcular os *scores* ponderados de cada nó relativamente a cada destino-chave. De seguida, é calculado o índice de acessibilidade A_i^g (equação 3) relativamente a cada um dos grupos de destinos-chave definidos, correspondendo ao somatório dos respectivos *scores* pesados. Finalmente, agregam-se os índices de acessibilidade dos grupos segundo o método OWA (equação 4), resultando os índices de acessibilidade globais (A_i), os quais servem de base à construção dos mapas de cenários de avaliação da acessibilidade. Este passo pressupõe a construção de um vector ordenado (em ordem crescente) cujos valores advêm do produto entre os índices de acessibilidade e os pesos respectivos de cada grupo, para, de seguida, calcular-se o produto entre esse vector e o vector de *order weights*.

A geração dos mapas de acessibilidade seguiu a ordem de implementação do modelo. Em termos práticos, equivaleu à divisão deste processo em duas fases:

- geração dos mapas de base, representando a avaliação da acessibilidade relativamente a cada grupo individualmente (pela implementação do método WLC);

- geração dos mapas dos cenários de avaliação, partindo dos valores obtidos na fase anterior e implementando a agregação pelo método OWA de acordo com o ponto de decisão adoptado.

Para introduzir um risco mínimo no processo de avaliação da acessibilidade, isto é, próximo de AND (mínimo – ver Figura 11) no intervalo de variação da variável *ANDness*, dever-se-á atribuir *order weights* aos factores com os *scores* mais baixos. No caso mais extremo, a adopção do vector de *order weights* $[1\,0\ldots 0]$ resulta numa avaliação pessimista ou conservadora (vértice inferior esquerdo), caracterizada por risco mínimo e *trade-off* nulo. Ao invés, se o risco máximo for o que se pretende no processo de avaliação de acessibilidade, dever-se-á considerar o vector de *order weights* $[0\ldots 0\,1]$, ao qual corresponde um cenário de avaliação optimista (vértice inferior direito), caracterizado pela assunção de risco máximo e ausência de *trade-off*. Outro vector de *order weights* típico é aquele que possui valores todos iguais, que corresponde à agregação WLC (vértice superior). Esta seria uma avaliação neutra, relativamente ao risco, permitindo *trade-off* total.

Na análise, foram desenvolvidos três mapas correspondentes ao mesmo número de pontos adoptados do espaço estratégico de decisão (Figura 11). Estes pontos correspondem aos vértices do triângulo que delimita o espaço estratégico de decisão. Daqui em diante, o ponto *WLC* será referido como A, o ponto *AND* com B e o ponto *OR* como C.

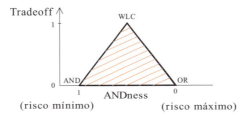

Figura 11 - Espaço estratégico de decisão (OWA)

De seguida, foi aplicado o modelo à área em estudo. Como foi referido anteriormente, a geração de mapas referentes aos cenários de avaliação regeu-se pelos parâmetros condizentes com as três analises propostas, a saber:

Análise I - adoptando para todos os destinos-chave uma função *fuzzy* sigmoidal com Dmax resultante do inquérito;
Análise II - adoptando para todos os destinos-chave uma função *fuzzy* linear com Dmax resultante do inquérito;
Análise III - adoptando para todos os destinos-chave uma função *fuzzy* sigmoidal com Dmax igual a 400 metros.

A título ilustrativo, apresentam-se de seguida alguns mapas gerados em consonância com os pressupostos descritos até ao momento. A Figura 12 mostra os mapas de acessibilidade ao grupo de destinos-chave afecto aos serviços, para as três análises. Esta mostra em conjunto permite obeservar que os resultados das Análises I e II diferem muito pouco, apesar de recorrer a funções *fuzzy* distintas, enquanto que a Análise III, por considerar distâncias máximas de deslocação maiores, apresenta uma área de boa acessibilidade (cor verde) maior.

Na Figura 13 podem ser observados os mapas referentes aos diversos cenários de avaliação adoptados neste estudo para a Análise III.

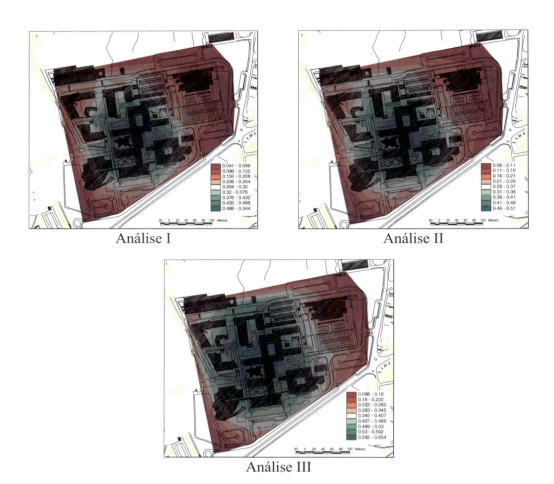

Figura 12 - Acessibilidade aos serviços

Comparando os cenários encontrados e confrontando com a análise do risco de avaliação, pode-se concluir que as áreas de maior acessibilidade encontradas para a solução de risco mínimo (B) são aquelas utilizadas por todos os utilizadores do Campus, independentemente do seu local preferencial de trabalho dentro do Campus, isto é, as portas de acesso, parques de estacionamento e entradas.

Na análise de risco neutro e *trade-off* total (A), as zonas centrais do Campus, equitativamente próximas de todos os destinos-chave, são aquelas que obtêm *scores* mais elevados. Na análise de risco máximo (C) e como o risco não é muito, pois a dimensão do Campus é aceitável para percursos a pé e os destinos-chave mais importantes estão numa posição central, a solução encontrada é muito semelhante à da obtida pela agregação WLC (de risco médio).

Em termos de análise da distribuição dos destinos-chave no Campus, ressaltam de imediato a localização dos edifícios da Cantina/Grill/Restaurante, do Pavilhão Polivalente e dos Serviços Técnicos (GID). Estes edifícios estão implantados em zonas cujo índice de acessibilidade é baixo, mais precisamente nas extremidades do Campus (como já referido anteriormente, as zonas com índices mais elevados estão no centro do Campus).

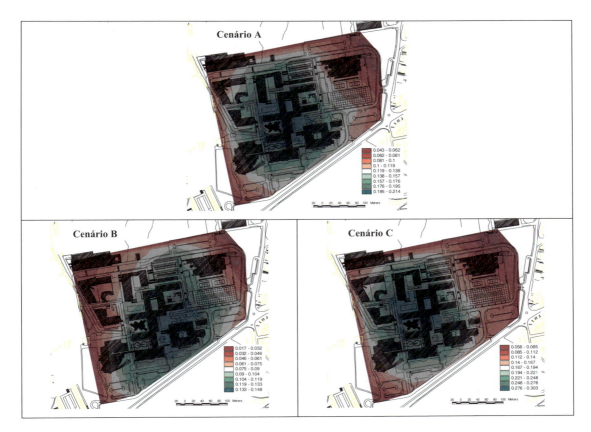

Figura 13 – Cenários de avaliação – Análise III

6. CONCLUSÕES

Neste artigo, foi apresentado um modelo para a avaliação multicritério de acessibilidade em ambiente SIG. Sendo avaliada a acessibilidade em relação a um determinado número de destinos-chave, estes funcionam como critérios ao longo do processo de avaliação, permitindo que possuam importâncias distintas que serão traduzidas em contribuições diferenciadas no valor final do índice de acessibilidade

Este modelo oferece três modos de avaliar a acessibilidade: uma avaliação a todos os destinos-chave, uma avaliação a grupos de destinos-chave e uma última que permite gerar cenários de avaliação, manipulando a atitude de risco (*ANDness*) e a compensação entre critérios (*trade-off*). Estas várias vertentes foram aplicadas em três casos de estudo, também aqui apresentados. Estes trabalhos permitiram demonstrar a validade do modelo proposto bem como a sua adequabilidade e adaptabilidade a estudos que envolvam a avaliação de acessibilidade. Defende-se também a integração directa no ambiente SIG dos métodos de avaliação multicritério, por constituir uma orientação que leva a uma potenciação e a um aumento da utilidade dos SIGs em tarefas de avaliação (Carver, 1991; Arentze *et al.*, 1994a).

REFERÊNCIAS

Allen, W. B., D. Liu e S. Singer (1993) Accessibility Measures of U.S. Metropolitan Areas. *Transportation Research, Part B, Methodological,* v. 27, n. 6, p. 439-450.

Arentze, T. A.; A. W. J. Borgers, H. J. P. Timmermans (1994a) Geographical Information Systems in the Context of Multipurpose Travel: A New Approach. *Geographical Systems*, v. 1, n. 4, p. 87-102.

Arentze, T. A.; A. W. J. Borgers e H. J. P. Timmermans (1994b) Multistop-based Measurements of Accessibility in a GIS Environment. *International Journal of Geographical Information Systems*, v. 8, n. 4, p. 343-356.

Aultman-Hall, L.; M. Roorda e B. W. Baetz (1997) Using GIS for Evaluation of Neighborhood Pedestrian Accessibility. *Journal of Urban Planning and Development*, v. 123, n. 1, ASCE, p. 10-17.

Bruinsma, F. e P. Rietveld (1998) The Accessibility of European Cities: Theoretical Framework and Comparison of Approaches. *Environment and Planning A*, v. 39, p. 499-521.

Carver, S. J. (1991) Integrating Multi-criteria Evaluation with Geographical Information Systems. *International Journal of Geographical Information Systems*, v. 5, n. 3, p. 321-339.

Eastman, J. R. (1997) *IDRISI for Windows: User's Guide. Version 2.0.* Clark University - Graduate School of Geography, Worcester, MA, USA.

Eastman, J. R.; H. Jiang e J. Toledano (1998) Multi-criteria and Multi-objective Decision Making for Land Allocation Using GIS. *In:* Beinat, E. e P. Nijkamp (*eds.*) *Multicriteria Analysis for Land-Use Management.* Kluwer Academic Publishers, Dordrecht, The Netherlands, p. 227-251.

Easton, A. (1973) *Complex Managerial Decision Involving Multiple Objectives.* John Wiley & Sons, New York, NY, USA.

Geertman, S. C. M. e J. R. R. Van Eck (1995) GIS and Models of Accessibility Potential: An Application in Planning. *International Journal of Geographical Information Systems*, v. 9, n. 1, p. 67-80.

Goto, M.; A. N. R. Silva e J. F. G. Mendes (2001) Uma Análise de Acessibilidade sob a Ótica da Eqüidade – O Caso da Região Metropolitana de Belém, Brasil. *Engenharia Civil/Civil Engineering*, Departamento de Engenharia Civil da Universidade do Minho, Guimarães, Portugal, n. 10, p. 55-66.

Hoggart, K. (1973) *Transportation Accessibility: Some References Concerning Applications, Definitions, Importance and Index Construction.* Council of Planning Librarians: Exchange Bibliography 482, Monticello, IL, USA.

Ingram, D. R. (1971) The Concept of Accessibility: A Search for an Operational Form. *Regional Studies*, v. 5, n. 2, p. 101-107.

Lima, J. P., Ramos, R. A. R., Rodrigues, D. S., e Mendes, J. F. G. (2002) Avaliação Multicritério da Acessibilidade: Um Estudo de Caso na Sub-Região do Vale do Cávado, Norte de Portugal. Anais do XIII Congresso de Pesquisa e Ensino em Transportes, ANPET, São Carlos, v. 2, p. 459–470

Love, D. e P. Linquist (1995) The Geographical Accessibility of Hospitals to the Aged: A Geographic Information Systems Analysis within Illinois. *Health Services Research*, v. 29, n. 6, p. 629-652.

Mackiewicz, A. e W. Ratajczak (1996) Towards of New Definition of Topological Accesibility. *Transportation Research, Part B, Methodological*, v. 30, n. 1, p. 47-79.

Malczewski, J. (1999) *GIS and Multicriteria Decision Analysis.* John Wiley & Sons, New York, NY, USA.

Mendes, J. F. G (2001) Multicriteria Accessibility Evaluation using GIS as Applied to Industrial Location in Portugal. *Earth Observation Magazine*, v. 10, n. 2, p. 31-35.

Morris, J. M.; P. L. Dumble e M. R. Wigan (1979) Accessibility Indicators for Transport Planning. *Transportation Research, Part A, Policy and Practice*, v. 13, n. 2, p. 91-109.

Osgood, C. E.; G. J. Suci e P. H. Tannenbaum (1957) *The Measurement of Meaning.* Universidade of Illinois Press, Urbana, IL, USA.

Ramos, R. A. R. (2000) *Localização Industrial. Um Modelo Espacial para o Noroeste de Portugal.* Tese de Doutoramento. Universidade do Minho, Braga, Portugal.

Rodrigues, D. S. (2001) *Avaliação Multicritério da Acessibilidade em Ambiente SIG.* Dissertação de Mestrado. Universidade do Minho, Braga, Portugal.

Rodrigues, D. S., Silva, A. N. R. e Mendes, J. F. G. (2002) Avaliação Multicritério e Sig Vectorial: Uma Alternativa Para Planeamento De Transportes. Anais do XIII Congresso de Pesquisa e Ensino em Transportes, ANPET, São Carlos, v. 2, p. 471–482.

Saaty, T. L. (1977) A Scaling Method for Priorities in Hierarchical Structures. *Journal of Mathematical Psychology*, v. 15, n. 3, p.234-281.

Saaty, T. L. (1980) *The Analytical Hierarchy Process: Planning, Priority Setting, Resource Allocation.* McGraw-Hill, New York, NY, USA.

Saaty, T. L. (1987) Concepts, Theory, and Techniques: Rank Generation, Preservation, and Reversal in the Analytic Hierarchy Decision Process. *Decision Sciences*, v. 18, n. 2, p. 157-177.

Schoon, J. G., M. MacDonald e A. Lee (1999) Accessibility Indices: Pilot Study and Potential Use in Strategic Planning. *Proceedings of the 78th Annual Meeting of the Transportation Research Board* (em CD-ROM), Transportation Research Board, Washington, DC, USA.

Shen, Q. (1998) Location Characteristics of Inner-city Neighborhoods and Employment Accessibility of Low-wage Workers. *Environment and Planning B*, v.25, p. 345-365.

Silva, A. N. R. (1998) *Sistemas de Informações Geográficas para o Planejamento de Transportes*. Tese de Livre-docência. Escola de Engenharia de São Carlos, Universidade de São Paulo, São Carlos, SP.

Silva, A. N. R.; A. A. Raia Jr. e C. W. R. Bocanegra (2002) Exploring an ANN Modeling Approach that Combines Accessibility and Mobility into a Single Trip Potential Index for Strategic Planning. *Proceedings of the 81st Annual Meeting of the Transportation Research Board* (em CD-ROM), Transportation Research Board, Washington, DC, USA.

Stillwell, W. G., D. A. Seaver e W. Edwards (1981) A Comparison of Weight Approximation Techniques in Multiattribute Utility Decision Making. *Organizational Behavior and Human Performance*, v. 28, n. 1, p. 62-77.

Tagore, M. R. e P. K. Sikdar (1995) A New Accessibility Measure Accounting Mobility Parameters. *Proceedings of the 7th World Conference on Transport Research*, The University of New South Wales, Sydney, Austrália, v. 1, p. 305–315.

Talen, E. e L. Anselin (1998) Assessing Spatial Equity: An Evaluation of Measures of Accessibility to Public Playgrounds. *Environment and Planning A*, v. 30, p. 595-613.

Turró, M.; A. Ulied, A. Esquius e E. Cañas (2000) Definición del Indicador de Conectividad ICON. *Memorias del IV Congreso de Ingeniería del Transporte*, Valencia, Espanha, v.1, p. 21-29.

Van der Waerden, P.; H. Timmermans, J. Smeets e A. N. R. Silva (1999) The Validity of Conventional Accessibility Measures: Objective Scores versus Subjective Evaluations. *Anais do XIII Congresso de Pesquisa e Ensino em Transporte*s, ANPET, São Carlos, v. 1, p. 40–49.

Voogd, H. (1983) *Multicriteria Evaluation for Urban and Regional Planning*. Pion, London.

Yager, R. R. (1988) On Ordered Weighted Averaging Aggregation Operators in Multicriteria Decision Making. *IEEE Transactions on Systems, Man, and Cybernetics*, v. 8, n. 1, p.183-190.

Zadeh, L. A. (1965) Fuzzy Sets. *Information and Control*, v. 8, p. 338-353.

8
Sistema de Equipamentos de Educação e Custos de Transporte

Renato S. Lima

RESUMO

O objetivo desse trabalho é apresentar uma ferramenta de análise espacial para auxiliar o poder público no planejamento e na gestão de equipamentos de educação (creches e escolas), no que concerne basicamente à melhor localização das unidades e à melhor distribuição dos usuários por essas unidades, buscando reduzir os custos de transporte.

O trabalho apresenta inicialmente algumas questões do planejamento de equipamentos públicos, em especial os de educação, seguidos de uma análise dos conceitos relativos às ferramentas de apoio à decisão espacial. A partir daí, foram formuladas as bases de uma metodologia para apoiar tanto a implantação de novas creches e escolas quanto a utilização eficiente das unidades já existentes.

Os fundamentos da metodologia concebida são apresentados a partir de uma aplicação prática conduzida na cidade de São Carlos (SP, Brasil). Os resultados dessa aplicação mostraram que quando se pensa em racionalizar os custos de deslocamento, a principal ação a ser empreendida é a redistribuição dos alunos às unidades existentes antes de se pensar na abertura de novas unidades.

De maneira mais geral, pode-se afirmar que a obtenção de dados e a montagem de uma base de dados sólida e confiável é o grande obstáculo para projetos dessa natureza.

1. INTRODUÇÃO

O bem-estar de qualquer sociedade depende, entre outros fatores, da maior ou menor facilidade com que seus membros possam ter acesso aos bens e serviços indispensáveis a um pleno desenvolvimento da vida humana. As estruturas físicas através das quais os referidos bens e serviços são postos à disposição da comunidade têm a designação genérica de equipamentos coletivos. Os equipamentos coletivos apresentam uma tipologia muito diversa, abrangendo setores tão distintos como a administração, a justiça, a educação, a saúde, a segurança, a cultura, o esporte, entre outros. A oferta dos equipamentos referidos é, em certos casos, competência do poder público e, em outros casos, da iniciativa privada, com ou sem fins lucrativos. No caso do Brasil e de Portugal, a intervenção pública é bastante relevante, quer de forma direta quer de forma indireta, através de subsídios. A importância dos objetivos e dos investimentos que se associam à instalação e exploração dos equipamentos coletivos faz com que a respectiva oferta seja, ou pelo menos devesse ser, objeto de um cuidadoso planejamento.

Em termos gerais, dois padrões de localização de instalações de serviços e equipamentos urbanos devem ser considerados: o de estar o mais próximo possível da demanda (com o intuito de reduzir custos de transportes) e o de reduzir ao máximo os custos com instalações, seja pela escolha de uma localização devido ao custo financeiro, ou pela quantidade de instalações a serem estabelecidas. As duas considerações são conflitantes, visto que, para uma determinada instalação estar mais próxima da demanda a servir, implica dizer que um maior número de unidades terá que ser ofertado, onerando gastos com instalação. Com isso, a análise de localização e distribuição dessas instalações não pode se dar de modo separado, visto ainda que devem ser respeitados níveis de acessibilidade mínimos à população (Leonardi, 1981).

Dadas as usuais restrições de recursos para a construção e manutenção de novas unidades de serviço à comunidade, uma melhor organização espacial das já existentes seria uma estratégia lógica a ser seguida. Além disso, quanto mais próximo a demanda estiver da oferta, por exemplo, quanto mais perto da escola os alunos residirem, menores serão as necessidades de deslocamentos dos cidadãos e, por conseguinte, a necessidade por transportes, tanto público quanto privado. Em distâncias pequenas, pode-se cada vez mais realizar deslocamentos a pé, sabidamente o meio de transporte mais barato e eficiente que existe, mas fortemente influenciado, no momento da escolha pelo usuário, pela distância ao destino final a ser percorrida.

No Brasil, observa-se de modo geral a falta de uma metodologia adequada para a implantação de equipamentos coletivos públicos e da utilização de modo racional desses equipamentos. Os problemas daí decorrentes são freqüentemente agravados, no caso da imensa maioria das cidades médias brasileiras, pela ausência de planejamento urbano, de forma mais ampla. Esse foi o ponto de partida para esse trabalho cujo objetivo principal é apresentar uma ferramenta de análise espacial desenvolvida para auxiliar o poder público no planejamento e na gestão dos equipamentos coletivos de educação, especificamente Creches e Escolas de Educação Infantil (EMEIs), no que concerne basicamente à melhor localização das unidades e à melhor distribuição dos usuários por essas unidades, buscando reduzir os custos de transporte. Os fundamentos do sistema concebido são apresentados a partir de uma aplicação prática conduzida na cidade de São Carlos (SP), desenvolvida em um Sistema de Informações Geográficas (SIG), tendo por base dados dos últimos censos demográficos do IBGE (Instituto Brasileiro de Geografia e Estatística) e dados obtidos junto às Secretarias Municipais de Educação e Cultura. O foco do trabalho está em cidades de médio porte, uma vez que se presume que as grandes cidades (metrópoles) contam, em geral, com um maior número de estudos e equipes preparadas para enfrentar os problemas de planejamento urbano, enquanto que as pequenas cidades ainda não sofrem problemas sérios de crescimento. As cidades médias, por outro lado, enfrentam problemas que não exigem soluções muito sofisticadas por estarem ainda num estágio inicial, sendo plenamente viáveis ações de caráter preventivo, para que seu crescimento ocorra de forma planejada e controlada.

O trabalho apresenta inicialmente algumas questões do planejamento de equipamentos públicos, em especial os de educação, seguidos de uma análise dos conceitos relativos às ferramentas de apoio à decisão espacial. Em seguida, são feitas a definição do problema e a apresentação da metodologia de apoio à decisão espacial desenvolvida, através da aplicação em um estudo de caso. Por último, são apresentadas as conclusões do trabalho, seguidas das referências bibliográficas.

2. PLANEJAMENTO DE EQUIPAMENTOS COLETIVOS

Em termos gerais, um problema de planejamento de equipamentos coletivos é um problema de adequação entre a demanda por determinados bens e serviços e a oferta dos mesmos. Por um lado, existe a demanda por equipamentos, de que se conhece o valor inicial, e de que se conhecem as perspectivas de evolução, com relativa precisão a um futuro próximo, mas com incerteza para um futuro mais distante. Por outro lado, existe a oferta de equipamentos, de que se conhece a situação presente (Antunes, 2001).

O processo de planejamento tem por finalidade determinar a trajetória mais adequada para a rede de equipamentos ao longo do tempo, ou seja, esclarecer em que lugares e com quais características (capacidade e composição) devem ser instalados os equipamentos da rede em cada instante, de forma a assegurar a melhor resposta possível à demanda que foi identificada. O conhecimento dessa referida trajetória implica no conhecimento dos instantes em que novas unidades devem ser abertas, ou a expansão, redução da capacidade ou fechamento de unidades já existentes no início do processo de planejamento.

A primeira etapa de um processo de planejamento consiste na elaboração de um diagnóstico, que serve para caracterizar, com uma precisão tão elevada quanto possível, os problemas do momento presente; e de um prognóstico, para caracterizar problemas que possam vir a ocorrer num futuro mais ou menos distante. A segunda é a formulação da estratégia, que é a identificação das orientações e ações fundamentais a prosseguir. A terceira etapa é a definição do programa, constituída pela identificação da natureza e do calendário das medidas que permitirão cumprir os objetivos considerados e concretizar as opções estratégicas. Tanto a formulação da estratégia quanto a definição do programa são executadas através da sucessiva geração e avaliação de alternativas, seguindo critérios estabelecidos. No final, a melhor de todas as alternativas consideradas será a escolhida. Essa escolha é geralmente feita de modo perfeitamente sistemático, no sentido de não deixar de fora a melhor das alternativas, e para isso é comum à utilização de modelos de otimização (Antunes, 2001).

O resultado da descrição das etapas é o plano, documento onde se apresentam em termos acessíveis os aspectos fundamentais do diagnóstico/prognóstico, da estratégia e do programa. Em seguida, vem a implementação do plano, o qual, ao menos em tese, vai afetar a realidade existente aproximando-a dos objetivos formulados. A partir daí, começa a fase de gestão, que zela para que o plano se concretize com, no máximo, pequenos ajustamentos pontuais, dentro de limites que o próprio plano deve estabelecer.

O planejamento de equipamentos coletivos não pode ser efetuado com sucesso sem os valores de projeto corretos da demanda nos diferentes pontos da região de intervenção. O estabelecimento desses valores envolve sempre a determinação da evolução da demanda ao longo do tempo, que pode ser vista como a conjunção da evolução do universo que o equipamento se destina a servir com a evolução da taxa de utilização, por esse universo, do serviço que o equipamento se destina a proporcionar. Em quase todos os casos, o universo a considerar é a população, no todo ou em parte, cuja projeção da evolução é geralmente realizadas por métodos como Extrapolação de Tendências, Componentes do Crescimento ou Fatores de Evolução (para maiores detalhes, ver Antunes, 2001). A evolução da taxa de utilização pode ser espontânea ou provocada, geralmente pelo poder público. No caso espontâneo, o cálculo dos respectivos valores futuros pode ser feito também pelo método da extrapolação de tendências. No caso de não o ser, é necessário encontrar uma forma adequada de relacionar a variação da capitação com a intervenção de quem a produz (o poder público, por exemplo).

No caso da oferta, o objetivo é determinar soluções para problemas nos quais está essencialmente em causa a forma de se promover a oferta de um determinado serviço para suprir, da melhor maneira possível, a demanda por esse serviço. Esses são os chamados problemas de localização, onde se tem vários padrões de distribuição de demanda e vários possíveis centros para localização da oferta. A questão é determinar em quais desses centros e com quais características (e ainda, no caso de uma abordagem dinâmica, segundo qual calendário) devem ser instalados os equipamentos, observando-se as eventuais restrições de acessibilidade, capacidade, orçamentos etc, que seja necessário respeitar.

Segundo Lorena *et al.* (2001), problemas de localização como um todo tratam de decisões sobre onde localizar facilidades, considerando clientes que devem ser servidos de forma a otimizar algum critério. O termo "facilidades" é utilizado para designar fábricas, depósitos, escolas etc., enquanto "clientes" refere-se, respectivamente, a depósitos, unidades de vendas, estudantes etc. Tais problemas também são conhecidos como problemas de localização-alocação, devido ao processo de alocação dos pontos de demanda aos centros abertos. Os modelos normativos (enfoque microeconômico) são os indicados para os problemas de localização de equipamentos coletivos. São assim chamados porque buscam otimização de uma norma (medida de eficiência), sujeita às restrições operacionais relevantes, sendo resolvidos com base em técnicas de otimização matemática.

Modelos de localização de facilidades têm sido propostos, há algum tempo, como ferramentas de auxílio à decisão, principalmente quando uma base de dados geograficamente referenciada se encontra disponível. Nestes casos, os Sistemas de Informações Geográficas (SIG) podem auxiliar na coleta e análise desses dados, pois integram uma interface gráfica a uma base de dados georeferenciados, constituindo-se em poderosas ferramentas de análise e planejamento espacial. Em decorrência da sua capacidade de armazenar, exibir e manipular dados espacialmente distribuídos, a integração de algoritmos de localização aos SIG foi iniciada há alguns anos (Lorena *et al.*, 2001). As possibilidades de redistribuição da demanda implícitas nos modelos de localização e as vantagens de sua integração aos SIG podem e devem ser utilizadas no planejamento do sistema de equipamentos de educação no Brasil e em Portugal, proporcionando apoio às decisões relacionadas à localização desses serviços. Além disso, destaca-se o apoio do SIG ao processo decisório, permitindo uma melhor análise dos dados relevantes ao estudo, e uma melhor compreensão, por parte das autoridades (decisores), das diversas alternativas a sua disposição. Algumas considerações a respeito de apoio à decisão são apresentadas na próxima seção.

3. PROBLEMAS DE DECISÃO E APOIO À DECISÃO

O trabalho de Simon (1960) sobre problemas de decisão estruturados *versus* problemas de decisão não-estruturados tem sido a essência do conceito de sistemas de apoio à decisão, funcionando como base para a classificação dos problemas decisórios (Sprague & Watson, 1996), incluindo problemas de decisão espacial (Densham, 1991). Qualquer problema decisório situa-se em algum ponto de uma escala contínua que vai de problemas completamente estruturados a problemas sem estruturação alguma (Figura 1). As decisões estruturadas ocorrem quando o problema de decisão pode ser totalmente estruturado baseado no conhecimento técnico do decisor ou na teoria relevante sobre o assunto. Os problemas são repetitivos e rotineiros, e uma vez desenvolvido o procedimento computacional adequado, um computador pode resolver o problema estruturado até mesmo sem a participação de um decisor. No outro extremo no grau de estruturação das decisões estão as decisões não-estruturadas. Estas decisões acontecem quando os atores envolvidos no processo decisório não são capazes de estruturar o problema, e nem a teoria relevante sobre o assunto possibilita essa estruturação. Nesse caso, o decisor deve usar a sua experiência, empregando heurísticas e bom senso, sendo ele o único recurso para se chegar à decisão (Malczewski, 1999). A maioria dos problemas de decisão pode ser alocada em algum lugar entre esses dois casos extremos de decisões completamente estruturadas e não-estruturadas, sendo denominadas decisões semi-estruturadas. Esta é a área onde o conceito de Apoio a Decisão tem maior aplicação, na concepção dos Sistemas de Apoio à Decisão (SAD) e, em sua vertente espacial, os Sistemas de Apoio à Decisão Espacial (SADE).

Os primeiros Sistemas de Apoio à Decisão propriamente ditos surgiram nos anos 80 como um tipo de sistema completamente novo, que tentava suprir a deficiência da capacidade analítica dos sistemas de informações tradicionais. Esses novos sistemas mitigavam o desejo dos decisores por ferramentas analíticas de modelação e uma maior interação com o processo de solução do que a que se conseguia com os Sistemas de Gerência de Informações dos anos

70. Isto era possível através da integração, em um único ambiente, de sistemas gerenciadores de bancos de dados, modelos analíticos e visualização gráfica. Os SAD tornaram-se um recurso importante para os gerentes envolvidos, por exemplo, com problemas de localização de instalações, programação e distribuição da produção, planejamento de investimentos e outros problemas complexos (Galvão, 2000).

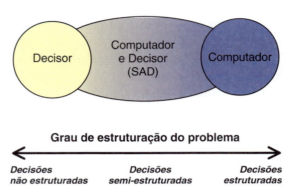

Figura 1 – Grau de estruturação do problema decisório (Malczewski, 1999).

A partir dos anos 90, as aplicações dos computadores em questões de planejamento em geral vêm mudando substancialmente em dois aspectos. Primeiro, a revolucionária redução, em termos de custo e tamanho, dos computadores (*hardware*) e, conseqüentemente, o desenvolvimento de *software* de utilização geral, mais acessíveis e com uma interface mais amigável ao usuário. Segundo, o desenvolvimento de sistemas computacionais gráficos, que fez com que os modelos computacionais da Pesquisa Operacional (PO), passassem por uma fase de reavaliação. O papel dos modelos de otimização da PO passou a ser bastante discutido. Ficou evidente que esses modelos teriam cada vez mais que ser embutidos em sistemas computacionais gráficos, de forma invisível ao usuário não-especialista. Em particular, com a divulgação mais intensa dos Sistemas de Informação Geográfica no final da década de 80, abriram-se amplas perspectivas para a inserção de modelos computacionais da PO nestes sistemas de informação (Galvão, 2000).

Entretanto, a capacidade analítica dos SIG não é capaz de atender satisfatoriamente parte dos problemas encontrados nos setores público e empresarial. Assim o conceito de sistemas de apoio à decisão vem sendo ampliado, dando origem aos Sistemas de Apoio à Decisão Espacial (SADE). Um SADE é explicitamente projetado para auxiliar o processo de decisão envolvendo problemas espaciais, problemas complexos que exijam algum tipo de análise espacial, constituindo-se em um ambiente que integra Sistemas de Informações Geográficas, modelos analíticos, recursos gráficos para representação do problema, interface amigável ao usuário e recursos para geração de tabelas e relatórios apropriados ao problema que esteja sendo abordado.

4. DEFINIÇÃO DO PROBLEMA

O planejamento de equipamentos coletivos de educação enquadra-se essencialmente na tipologia dos problemas de localização, tendo como característica específica a preocupação com os critérios de acessibilidade e cobertura da população (demanda) aos equipamentos urbanos de educação (oferta). Além da questão da localização, a alocação da demanda caracteriza-se como primordial, já que uma correta utilização dos equipamentos existentes desenha-se como preliminar ao investimento em novas unidades. Essa etapa necessita basicamente de bancos de dados bem estruturados para a incorporação ao SIG e, a partir de modelos matemáticos (já incorporados ou a serem incorporados ao SIG), gerar alternativas para melhorar a distribuição da demanda.

Uma vez que o objetivo almejado foi o desenvolvimento de uma Metodologia de Apoio à Decisão Espacial para otimizar a distribuição espacial dos serviços de educação em cidades médias brasileiras, buscando minimizar os custos de transporte (custos de deslocamento), o problema foi tratado em dois instantes:

- No presente, otimizando a distribuição da demanda atual com os equipamentos já existentes;
- No futuro, indicando a melhor alternativa de localização para novos equipamentos e otimizando a distribuição da demanda futura.

Para isso, os elementos que forneceram suporte teórico e operacional ao trabalho, subsidiando o desenvolvimento do modelo proposto foram basicamente:

- Os modelos teóricos de localização, em particular aqueles que tratam de equipamentos pontuais;
- Os modelos matemáticos "tradicionais" de alocação de demanda, para otimizar a distribuição espacial da demanda atual;
- Modelos de previsão de demanda, para antecipar necessidades futuras, em termos globais, por novos equipamentos;
- Os Sistemas de Informação Geográfica, como ambiente de desenvolvimento de modelos de natureza espacial, possuidores de potentes ferramentas de análise e processamento espacial, além de se configurar como plataforma operacional para os demais modelos mencionados.

Defende-se aqui que a reunião destes elementos compõe a Metodologia de Apoio à Decisão Espacial[1]. O problema foi abordado em três instantes, uma vez que o futuro foi desmembrado em dois: próximo e distante. Esta divisão temporal reflete-se no tipo de análise que se deve conduzir em cada fase, que é, por sua vez, fortemente condicionada pelos dados disponíveis.A metodologia definida consiste basicamente na apresentação dos elementos que devem ser considerados para cada um dos instantes propostos. Pela extensão e detalhamento da metodologia definida, esta será aqui apresentada através de uma aplicação prática conduzida na cidade de São Carlos, detalhada na próxima seção. O detalhamento completo da metodologia pode ser encontrado em Lima (2003).

5. ESTUDO DE CASO: SÃO CARLOS, SP, BRASIL

A metodologia concebida foi posta em prática para uma aplicação na cidade de São Carlos, SP, de forma a avaliar a sua real viabilidade. São Carlos pode ser considerada como uma típica cidade média brasileira, localizada na região central do estado de São Paulo, a 230 km da capital, com área urbana de cerca de 45 km^2 e sistema viário bastante denso, organizado predominantemente de forma ortogonal. Esta aplicação não teve por objetivo principal obter resultados numéricos precisos, mas sim testar a hipótese de que a integração de diversas técnicas e ferramentas de planejamento poderiam formar as bases de uma

---

[1] Optou-se por denominar o sistema desenvolvido como Metodologia de Apoio à Decisão Espacial e não de Sistema, uma vez que esse último termo pressupõe um grande desenvolvimento em termos de *software*.

Metodologia de Apoio à Decisão Espacial, a princípio, e posteriormente, de um Sistema de Apoio à Decisão Espacial.

5.1. Etapas preliminares

Nesse item são agrupados todos os aspectos referentes às etapas preliminares à aplicação da metodologia, que incluem o estabelecimento das suas bases, a definição da sua abrangência, estudos demográficos preliminares, a definição das medidas de desempenho a serem utilizadas e a caracterização geral da demanda e da oferta.

5.1.1. Estabelecimento das bases da metodologia

Durante as etapas iniciais de desenvolvimento do trabalho foi realizado um contato preliminar com o prefeito da cidade, com o intuito de se apresentar o trabalho e solicitar o acesso aos dados de educação. A Secretaria Municipal de Educação forneceu os dados de toda a demanda municipal de educação no ano 2000, que correspondem basicamente ao endereço e a escola que freqüentava cada um dos cerca de 7000 alunos da rede municipal de ensino público (incluindo Creches e EMEIs). De posse dos endereços dos alunos, o trabalho se defrontou com problemas de cadastro e endereçamento. Não havia um cadastro completo em SIG contendo os endereços da cidade. Apesar de se possuir uma base com os eixos das ruas digitalizados e o nome da maioria destas, construída na própria Universidade em projetos anteriores, a numeração das ruas estava atribuída apenas para a região central da cidade.

Em vista desse sério problema optou-se por uma solução alternativa. Foi levantado junto ao SAAE – Serviço Autônomo de Água e Esgoto de São Carlos – um cadastro, em planilha eletrônica, contendo as coordenadas UTM de todos os pontos da cidade onde se tem fornecimento de água (cerca de 52000 pontos), partindo da hipótese bem plausível de que todo lote (residência) que apresentasse demanda por serviços de educação ou saúde seria servido pela rede de água (segundo dados do próprio SAAE, a distribuição de água tratada atinge 99,5 % da população). Com esse cadastro, o SIG pode fazer uma busca pontual em seu banco de dados, identificando a posição exata do endereço de determinado aluno, por exemplo. Todos os detalhes dos procedimentos para montagem do cadastro de endereços utilizados nesse estudo de caso podem ser encontrados em Lima *et al.* (2001).

5.1.2. Definição da Abrangência do Sistema

O envolvimento apenas do governo municipal sugere que o sistema deverá abordar as crianças das creches e das EMEIs, cuja responsabilidade cabe ao município. A definição do "público-alvo" das creches e EMEIs está diretamente ligada à legislação em vigor, alocando as crianças de 0 a 3 anos em creches e de 4 a 6 anos em EMEIs. A definição da dimensão temporal (presente, futuro próximo e distante) é feita a partir da definição do ano de estabilização da população, apresentada a seguir nos estudos demográficos preliminares.

5.1.3. Estudos demográficos preliminares

O primeiro passo dos estudos demográficos foi a determinação do ano estabilização da população, doravante denominado de ano n, baseado nos dados anuais de população de São Carlos obtidos a partir de 1894. Aplicando-se o método de extrapolação de tendências para os últimos 30 anos (considerado como o que melhor reflete a tendência atual), estima-se que o ano n ocorra em 2023, com um valor de R^2 igual a 0,9824. Assim, o ano 0 (presente) foi definido como o ano 2000 e optou-se por realizar as análises no ano de 2004 (futuro próximo) e no ano de 2023 (futuro distante). No entanto, vale ressaltar que as análises poderiam ser efetuadas em todos os ano).

5.1.4. Medidas de Desempenho

De vital importância para a utilização da metodologia é a definição (ou apresentação) das medidas de desempenho que esta pode dispor para auxiliar o tomador de decisão. Nesse estudo de caso, foram utilizadas algumas medidas convencionais do planejamento de transportes, basicamente medidas de acessibilidade (custos de deslocamento máximos, médios e totais e índices globais de acessibilidade). Além disso, foram utilizadas porcentagens de realocações (porcentagens de alunos que deveriam trocar de Creche/EMEI para que o cenário em questão fosse implementado). Obviamente, essas medidas de desempenho podem ser alteradas de acordo com os dados disponíveis e de acordo com o enfoque com que se deseja conduzir a análise. No caso de uma análise puramente econômica, por exemplo, variáveis como o custo de instalação de novas unidades assumiria um papel bastante importante.

5.1.5. Caracterização Geral da Demanda e da Oferta

O passo seguinte foi caracterizar, de forma tão desagregada quanto possível, a demanda e a oferta. Essa etapa acaba por ser a questão crucial para um funcionamento eficaz da metodologia. Mais especificamente a caracterização da demanda, pois a partir da sua definição para o presente e projeções confiáveis para os futuros próximos e distante, a geração de cenários alternativos de decisão (ou cursos de ação) acaba por ser operacionalmente mais simples.

Estimados o ano n e a população anual até lá, é necessário pois que se conheça o padrão de distribuição espacial da demanda por serviços de educação e a evolução dessa distribuição ao longo dos anos até o ano n, dados que alimentarão as análises para o presente, o futuro próximo e o distante. Para o presente, essa distribuição foi obtida diretamente através do endereço de matrícula dos alunos; para os futuros próximo e distante, a distribuição espacial foi obtida através de modelos demográficos que projetavam a demanda por creches e EMEIs, construídos a partir da divisão espacial dos setores censitários do IBGE e da população por faixa etária de cada um dos setores. A descrição detalhada desse processo é apresentada em Lima (2003).

A seguir, cada um dos instantes de atuação da metodologia (presente, futuro próximo e distante) é apresentado de modo detalhado.

5.2. Presente

A avaliação da situação no presente tem enfoque predominantemente operacional, procurando fazer os ajustes necessários para que o sistema existente funcione com algumas alterações operacionais e, a princípio, poucos investimentos em novas infra-estruturas. Nessa etapa a ferramenta principal a ser utilizada são os modelos de localização-alocação, com os quais, a partir da demanda escolar georeferenciada, se busca uma redistribuição dos alunos que minimize os custos de deslocamentos dos usuários.

Assim, o primeiro passo para qualquer proposta de redistribuição da demanda é, com esta georefenciada e já incorporada ao SIG, avaliar a distribuição real dos alunos. Para isso, pode-se identificar no SIG a escola em que estuda cada um dos alunos, e começar o processo de análise por um procedimento extremamente simples, que é fazer um mapa temático onde os alunos de uma mesma escola apareçam identificados pelo mesmo padrão. Essa forma de comunicação da informação em geral produz grande impacto junto aos decisores, uma vez que a má distribuição espacial é facilmente identificada numa análise visual. A experiência no estudos de caso conduzido em São Carlos mostrou que isso é muito interessante para o trabalho, uma vez que comprova de forma imediata para o administrador público que realmente não existe um padrão racional para a distribuição espacial dos alunos e acaba por mostrar o valor das análises do trabalho. A título de exemplo, apenas a distribuição espacial das creches de São Carlos e de seus alunos é apresentada na Figura 2 (o procedimento completo é detalhado em Lima *et al.* (2001).

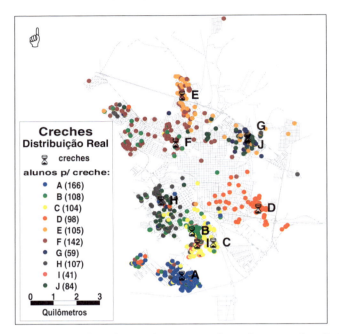

Figura 2 – Distribuição das creches e respectivos alunos em São Carlos

A maior concentração possível de alunos residindo próximo à unidade escolar que freqüentam é a situação desejável neste caso, de tal forma que o transporte para a escola possa ser feito predominantemente a pé. Contudo, os alunos mais afastados são os que devem ser o foco principal das análises, já que são esses os que realizam as maiores viagens. Em alguns casos observa-se que o aluno reside quase que no outro lado da cidade em que está situada a escola que freqüenta. Esse é um ponto negativo, uma vez que o aluno precisa viajar grandes distâncias para utilizar o sistema de ensino, muitas vezes necessitando valer-se de transporte motorizado para atingir o seu destino.

Assim, para uma primeira avaliação concreta do quadro existente na cidade foram calculadas, utilizando-se funções próprias do SIG, as distâncias, através do sistema viário, de cada um dos 6.934 alunos até a sua respectiva Creche ou EMEI, que corresponde ao custo de deslocamento individual. Com esses custos individuais foram identificados os valores mínimos e máximos e calculados os valores médios (e seus respectivos desvios padrão), os chamados custos médios de deslocamento, apresentados na Tabela 1 paras os alunos das creches e EMEIs.

Tabela 1 – Valores observados e estimados de população em São Carlos

Estabelecimento	Alunos	Custos de Deslocamento (km)			
		Mínimo	Máximo	Médio	Desvio Padrão
Creches	1.014	0,00	10,52	2,04	2,10
EMEIs	5.920	0,00	9,76	1,20	1,26

Conhecida a distribuição real da demanda e da oferta, pode-se iniciar a fase de geração de cenários, tanto de distribuição dos alunos como de possíveis localizações para novas creches e EMEIs, que minimizassem os valores de deslocamentos médios e máximos. Dois tipos de modelos foram utilizados: um em que não se estabelece restrição de capacidade das instalações e outro que inclui uma restrição de capacidade. O primeiro deles, denominado *Facility Location*, busca a melhor distribuição possível de uma série de clientes (nesse caso, alunos) para uma série de instalações (nesse caso, creches e EMEIs), buscando minimizar os deslocamentos (neste caso, médio ou máximo). O modelo pode incluir a abertura ou fechamento de novas unidades, indicando, nesses casos, qual deverá ser a localização da nova unidade ou qual das existentes deverá ser fechada. Não considera, no entanto, a capacidade das unidades, o que em alguns casos pode gerar como resultado uma redistribuição de alunos que não corresponda, na prática, ao real número de vagas oferecidas pelas creches e EMEIs. Como é imprescindível considerar as capacidades das escolas nos cenários elaborados, foi utilizado adicionalmente um segundo modelo, também conhecido como *Hitchcock Transportation Problem* (Caliper, 1996), que trabalha com fluxos em rede na busca da maneira mais eficiente de alocar uma série de clientes a uma série de instalações. Apesar de permitir a inclusão das capacidades das instalações, não considera, no entanto, a possibilidade de abertura e fechamento de novas instalações.

No caso das creches, uma análise inicial da distribuição real dos alunos já indica os altos valores dos custos médio (2,04 km) e máximo (10,52 km). Como estes valores são relativos apenas à viagem de ida, nos casos extremos algumas crianças deslocam-se diariamente cerca de 20 km para freqüentar a Creche, valor muito elevado para uma cidade do porte de São Carlos. Partindo-se dessa constatação inicial, observou-se que qualquer um dos cenários construídos (7 no total) apresentava resultados altamente satisfatórios, ainda que considerada apenas a redistribuição dos alunos, independente de abertura ou fechamento de novas unidades. Em um dos cenários, onde se simulava apenas a redistribuição dos alunos buscando minimizar o custo médio, foram obtidas reduções de 50 % no custo médio (1,01 km) e 47 % no máximo (5,53 km), com porcentagem de realocação de 43 % dos alunos. Resultados semelhantes foram obtidos nos outros cenários, com maiores ou menores reduções variando com o número de novas creches abertas ou fechadas. No caso das EMEIs, a distribuição real dos alunos não é tão ruim como a dos alunos das creches, uma vez que para um número bem maior de alunos (5.920) o custo médio é menor (1,20 km), apesar do máximo ainda ser bastante elevado (9,76 km). Mais uma vez, todos os 7 cenários construídos mostraram que é possível reduzir os valores dos deslocamentos. A redistribuição dos alunos buscando minimizar o custo médio conseguiria uma redução de 31 % no custo médio (0,82 km) e 41 % no máximo (5,74 km), com porcentagem de realocações de 29 %. Reduções maiores ou menores são obtidas, dependendo do número de EMEIs abertas ou fechadas.

Vale ressaltar que, obviamente, a geração dos cenários não significa que a Prefeitura deva implantá-los irrestritamente, obrigando os alunos a mudarem de escola, visto que isso é em alguns casos um processo bastante penoso. A finalidade desses cenários é mostrar que a situação atual está longe da ideal, e que medidas podem ser implantadas gradativamente com o intuito de melhorar a distribuição espacial dos alunos. Outro ponto a considerar é que a inclusão de fatores de atratividade ou outros fatores comportamentais no cálculo da acessibilidade poderia incrementar o modelo. É o caso das creches, por exemplo, em que se pode supor que os altos valores de deslocamento possam ser conseqüência das viagens de trabalho dos pais das crianças, que muitas vezes preferem deixar seus filhos numa creche próxima do seu local de trabalho. Contudo, a inclusão desse tipo de informação em modelos dessa natureza não é simples, condicionada sempre à disponibilidade de dados para pesquisa. Outra consideração importante e que não está sendo incorporada ao Sistema é a real demanda por serviços de educação existente na cidade. Os dados processados nos cenários consideram apenas os alunos realmente matriculados, não sendo considerada a real demanda, ou demanda reprimida, pois se existissem mais vagas disponíveis talvez mais crianças freqüentassem as creches, por exemplo.

Assim, pode-se afirmar que, para os padrões de atendimento atuais e sem se considerar a demanda reprimida, não haveria, a princípio, a necessidade de abertura de novas unidades, pois uma política de redistribuição de alunos poderia reduzir significativamente os custos de deslocamento. Isso não significa que a Prefeitura não deva abrir novas unidades, pois isso melhoraria o nível de atendimento e atenderia, sem dúvida, a uma parcela da demanda reprimida. Se essas duas medidas fossem tomadas em conjunto (redistribuição de alunos e abertura de novas unidades), o resultado é que uma parcela maior da população seria atendida com melhores níveis de acessibilidade.

5.3. Futuro Próximo

A etapa do futuro próximo deve ter uma abordagem essencialmente tática, onde se procura por soluções para melhorar as condições de funcionamento do que se está gerindo que não envolvam investimentos tão elevados e que possam dar soluções em período de tempo não muito longo. Isso inclui a abertura de novas unidades escolares, em regiões da cidade com comprovada carência de vagas que não puderam ser atendidas com a gestão da demanda em nível operacional feita na etapa do presente. Além disso, nessa etapa deve ser observado o mesmo tipo de gestão feito no presente, ou seja, uma abordagem operacional, mas nesse caso com caráter mais de acompanhamento e bom funcionamento do sistema do que com drásticas redistribuições de alunos. Em termos práticos, é preciso que se conheça para os próximos anos a população de crianças na faixa etária de creches e EMEIs e a respectiva distribuição espacial.

No estudo de caso conduzido em São Carlos, o passo inicial dessa etapa foi a construção de um modelo demográfico para a previsão da distribuição espacial da população futura na faixa etária de creches (0 a 3 anos) e EMEIs (4 a 6 anos). A construção desse modelo inicia-se com a construção de um modelo global, para estimar a distribuição espacial futura da população total da cidade. Para isso, foram obtidos os dados de população por setor censitário de São Carlos nos censos demográficos de 1980, 1991 e 2000. Com o auxílio do SIG, foram então calculadas as densidades demográficas por setor censitário nos três instantes. Esses valores foram transportados para uma planilha de cálculo, onde para cada setor foi ajustada uma curva de tendência (linear), observando um limite inferior igual a zero para não se estimar densidades negativas. Isto possibilita prever, por setor, a densidade populacional (e a população) para qualquer ano futuro. Obviamente, quanto mais distante esse futuro, menor será a precisão da estimativa. A partir das curvas de tendência ajustadas a cada setor no modelo global e de informações de população por faixa etária (e por setor censitário), foram construídos modelos para estimar a distribuição espacial da demanda por creches e EMEIs até o ano n (2023).

Uma observação importante é que, no caso das creches, por exemplo, o resultado do modelo representa o universo total de possíveis utilizadores das creches que, não necessariamente, será a demanda total por creches. Isso acontece porque nem todas as crianças de 0 a 3 anos freqüentam as creches, por diversos motivos: opção por creches particulares, demanda reprimida (quantas crianças migrariam das creches particulares para as públicas se aumentasse a oferta de vagas?), crianças que ficam em casa com os pais, os avós, ou uma babá, por exemplo. Numa situação de atendimento pleno deveriam ser fornecidas vagas a 100 % de crianças em idade de 0 a 3 anos, situação bastante improvável e provavelmente desnecessária. Em São Carlos, no ano 2000, num universo de 10.666 crianças com idade de 0 a 3 anos, 1164 crianças freqüentavam as creches municipais. Portanto, as vagas oferecidas pela administração atendiam a cerca de 10 % da população na faixa etária dos 0 a 3 anos (porcentagem de atendimento de 10 %). No caso das EMEIs, ainda em São Carlos, a porcentagem de atendimento era de cerca de 70%, de onde se pode concluir que, à medida que a criança vai crescendo, aumenta a procura por serviços de educação, no caso, municipais.

A partir da distribuição espacial da demanda deve-se prover a oferta necessária para absorvê-la. A hipótese básica a se considerar é que a oferta de vagas deva ser igual à demanda de projeto (porcentagem do universo da população que se pretende atender). A oferta total deverá ser igual à demanda total e, no caso da abertura de novas unidades, os modelos de localização-alocação indicam os pontos de abertura ou fechamento de novas unidades (caso seja necessário) e possíveis alterações nas capacidades das unidades. No caso de São Carlos, definido o ano correspondente ao futuro próximo (2004) e estimada a distribuição espacial da população total por creches e EMEIs nesse ano, iniciou-se a fase de geração de cenários, num processo semelhante ao utilizado na etapa do presente. O objetivo foi sempre minimizar o custo de deslocamento médio, considerando, no caso das creches a hipótese de se manter a porcentagem de atendimento observada em 2000 (10 %) e a de uma expansão de 50 % (15 %), para se analisar o efeito dessas hipóteses (associados à evolução da demanda) em termos de necessidade de novas unidades de oferta. Os resultados indicaram que, para se manter a porcentagem de atendimento em 10 %, seria necessária a abertura de 2 creches até 2004, com custo médio de deslocamento de 1,23 km (redução[2] de 40 %). Já a expansão da porcentagem de atendimento para 15 % implicaria na abertura de 7 novas creches (custo médio de 0,85 km, redução de 59 %). No caso das EMEIs, foi considerada apenas a hipótese de se manter em 2004 a mesma porcentagem de atendimento observada em 2000 (70 %). Para isso, seria necessária a abertura de 2 EMEIs (custo médio de 0,80 km, redução de 33 %).

Na etapas do futuro próximo (assim como do distante), a demanda é estimada de modo agregado aos setores censitários. Assim, no cálculo dos custos de deslocamento, considera-se que todos os futuros usuários terão como origem da viagem o centróide do setor censitário. No entanto, isso não deve acarretar grandes diferenças (num estudo comparativo, Lima *et al.*, 2001, mostraram que esse tipo de aproximação leva os custos de deslocamento a valores cerca de 5 % maiores do aqueles calculados de forma desagregada). Outro aspecto a considerar é que o número proposto de novas unidades admite que as capacidades no ano 2000 serão mantidas e adota como padrão a capacidade de 100 crianças para novas creches e 250 alunos para novas EMEIs. Obviamente, qualquer alteração nesses valores de capacidade implicaria em novos números e em novos cenários de distribuição, decisões que ficam a critério do planejador. Apesar da necessidade de um número maior de EMEIs, convém ressaltar que o número de alunos em EMEIs (5.920) é cerca de seis vezes o de crianças em creches (1.014), enquanto o número de EMEIs (22) é quase o dobro de creches (10). Assim, a abertura de uma nova creche representa um aumento de cerca de 10 % na capacidade total, enquanto a de uma EMEI, cerca de 5 % (considerando que todas unidades tivessem a mesma capacidade). Ainda, antes de se optar pela abertura de novas unidades no futuro próximo, deve-se avaliar o que acontecerá com a distribuição de alunos e custos de deslocamento no ano *n*, de forma a avaliar se o investimento era de fato necessário a longo prazo ou não, assunto que será detalhado na próxima seção.

5.4. Futuro Distante

Nessa etapa seão incluídas as análises de caráter estratégico para um futuro mais distante. O nível estratégico é aquele onde se planeja ações (investimentos, projetos etc.) de longo prazo, em geral com nível de investimento alto e com tempo de aplicação longo.

---

[2] Todos os percentuais de redução de deslocamento médio para o Futuro Próximo e Distante são calculados em relação aos valores reais observados em 2000: 2,04 km para creches e 1,20 km para EMEIs.

Fundamental para essa etapa são novamente os modelos de previsão de demanda. É preciso se conhecer qual é a tendência de evolução da demanda pelos serviços de educação na cidade em 20 ou 30 anos, o que é reflexo direto da evolução da população, principalmente das faixas etárias mais baixas. No Brasil, devido às previsões de estabilização da população dentro de algumas décadas, deverá ocorrer o envelhecimento gradual da população, ou seja, diminuição da população nas faixas etárias de menor idade. Com isso, deve-se ter cautela quanto à política de abertura de novas unidades escolares, uma vez que essa capacidade pode se tornar ociosa a longo prazo. No entanto, não é somente a evolução da população que pode influenciar nesse processo. O próprio crescimento físico da cidade pode ser responsável pela necessidade de abertura de novas unidades. Obviamente, todo esse processo é diferente para diferentes cidades: algumas cidades crescem mais rápido que outras, outras inclusive podem observar um decréscimo na população total ou um decréscimo mais acentuado em faixas etárias específicas. Associado a isso, é necessário que se saiba qual a evolução espacial dessa demanda a longo prazo na cidade, para saber em quais regiões e de que maneira a população tende a se modificar ao longo do tempo.

Na aplicação prática realizada em São Carlos, o modelo de previsão de demanda utilizado foi o mesmo utilizado para a etapa relativa ao futuro próximo, obtendo-se a distribuição espacial da demanda para o ano n (2023). Novamente, os de localização-alocação, buscando minimizar os custos de deslocamentos dos usuários. Os cenários gerados procuraram avaliar, a longo prazo, os efeitos de se manter as porcentagens de atendimento do ano 2000 (10 % para creches e 70 % para EMEIs) e de se efetuar grandes expansões nessas porcentagens de atendimento: para as creches, de 50 %, (de 10 % para 15 %) e de 100 % (de 10 % para 20 %); para as EMEIs, expandir a oferta para 100 % das crianças na faixa etária de atuação. Os resultados indicam que, no caso das creches, a opção de se manter a porcentagem de atendimento do ano 2000 (10 %) implicaria na abertura de 3 creches até o ano 2023 (custo médio de 1,17 km, redução de 43 %); a expansão da porcentagem de atendimento para 15 % implicaria na abertura de 9 creches (custo médio de 0,87 km, redução de 57 %); para 20 %, 16 creches (custo médio de 0,66 km, redução de 68 %). Para as EMEIs, 7 novas unidades atenderiam a demanda no ano 2023 para a porcentagem de atendimento de 70% (custo médio de 0,80 km, redução de 33 %) e, numa expansão limite para 100 % de atendimento, 20 novas EMEIs seriam necessárias (custo médio de 0,66 km, redução de 45 %).

Nessa etapa, um outro tipo de análise que deve ser efetuada a é a do efeito, no ano n, da abertura de novas unidades de oferta num futuro próximo, uma vez que, dependendo de como a distribuição espacial da demanda evolui, novas unidades podem tornar-se ociosas com o passar dos anos. Desse modo, os cenários gerados para o futuro próximo devem ser repetidos, agora com a distribuição espacial da demanda para o Futuro Distante, verificando se possíveis localizações para novas unidades se repetem nos dois instantes. Nessa situação, caso a abertura de uma unidade num futuro próximo fosse de fato efetuada, esta não estaria com oferta ociosa de vagas no ano n. Caso contrário (uma localização fosse indicado num futuro próximo e não num distante), haveria oferta ociosa a longo prazo.

A título de exemplo, a Figura 3 apresenta a localização espacial de novas creches[3] propostas para São Carlos no ano 2004, (Cenários 1 e 2) e no ano 2023 (Cenários 3, 4 e 5), além da sobreposição de todos os cenários (TODOS). Para 2004, um dos cenários de expansão da porcentagem de atendimento indicou a abertura da creche indicada pela letra M. Com a evolução admitida para a demanda, no ano 2023, a demanda que seria atendida por essa creche estaria distribuída em outras regiões da cidade, uma vez que sua abertura não é indicada por nenhum dos cenários 1, 2 e 3, o que tornaria a sua oferta de vagas ociosa a longo prazo. Por outro lado, a creche L, por exemplo, é candidata a abertura em todos os cenários.

---

[3] Em todos os cenários, as letras de A a J representam as creches já existentes

Portanto, analisando-se a evolução da demanda e as propostas de abertura de creches de outros cenários, os resultados indicam que uma boa opção seria a abertura da creche L já em 2004. Essa, no entanto, não precisa ser a opção adotada *a priori*, pois cabe ao decisor avaliar se a abertura da creche L seria interessante, por exemplo, por um período de 10 anos. Na hipótese de se verificar conflitos como esse, análises mais detalhadas devem ser efetuadas para se chegar a decisões fundamentadas nas evidências fornecidas pela metodologia.

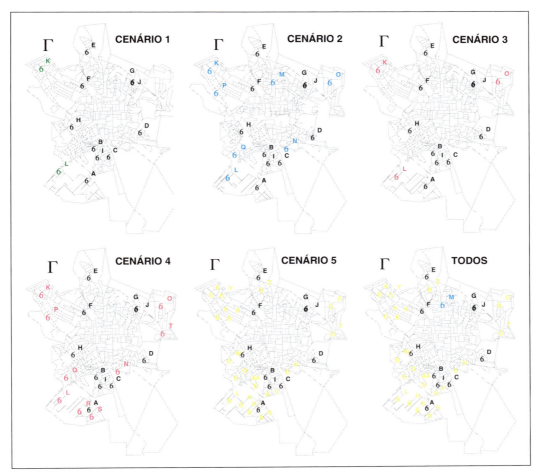

Figura 3 – Cenários de distribuição das creches em São Carlos

6. CONCLUSÕES

O objetivo do trabalho foi apresentar uma ferramenta de análise espacial que auxilie o poder público no planejamento e na gestão de creches e escolas, no que concerne basicamente à melhor localização das unidades e à melhor distribuição dos usuários por essas unidades, buscando reduzir os custos de transporte. Os resultados obtidos numa aplicação prática conduzida na cidade de São Carlos, SP, mostraram que quando se pensa em racionalizar os custos de deslocamento, a principal ação a ser empreendida é a redistribuição dos alunos às unidades existentes antes de se pensar na abertura de novas unidades. Os cenários simulados procuraram sempre ilustrar as situações extremas. Apesar da aplicação prática desses cenários muito provavelmente ser inviável, eles podem funcionar como parâmetro ideal, buscando-se uma distribuição que esteja entre a real (sabidamente ruim) e a ideal (com os menores custos de deslocamento).

Nas projeções de demanda efetuadas não foi observada redução em números absolutos de nenhuma faixa populacional, nem da população total, até o ano *n*, apenas um crescimento cada vez menor em termos relativos. Como conseqüência, não foram observadas situações em que a redução de demanda justificasse o fechamento de unidades de oferta, fato bastante comum em alguns países, como em Portugal, por exemplo. Ainda que possíveis reduções possam acontecer em regiões específicas dentro da cidade, como conseqüência das variações internas de densidade populacional, essa reduções não chegam a impor a necessidade de fechamento de unidades de oferta, uma vez que o impacto dessas reduções localizadas de demanda sobre os custos de deslocamento é pequeno.

De maneira mais geral, pode-se afirmar que a obtenção de dados é o grande obstáculo para pesquisas dessa natureza. A montagem de uma base de dados sólida e confiável é, sem dúvida, o ponto crucial para a execução de projetos como esse. O uso de ferramentas computacionais avançadas não trará benefício algum caso não se obtenham os dados de entrada necessários. Mais importante do que os resultados numéricos obtidos foi a confirmação de que é possível se utilizar as diversas ferramentas de planejamento e gestão de modo integrado. A partir dessa metodologia, um investimento em desenvolvimento de *software* pode levar à construção de um efetivo Sistema de Apoio à Decisão Espacial.

REFERÊNCIAS

Antunes, A.P. (2001) *Lições de planeamento de equipamentos coletivos,* Faculdade de Ciências e Tecnologia da Universidade de Coimbra, Coimbra, Portugal.

Caliper (1996) *Routing and logistics with TransCAD 3.0,* Newton, Massachusetts, Caliper Corporation.

Densham, P.J. (1991) Spatial decision support systems. Em: *Geographical information systems: principles and applications*, Edit. D.J. Maguire e M.F. Goochild, London, Longman Scientific & Technical, **1**, 403-412.

Galvão, R.D. (2000) *Sistemas de apoio à decisão espacial para problemas de localização e distribuição,* Projeto integrado de pesquisa, Programa de Engenharia de Produção, Universidade Federal do Rio de Janeiro. <http://www.po.ufrj.br/projeto/>.

Leonardi, G. (1981) A unifying framework for public facility location problems – Part 1: a critical overview and some unsolved problems. *Environment and Planning A,* **13**, 1001-1024.

Lima, R.S.; Naruo, M.K., Rorato, R.J.; Silva, A.N.R. (2001) Influência da desagregação espacial da demanda por educação no cálculo das distâncias de deslocamento em uma cidade média. Em: *Anais do 20°. Congresso Brasileiro de Cartografia*, Porto Alegre, RS, 2001. (em CD ROM).

Lima, R. S. (2003) *Bases para uma metodologia de apoio à decisão para serviços de educação e saúde sob a ótica dos transportes,* 200p, Tese (Doutorado) – Escola de Engenharia de São Carlos, Universidade de São Paulo.

Lorena, L.A.N.; Senne, E.L.F.; Paiva, J.A.C.; Pereira M.A. (2001) Integração de modelos de localização a sistemas de informações geográficas, *Gestão e Produção*, **8(2)**, 180-195.

Malczewski, J. (1999) *GIS and Multicriteria Decision Analysis*, New York, J. Wiley & Sons.

Simon, H.A. (1960) *The new science of management decision,* New York, Harper & Row.

Sprague, R.H.; Watson, H.J. (1986) *Decision support systems: putting theory into practice,* Englewood Cliffs, New Jersey, Prentice-Hall.

Sprague, R.H.; Watson, H.J. (1996) *Decision support for management,* Upper Saddle River, New Jersey, Prentice Hall.

9
Uma Análise do Consumo de Energia em Transportes nas Cidades Portuguesas Utilizando Redes Neurais Artificiais

Paula T. Costa, José F.G. Mendes e Antônio N.R. da Silva

RESUMO

Estudos empíricos realizados em várias partes do mundo demonstraram a existência de uma forte relação entre o planeamento físico das cidades e o consumo de energia em transportes. Nos países industrializados, apesar desse consumo apresentar níveis elevados e crescentes, com altos custos económicos e ambientais associados, há ainda uma certa carência de estudos para entender melhor o fenómeno e de alguma forma procurar monitorá-lo.

O objectivo deste trabalho é dar um contributo nesta temática para o caso de Portugal, através da análise da situação das suas principais cidades, à excepção das zonas de Lisboa e Porto, identificando algumas das variáveis que caracterizam os aspectos físicos da cidade, bem como os aspectos socioeconómicos, que interferem, de forma significativa, no consumo de energia em transportes.

A análise foi realizada com Redes Neurais Artificiais, ferramenta que possibilita identificar e classificar as variáveis de acordo com suas importâncias relativas, neste caso em relação ao consumo de energia, que é a variável dependente do modelo.

Os resultados obtidos reforçam a tendência internacional ao confirmar a influência das *características da forma urbana* e *distribuição da população* no consumo de energia em transportes, sobrepondo-se mesmo aos itens *rede viária e acessibilidades* e *frota automóvel*.

1. INTRODUÇÃO

A partir da década de 90, e principalmente após a primeira Cimeira da Terra realizada no Rio de Janeiro em 1992 sobre a problemática da sustentabilidade em geral, e da sustentabilidade urbana em particular, tem crescido o interesse pelo conceito de *cidade compacta*, isto é, uma cidade com alta densidade e forma urbana adequada a um uso misto do solo. A *ideia* da cidade compacta - no que diz respeito a altas densidades, uso misto do solo, reutilização de terrenos urbanos abandonados e à reorganização dos sistemas de transportes - está a ser alvo de estratégias nas políticas de planeamento de muitos países. Este facto deve-se, em grande medida, à constatação de que existe, em cidades de várias partes do mundo, um grau de espalhamento urbano muito elevado. Uma das principais consequências deste espalhamento parece ser o excessivo consumo de combustíveis, que essencialmente, se deve à elevada quantidade e extensão das viagens efectuadas, todos os dias, por biliões de pessoas. Cidades mundialmente conhecidas, como Houston, Phoenix, Los Angeles, Perth, Adelaide e Sydney são exemplos de cidades espalhadas cujos sistemas de transporte são direccionados ao uso de automóvel.

Por este motivo alguns autores, como Newman & Kenworthy (1989a e 1989b) e Næss (1995), por exemplo, defendem o conceito de cidade compacta e, embora exista uma certa resistência por parte de outros investigadores (Gordon & Richardson, 1989, por exemplo) relativamente a esta solução, o que se apreende da leitura e análise de estudos empíricos já realizados em várias partes do mundo, é que de facto existe uma forte relação de variáveis relativas à forma urbana com o consumo de energia em transportes. De tal modo que, nas cidades mais espalhadas o consumo de energia para este fim é expressivamente mais elevado do que nas cidades compactas. A situação torna-se preocupante ao constatar-se que estes factores não são tidos em conta no planeamento das cidades dos países em desenvolvimento. É que o processo de espalhamento urbano está a atingir as cidades destes países, o que leva a que o consumo de energia em transportes tenha crescido consideravelmente e que as mesmas apresentem, hoje, patamares de consumo elevados (Silva *et al.*, 1999; Costa *et al.*, 2001). Nos países industrializados o consumo de energia tem-se mantido em níveis elevados e, pior do que isto, crescentes. Mais grave é a constatação de que, apesar dos custos que isto produz, tanto económicos como ambientais, muitos destes países ainda não realizaram estudos para entender melhor o fenómeno e de alguma forma procurar monitorá-lo.

Nos diversos estudos que relacionam forma urbana com consumo de energia em transportes foram analisadas cidades de diversos países, tais como: Estados Unidos, Canadá, Austrália, alguns países da Europa e Ásia (Newman & Kenworthy, 1989a e 1989b; Næss, 1995; Kenworthy & Laube, 1999a e 1999b); Snellen, 2002) e, mais recentemente, Brasil (Pampolha, 1999; Costa, 2001). Algumas destas pesquisas consistem em comparações dos modelos de consumo de energia entre cidades de diferentes países, como é o caso dos trabalhos de Newman & Kenworthy (1989a e 1989b) e Kenworthy & Laube (1999a e 1999b), que comparam cidades dos Estados Unidos, Canadá, Austrália, e de países da Europa e da Ásia. Outros estudos consideram cidades dentro de uma mesma região ou país, como é o caso de Næss (1995), para os países nórdicos, e Pampolha (1999), para o Brasil. Costa (2001) restringe mesmo a pesquisa a um único estado do Brasil, São Paulo, analisando os municípios com população superior a 50 mil habitantes.

No que se refere ao caso português são poucas as pesquisas nesta área (por exemplo, Costa *et al.*, 2002 e Costa, 2003), apesar da extrema relevância deste tipo de estudos. Tendo como justificação a escassez de estudos sobre o tema no país, pretende-se com este trabalho, que por sua vez se trata de uma versão resumida e revisada do estudo de Costa (2003), realizar uma análise semelhante às já desenvolvidas, considerando as principais cidades portuguesas, à excepção das zonas de Lisboa e Porto (por representarem casos particulares no universo das cidades do país). Pretende-se então contribuir para o tema, através de um estudo que permite inclusive identificar os principais factores relacionados com o planeamento urbano das cidades que, no caso específico de Portugal, resultam num maior ou menor consumo de energia em transportes.

Assim, o objectivo principal deste trabalho é identificar algumas das variáveis, que caracterizam tanto aspectos físicos como aspectos socioeconómicos, que interferem de forma significativa no consumo de energia em transportes, nas principais cidades portuguesas, utilizando as Redes Neurais Artificiais como ferramenta de modelação matemática. Além de identificar quais as variáveis mais importantes neste contexto, este trabalho visa, também, determinar as suas importâncias relativas no consumo de energia em transportes.

Este documento está organizado em cinco itens, incluindo esta introdução. No segundo item é feita uma breve revisão dos principais conceitos relativos às Redes Neurais Artificiais (à frente designadas por RNA), técnica empregada para o estudo. Na seqüência é apresentado o caso de estudo, contendo detalhes a respeito dos dados empregados, dos modelos de RNA elaborados e das estratégias adotadas para análise dos resultados. O texto termina com algumas breves conclusões baseadas nos resultados encontrados e com uma lista das referências bibliográficas nele citadas.

2. REDES NEURAIS ARTIFICIAIS

As Redes Neurais Artificiais foram a ferramenta matemática utilizada para análise da relação entre as variáveis estudadas e o consumo de energia em transportes. A modelação através de Redes Neurais Artificiais aparece como um substituto potencial aos modelos estatísticos convencionais, devido à fácil interface dos programas com o usuário e a não necessidade de conhecimento prévio da relação entre as variáveis envolvidas (Brondino, 1999). Prova da eficiência deste tipo de ferramenta são vários estudos efectuados na engenharia de transportes (Brega, 1996; Furtado, 1998; Brondino, 1999; Wermersch & Kawamoto, 1999; Coutinho Neto, 2000; Raia Jr., 2000; e Bocanegra, 2001), que têm relatado o bom desempenho deste método relativamente a modelos matemáticos convencionais.

De uma maneira geral, pode definir-se uma Rede Neural Artificial como um sistema constituído por elementos de processamento interligados, também chamados de neurónios artificiais, os quais estão dispostos em camadas (uma camada de entrada, uma ou várias intermédias e uma de saída) e são responsáveis pela não-linearidade da rede, através do processamento interno de funções matemáticas. Pode dizer-se que as RNA aprendem com exemplos. Estas possuem uma regra de aprendizagem, que é responsável pela modificação dos pesos a cada ciclo de iteração, de acordo com os exemplos que lhes são apresentados (Costa, 2001). O presente caso de estudo possui características específicas pelas quais se optou pela utilização deste modelo matemático. Não faria sentido utilizá-lo se fosse perfeitamente possível resolver o problema com modelos estatísticos ou um simples programa de computador.

A utilização de uma Rede Neural Artificial na solução de uma tarefa passa inicialmente por uma fase de aprendizagem, onde a rede extrai informações relevantes de padrões de informação apresentados para a mesma, criando assim uma representação própria para o problema. A etapa de aprendizagem consiste num processo iterativo de ajuste de parâmetros da rede, os pesos das conexões entre as unidades de processamento, que guardam, no final do processo, o conhecimento que a rede adquiriu do ambiente em que está a operar (Queiroz, 1999).

À rede são apresentados exemplos, escolhidos aleatoriamente do conjunto de dados, e os pesos são modificados de modo a minimizar as diferenças entre as respostas desejadas e as respostas realmente produzidas pela rede neural. O treinamento da rede é repetido até que ela chegue a um estado estável, a partir do qual não haja uma mudança significativa nos pesos. Desse modo, a rede aprende através de exemplos construindo um mapeamento entrada-saída para o problema em causa.

Nesta técnica de treinamento, fornecem-se além dos dados de entrada, as respostas desejadas (treinamento supervisionado), de tal forma que o processo ocorre de maneira bastante simples, ou seja, inicialmente atribui-se aos pesos valores aleatórios e, com eles, calcula-se a resposta da rede e então comparam-se os valores calculados com aqueles desejados (já conhecidos). Caso o erro não seja aceitável, faz-se o ajuste dos pesos proporcionalmente ao erro. O algoritmo que é o responsável por ajustar os pesos da rede, através de um mecanismo de correcção de erros, num número finitos de iterações, denomina-se *backpropagation*.

Uma das maiores dificuldades em se definir a estrutura de uma Rede Neural Artificial é o fiel dimensionamento da sua topologia. Normalmente, o número de camadas e o número de nós em cada camada são definidos em função de uma inspecção prévia dos dados e da complexidade do problema. Uma vez definida a topologia inicial, a estrutura final mais adequada para a modelação é normalmente obtida através de refinamentos sucessivos, que podem levar a um tempo de dimensionamento alto, já que este tem um grande componente empírico (Queiroz, 1999).

Contribuições para o Desenvolvimento Sustentável em Cidades Portuguesas e Brasileiras

O objectivo desta etapa de ajuste é a obtenção de uma topologia de rede que modele com precisão os dados do conjunto de treinamento, mas que também resulte numa aproximação com boa capacidade de generalização. No entanto, muitas vezes, os dados contêm implicitamente erros inerentes aos processos de amostragem. Desta forma, a aproximação através de Redes Neurais Artificiais deve ser feita visando a obtenção de uma estrutura que seja capaz de modelar os dados sem modelar o ruído contido neles, o que envolve a obtenção de um modelo que não seja muito rígido a ponto de não modelar fielmente os dados, mas que também não seja excessivamente flexível a ponto de modelar também o ruído.

O equilíbrio entre a rigidez e a flexibilidade da rede é obtido através do seu dimensionamento. Quanto maior a sua estrutura, maior o número de parâmetros livres ajustáveis e, consequentemente, maior a sua flexibilidade. Porém, quando os dados são apresentados à rede, não se tem real conhecimento de sua complexidade, daí a dificuldade do problema de dimensionamento.

Tendo, neste momento, uma ideia geral do funcionamento da ferramenta matemática utilizada, pode assim entender-se melhor as opções tomadas durante o estudo de caso, cuja descrição é feita no ponto seguinte.

3. O CASO DE ESTUDO

As principais fontes de informação para obtenção das variáveis estudadas foram: a Base de dados *Sales Index* (Marktest, 2002), o Atlas das Cidades de Portugal (INE, 2001) e a Base Geográfica de Referenciação da Informação BGRI (INE, 2002). As variáveis que podem influenciar o consumo de energia em transportes, que se encontravam disponíveis em Portugal e que foram reunidas para este estudo são apresentadas nas Tabelas 1 e 2. Importa, aqui, referir as dificuldades encontradas na obtenção de dados agregados ao nível da cidade, já que em Portugal a informação estatística agregada a este nível é escassa e, até há bem pouco tempo, quase nula. Em Portugal grande parte da informação estatística está agregada segundo Unidades Territoriais, algumas das quais são também limites administrativos do país, como são exemplos os concelhos e as freguesias. No entanto, no caso português esta divisão não corresponde necessariamente ao contorno da cidade, mas antes a uma área que pode englobar um ou mais aglomerados urbanos e uma zona envolvente, que em geral possui uma densidade inferior a estes (Costa, 2003). Só recentemente se obtiveram os resultados dos primeiros levantamentos efectuados para unidades territoriais de nível inferior - secção e subsecção estatística - a partir dos quais se produziu o Atlas das Cidades de Portugal (INE, 2002). Assim, no presente estudo foram utilizadas variáveis agregadas ao nível da cidade, que resultaram de dados provenientes de INE (2002), e variáveis agregadas ao nível do concelho, que foram obtidas em Marktest (2002).

As variáveis utilizadas agregadas ao nível do concelho são: População do concelho (2001), Densidade do concelho (2001), Frota de veículos pesados de passageiros (1998), Frota automóvel total (1998), Distância média entre a sede de município e sede de distrito (1998), Extensão da rede viária municipal (1996) e todas as actividades económicas (1998). Agregadas ao nível da cidade estão as variáveis: População da cidade (2001), Densidade da cidade (2001), Dimensão média das sociedades (1999) e Proporção da população do concelho que vive na cidade (2001).

Tabela 1 - Consumo de Energia Total Anual no Concelho

Variáveis de entrada	Designação
Relação entre a área do aglomerado urbano e a área do menor círculo envolvente	Area_cid/Area_circ
Factor Forma	FF
Proporção da população do concelho que vive na cidade	Prop_Pop
População do concelho	Pop_conc
Extensão da rede viária municipal	R_viaria
Frota de veículos pesados de passageiros	Frota_PP
Frota automóvel total	Frota_Total
Distância média entre a sede de município e a sede de distrito	Dist_Sede
Total de Pessoas ao Serviço - Agricultura, Silvicultura, Caça e Pesca	ECAE1R2
Total de Pessoas ao Serviço - Indústrias Extractivas	ECAE2R2
Total de Pessoas ao Serviço - Indústrias Transformadoras	ECAE3R2
Total de Pessoas ao Serviço - Produção e Distribuição de Electricidade, Gás e Água	ECAE4R2
Total de Pessoas ao Serviço - Construção	ECAE5R2
Total de Pessoas ao Serviço - Comércio, Hotelaria e Restauração	ECAE6R2
Total de Pessoas ao Serviço - Transportes, Armazenagem e Comunicações	ECAE7R2
Total de Pessoas ao Serviço - Actividades Financeiras, Imobiliárias e Serviços Prestados às Empresas	ECAE8R2
Total de Pessoas ao Serviço - Administração Pública, Educação, Saúde e Outros	ECAE9R2

Tabela 2 - Consumo de Energia Total Anual no Concelho *per capita*

Variáveis de entrada	Designação
Relação entre a área do aglomerado urbano e a área do menor círculo envolvente	Area_cid/Area_circ
Factor Forma	FF
Proporção da população do concelho que vive na cidade	Prop_Pop
Densidade da cidade	Dens_cid
Densidade do concelho	Dens_conc
Taxa de desemprego na cidade	Tax_Desemp
Dimensão média das sociedades na cidade	Dim_soc
Distância média entre a sede de município e a sede de distrito	Dist_Sede

3.1. Os modelos de RNA

O pré-processamento dos dados foi iniciado através de uma normalização, no intervalo compreendido entre zero e um, de todas as variáveis, tarefa que teoricamente facilita a aprendizagem da RNA. Seguidamente, geraram-se três diferentes conjuntos de dados, separados de forma aleatória, para cada um dos seguintes grupos: Energia Total e Energia *per capita*. Esta tarefa é necessária para que se obtenham diferentes conjuntos de Treinamento, Validação e Teste para a mesma RNA. Após este procedimento, seleccionaram-se as características da RNA: Topologia, Taxa de Aprendizagem (L) e *Momentum* (M). A selecção destes parâmetros foi empírica. No presente caso, deixou-se que o próprio *software* sugerisse os parâmetros e a partir daí variou-se a topologia e fizeram-se combinações diferentes para a Taxa de Aprendizagem e o *Momentum*.

As topologias das redes treinadas para o grupo de Energia Total foram: 17-20-1, 17-10-16-1 e 17-20-10-1; representando o primeiro valor, o número de neurónios na primeira camada, o segundo e terceiro valores (este último só nos casos em que houver quatro valores) o número de neurónios nas camadas intermédias e o último valor o número de neurónios na camada de saída. Da mesma forma, no grupo de Energia *per capita* foram treinadas as redes: 8-20-1, 8-10-16-1 e 8-30-1.

Assim foram treinadas 18 RNAs por cada conjunto, o que resulta em 54 redes para cada grupo de variáveis (Energia Total e Energia *per capita*). Treinadas as RNAs e obtidos os valores de Erro Relativo Médio (ERM) dos três conjuntos, fez-se a selecção da RNA que segundo este critério teria melhor desempenho. Para isso, utilizaram-se os erros obtidos para o conjunto de Validação. A média dos erros de Validação dos três conjuntos e respectivo desvio padrão iriam formar o ranking para a selecção da melhor RNA em cada caso.

No caso dos modelos com a variável de saída Energia Total, a melhor rede apresentou 17 neurónios na camada de entrada, 20 na camada intermédia e 1 neurónio na camada de saída, com L = 1,0 e M = 0,8, apresentando um erro relativo médio de 0,444 e desvio padrão 0,081.

Já no caso dos modelos com variável de saída Energia *per capita*, duas redes apresentaram praticamente o mesmo desempenho. A primeira, com estrutura 8-10-16-1, L = 1,0 e M = 0,6, resultou num ERM de 0,892 com desvio padrão de 0,126; a segunda, com estrutura 8-20-1, L = 0,8 e M = 0,6, resultou em um ERM = 0,893 com desvio padrão de 0,140. Embora a média dos erros não seja exactamente igual, é muito próxima e, nos dois casos, a análise das médias, em conjunto com os respectivos desvios padrões, levaria à selecção de qualquer um dos dois modelos. No entanto, uma vez que o método utilizado para o cálculo da importância das variáveis (Garson, 1991) permite determinar a importância das variáveis para redes com apenas uma camada escondida, no caso da Energia *per capita* a rede seleccionada foi aquela que possuía 8 neurónios de entrada, 20 neurónios na camada intermédia e 1 neurónio de saída.

Nesta altura, é possível efectuar uma análise dos resultados obtidos nos primeiros modelos gerados. Assim, no que diz respeito ao grupo de variáveis de Energia Total obteve-se um erro relativo médio (dos três conjuntos) de 0,444 e desvio padrão 0,081. Relativamente ao modelo da Energia *per capita* o erro relativo médio obtido foi bastante mais elevado que o modelo anterior: 0,893 (com desvio padrão 0,140).

O passo seguinte consistiu em determinar a importância das variáveis de entrada para cada modelo gerado, relativo às variáveis de saída Energia Total e Energia *per capita*, para as topologias seleccionadas. As importâncias relativas das variáveis foram obtidas através do método de Garson (1991) e são apresentadas nas Figuras 1 e 2.

3.2. Eliminação de variáveis de importância reduzida

Algumas alterações foram efectuadas com o intuito de aprimorar os resultados dos modelos. A primeira alternativa estudada foi efectuada a partir da análise dos resultados apresentados na Figura 1 e consistiu na eliminação das variáveis de menor importância relativa, a saber: ECAE8R2, ECAE5R2, ECAE4R2 e Frota_PP – conforme Tabela 1. Todas estas variáveis têm valores de importância relativa próximos ou inferiores a 4%. Constatada a sua reduzida importância, estas variáveis foram eliminadas no novo modelo, tendo como objectivo final melhorar o desempenho deste. Novos modelos foram então testados, o que resultou na rede com topologia 13-10-1, Taxa de Aprendizagem igual a 1,0 e *Momentum* igual a 0,8, como a de melhor desempenho.

Com o modelo obtido determinou-se novamente o respectivo desempenho, para os três conjuntos, para os dados de Validação. Além das relações entre os valores reais e estimados, outras medidas de desempenho foram utilizadas na avaliação, como é o caso de uma medida bastante comum em análises de regressão, que é o coeficiente R^2, além dos já citados Erros Relativos Médios (ERM), incluindo as médias e desvios padrão obtidos para os três conjuntos de dados. Estas medidas foram calculadas para os valores de Validação dos três conjuntos como mostrado na Tabela 3. Da observação dessa tabela pode-se concluir que o valor do erro se manteve relativamente aos valores encontrados anteriormente, excepto o conjunto 2, cujo valor do erro foi mais elevado. O resultado da importância relativa das variáveis pode ser observado na Figura 3.

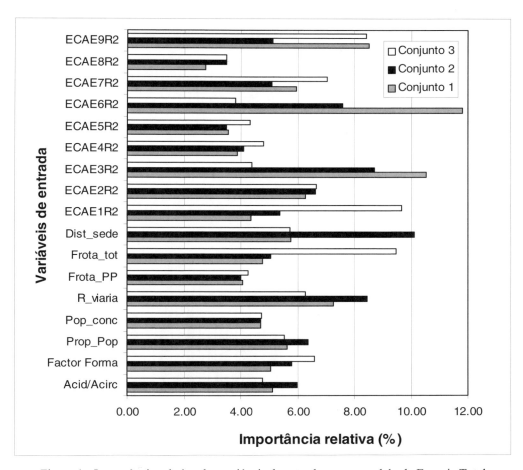

Figura 1 - Importância relativa das variáveis de entrada para o modelo de Energia Total para a melhor rede treinada (17-20-1; L = 1.0; M = 0.8)

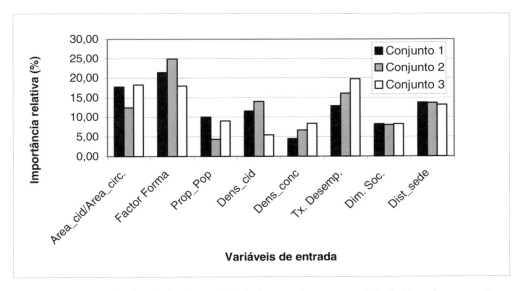

Figura 2 - Importância relativa das variáveis de entrada para o modelo de Energia *per capita* para a melhor RNA (8-20-1; L = 0.8; M = 0.6)

Tabela 3 - Valores de desempenho para os grupos de Validação dos modelos de
Energia Total, obtidos após eliminação das variáveis de menor relevância

CONJUNTO	R^2	ERRO RELATIVO	
		Média	Desvio padrão
1	0,29	0,44	0,28
2	0,00	0,80	1.07
3	0,71	0,41	0,39

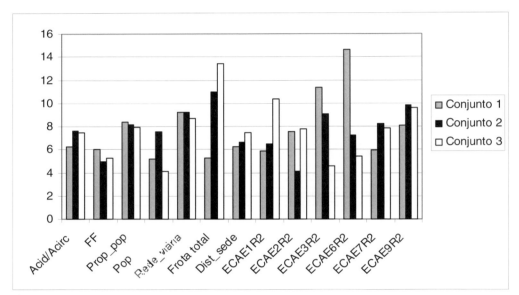

Figura 3 - Importância relativa das variáveis de entrada para o modelo de Energia Total,
após terem sido retiradas as variáveis de menor importância

No caso do modelo Energia *per capita* optou-se por não eliminar variáveis para gerar outros modelos, dado se considerar que o desempenho no modelo anterior não oferecia confiança necessária no resultado obtido no cálculo da importância das variáveis.

3.3. Inserção de uma variável classificatória

A seguir, a opção tomada para análise dos dados consistiu em elaborar mapas do país apresentando os erros relativos entre os valores reais e estimados de Energia Total para cada cidade, tendo em conta novamente todas as variáveis de entrada. Foram elaborados dois mapas com os valores de Validação e Teste, respectivamente, para cada um dos três conjuntos.

Como seria de esperar, os erros relativos dos dados de Teste apresentaram-se mais elevados que os de Validação, uma vez que os valores de Teste são totalmente desconhecidos pela rede, ou seja, servem para demonstrar a capacidade de generalização do modelo. Da observação do mapa de erro com os valores de Teste, verificou-se que algumas regiões possuíam erros mais elevados que outras, como são exemplos as regiões do Alentejo e Algarve. Por esse motivo propôs-se efectuar uma nova análise dos dados, introduzindo na rede uma variável que caracterizasse cada cidade por região (neste caso, por NUTs II –

nomenclatura europeia para divisões territoriais com fins estatísticos). Foi, então, gerada uma nova rede, com parâmetros propostos pelo próprio *software* (18-10-1; L = 0,6; M = 0,8), introduzindo a nova variável. Após o cálculo dos erros relativos de Validação e Teste para todas as cidades, observou-se que a média do erro tinha descido nos dois casos, conforme se pode constatar nas Tabelas 4 e 5.

Tabela 4 - Valores de desempenho do modelo de Energia Total, obtidos
para os dados de Validação após a inserção da variável classificatória.

CONJUNTO	R^2	ERRO RELATIVO	
		Média	Desvio padrão
1	0,77	0,24	0,18
2	0,78	0,41	0,32
3	0,44	0,40	0,50

Tabela 5 - Valores de desempenho do modelo de Energia Total, obtidos para
os dados de Teste após a inserção da variável classificatória.

CONJUNTO	R^2	ERRO RELATIVO	
		Média	Desvio padrão
1	0,57	0,82	0,96
2	0,45	0,68	0,82
3	0,50	0,55	0,50

Os dados de Validação comprovam o melhor desempenho do modelo após a inserção da variável classificatória. Assim, para o objectivo almejado neste trabalho pode concluir-se que o modelo caracteriza satisfatoriamente o problema e que é possível obter a importância das variáveis de entrada com aceitável rigor. As importâncias relativas das variáveis, calculadas através do método de Garson (1991), são apresentadas na Figura 4.

Com o intuito de obter uma melhor interpretação dos resultados e organização da informação obtida, associaram-se as variáveis de entrada do modelo, classificando-as nos quatro grupos listados a seguir, de acordo com suas características comuns:

- Caracterização da forma urbana e distribuição da população
- Rede viária e acessibilidade
- Frota automóvel
- Actividades económicas

A Tabela 6 apresenta as variáveis de entrada e os grupos em que estas foram classificadas, assim como os valores das importâncias relativas obtidas pelo método de Garson para os três conjuntos experimentados. Ainda na mesma tabela são apresentados os valores de importância relativa por grupo classificatório, para cada conjunto. Estes mesmos resultados podem ser visualizados graficamente na Figura 5.

142 Contribuições para o Desenvolvimento Sustentável em Cidades Portuguesas e Brasileiras

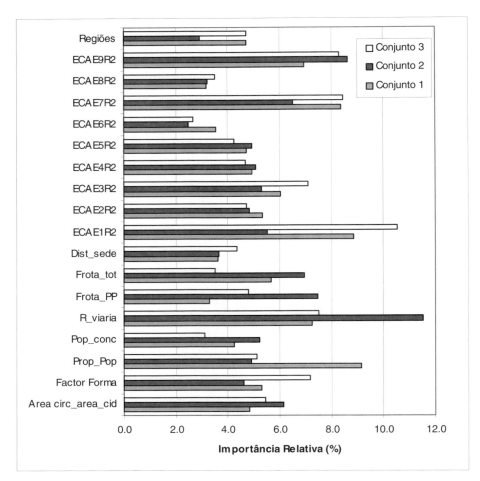

Figura 4 - Importância relativa das variáveis de entrada obtidas no modelo após
a introdução da variável classificatória.

Tabela 6 - Valores da importância relativa de cada variável e respectivos grupos classificatórios

	Variável	Conjunto 1	Conjunto 2	Conjunto 3	Média
Características da forma urbana e distribuição da população	Area circ_area_cid	4.84	6.15	5.43	
	Factor Forma	5.31	4.59	7.18	
	Prop_Pop	9.13	4.91	5.11	**25.88**
	Pop_conc	4.26	5.23	3.12	
	Regiões	4.73	2.91	4.73	
		28.26	**23.80**	**25.58**	
Rede vária e acessibilidade	R_viaria	7.24	11.51	7.51	
	Dist_sede	3.62	3.67	4.34	**12.63**
		10.86	**15.18**	**11.85**	
Frota automóvel	Frota_PP	3.30	7.48	4.79	
	Frota_tot	5.69	6.95	3.53	**10.58**
		8.98	**14.43**	**8.31**	
Actividades económicas	ECAE1R2	8.84	5.54	10.54	
	ECAE2R2	5.34	4.83	4.72	
	ECAE3R2	6.03	5.30	7.11	
	ECAE4R2	4.95	5.09	4.67	
	ECAE5R2	4.72	4.95	4.23	**50.91**
	ECAE6R2	3.56	2.48	2.68	
	ECAE7R2	8.36	6.53	8.47	
	ECAE8R2	3.17	3.22	3.53	
	ECAE9R2	6.94	8.64	8.31	
		51.89	**46.59**	**54.26**	

Da análise da Tabela 6 pode-se afirmar que os três conjuntos de dados são coerentes quanto ao valor da importância dos grupos classificatórios, o que não acontecia inicialmente com as primeiras redes testadas, relativamente às variáveis. Isto significa que o modelo gerado parece caracterizar bem a situação para os três conjuntos experimentados, ou seja, para valores de treinamento e validação diferentes, as importâncias relativas entre os grupos classificatórios mantêm-se. após esta constatação calcularam-se os valores médios da importância para cada grupo, como mostra a coluna da direita da Tabela 6, o que resultou no gráfico de sectores da Figura 5. Da análise desta figura pode concluir-se que o grupo de *actividades económicas* do concelho é o que maior influência tem no consumo de energia em transportes, com uma importância relativa de 50%. As *características da forma urbana e distribuição da população* constituem o grupo seguinte em termos de importância, com um valor de 26%, seguido pelos grupos *rede viária e acessibilidade*, com 13%, e *frota automóvel*, com 11%.

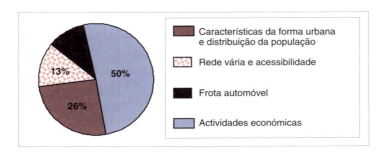

Figura 5 - Influência relativa dos grupos de factores urbanos e económicos
no consumo de energia em transportes

4. CONCLUSÕES

Através da leitura e análise de estudos internacionais já realizados sobre o tema pode-se constatar-se a existência de uma forte relação de variáveis relativas à forma urbana com o consumo de energia em transportes. Alguns destes estudos efectuaram comparações entre cidades de diferentes países, outros consideraram cidades de um único país e outros, ainda, debruçaram-se sobre o estudo de uma única região. O ponto em comum da maior parte destes estudos baseados em evidência empírica, no entanto, é que as cidades dispersas não seriam as mais eficientes em relação ao consumo de energia em transportes. Apesar de alguns poucos pesquisadores rejeitarem esta opinião, sustentando-se no argumento de que medidas económicas, como a variação do preço dos combustíveis, e custo de posse e de utilização do automóvel seriam suficientes e mais adequadas para economizar o consumo de energia em transportes, o que a experiência de muitas cidades demonstra é que o desconhecimento de questões relacionadas com o planeamento físico destas tem resultado em cidades cada vez mais espalhadas (com baixas densidades), desordenadas e anti-económicas no que respeita ao consumo de energia em transportes.

Este trabalho teve como principal objectivo acrescentar novos resultados à temática em estudo, analisando o impacto de variáveis que caracterizam tanto aspectos físicos, como aspectos socioeconómicos no consumo de energia em transportes, considerando as principais cidades portuguesas, à excepção das zonas de Lisboa e Porto.

O levantamento de dados centrou-se nas variáveis mais relevantes consideradas pela literatura existente sobre o tema, sendo incorporadas no modelo aquelas que se encontravam disponíveis em Portugal. É de salientar a dificuldade de aquisição de dados ao nível de agregação da cidade, devido à grande maioria das estatísticas disponíveis em Portugal serem agregadas ao nível do concelho, sendo, até há bem pouco tempo o nível de agregação mais baixo, a freguesia. Apenas a partir do último recenseamento (2001) o Instituto Nacional de Estatística disponibilizou dados da população e habitação agregados ao nível da secção e subsecção (unidades estatísticas inferiores à freguesia). Este facto, sem dúvida, acabou por limitar a aquisição dos dados estatísticos pretendidos.

A técnica de análise através das Redes Neurais Artificiais exige conceber uma série de topologias de rede diferentes e com diferentes valores de Taxa de Aprendizagem e *Momentum*, em busca de uma solução mais refinada. Desta forma, já na fase inicial do estudo foram testadas mais de 110 configurações diferentes, variando o número de camadas escondidas, o número de neurónios em cada camada, a taxa de aprendizado e o *Momentum*. Nas diversas redes experimentadas, seleccionou-se a de melhor desempenho, ou seja a que melhor modelava a situação pretendida, por possuir o menor erro relativo médio, no entanto, por não se ter encontrado uma solução satisfatória nos primeiros modelos, novas configurações de rede foram experimentadas à medida que o estudo foi avançando.

Os resultados obtidos nas análises aqui conduzidas vieram confirmar a influência das *características da forma urbana e distribuição da população* no consumo de energia em transportes. Além do *número de pessoas empregadas nas várias actividades económicas*, que revelou ser o grupo classificatório de maior importância na variação do consumo de energia, as *características da forma urbana e distribuição da população* revelaram ter elevada influência, sobrepondo-se mesmo aos grupos classificatórios *rede viária e acessibilidades* e *frota automóvel*.

Daqui pode constatar-se, que analogamente a cidades de outros países, também nas cidades portuguesas as características físicas da cidade e a organização espacial da população, parecem influenciar de forma expressiva o consumo de energia ao nível dos transportes. Os resultados obtidos reforçam a tese que para melhorar a eficiência energética das cidades é necessário apostar em políticas adequadas de planeamento físico. Neste sentido, tornam-se necessários estudos complementares que melhor caracterizem a influência do grau de dispersão das cidades portuguesas no consumo de energia em transportes. Apesar de incluídas no presente estudo, as características relativa à definição dos limites das cidades ainda podem ser refinadas. Este estudo demonstra que o Atlas das Cidades de Portugal teve um importante contributo para esta definição, no entanto constata-se que a falta de homogeneidade dos critérios utilizados pelas autarquias para a delimitação das cidades parece ter comprometido os valores das variáveis espaciais (área e perímetro) dele derivadas.

Um melhor planeamento físico das cidades (que pode passar por medidas de controle do seu excessivo espalhamento) e outras medidas de médio e curto prazo que possam contribuir para a redução do elevado nível de consumo de energia em transportes são relevantes e oportunas em Portugal. Isto certamente passa por definir estratégias para reduzir o excessivo uso automóvel com a consequente (re)valorização dos transportes públicos, contribuindo assim para a melhoria de importantes factores de qualidade de vida urbana (redução de congestionamentos de trânsito e poluição ambiental, uso mais adequado dos espaços urbanos, entre outros).

Em forma conclusiva, o presente estudo poderia ser aprofundado através da obtenção de dados mais refinados das variáveis socioeconómicas e, concretamente dos dados de consumo de energia em transportes, se possível agregados ao nível da cidade. Nesse sentido, a contribuição do Instituto Nacional de Estatística é fundamental, dando sequência à excelente iniciativa em que se constituiu o *Atlas das Cidades de Portugal*.

REFERÊNCIAS

Bocanegra, C. W. R. (2001) *Procedimentos para tornar mais efetivo o uso das redes neurais artificiais em planejamento de transportes*, Dissertação de Mestrado, Escola de Engenharia de São Carlos, Universidade de São Paulo, 97 p.

Brega, J. R. F. (1996) *A utilização de redes neurais artificiais em um sistema de gerência de pavimentos*, Tese de Doutorado, Escola de Engenharia de São Carlos, Universidade de São Carlos, 234 p.

Brondino, N. C. M. (1999) *Estudo da influência da acessibilidade no valor de lotes urbanos através do uso de redes neurais*, Tese de Doutorado, Escola de Engenharia de São Carlos, Universidade de São Paulo, 146 p.

Costa, G. C. F. (2001) *Uma avaliação do consumo de energia com transportes em cidades do estado de São Paulo*, Dissertação de Mestrado, Universidade de São Paulo, Escola de Engenharia de São Carlos, 103 p.

Costa, G. C. F.; Silva, A. N. R.; Carvalho, A. C. P. L. F. (2001) *Uma análise do consumo de energia com transportes em zonas urbanas utilizando redes neurais artificiais*, Anais do XV Congresso de Pesquisa e Ensino em Transportes, ANPET, Campinas, v. 2, p. 183-190.

Costa, P. T.; Mendes, J. F. G.; Silva, A. N. R. (2002) *Uma análise do consumo de energia em transportes nos municípios portugueses*, Anais do XVI Congresso de Pesquisa e Ensino em Transportes, ANPET, Natal, v. 1, p. 297-308.

Costa, P. T. (2003) *Uma análise do consumo de energia em transportes nas cidades portuguesas utilizando Redes Neurais Artificiais*, Dissertação de Mestrado, Universidade do Minho, Escola de Engenharia, 133 p.

Coutinho Neto, B. (2000) *Redes neurais artificiais como procedimento para retroanálise de pavimentos flexíveis*, Dissertação de Mestrado, Escola de Engenharia de São Carlos, Universidade de São Paulo, 119 p.

Furtado, A. N. D. (1998) *Uma nova abordagem na avaliação de projetos de transporte: o uso das redes neurais artificiais como técnica para avaliar e ordenar alternativas*. Tese de Doutorado, Escola de Engenharia de São Carlos, Universidade de São Paulo, 249 p.

Garson, D. G. (1991) *Interpreting neural-network connection weights*, AI Expert. April, p. 47-51.

Gordon, P.; Richardson, H. W. (1989) *Gasoline consumption and cities: A reply*, Journal of the American Planning Association, v. 55, n. 3, p. 342-346.

INE (2001) *Base Geográfica de Referenciação de Informação*, Instituto Nacional de Estatística, Lisboa, Portugal.

INE (2002) *Atlas das Cidades de Portugal*, Instituto Nacional de Estatística, Lisboa, Portugal.

Kenworthy, J. R.; Laube, F. B. (1999a) *Patterns of automobile dependence in cities: an international overview of key physical and economic dimensions with some implications for urban policy*, Transportation Research Part A, , v. 33, p. 691-723.

Kenworthy, J. R.; Laube, F. B. (1999b) *An international sourcebook of automobile dependence in cities, 1960-1999*, University Press of Colorado.

Marktest (2002) *Sales index base de dados 2002.*

Newman, P. W. G.; Kenworthy, J. R. (1989a) *Gasoline consumption and cities: a comparison of U.S. cities with a global survey*. Journal of the American Planning Association, v. 55, n. 1, p. 24-37.

Newman, P. W. G.; Kenworthy, J. R. (1989b) *Cities and automobile dependence: a source book*, Aldershot, England, Gower Technical, 388 p.

Næss, P., (1995) *Urban form and energy use for transport. A Nordic experience*. Ph.D. Thesis. Trondheim, NTH.

Næss, P.; Sandberg, S. L.; Røe, P. G. (1996) *Energy use for transportation in 22 Nordic towns*, Scandinavian Housing & Planning Research, v. 13, p. 79-97.

Pampolha, V. M. P. (1999) *Espalhamento urbano e consumo de energia para transportes: o caso das capitais brasileiras*, Tese de Doutorado, Escola de Engenharia de São Carlos, Universidade de São Paulo, 197 p.

Queiroz, F. D. O. (1999) *Um ambiente de redes neurais para Web*, Universidade Federal de Pernambuco, Centro de Ciências Exactas e da Natureza, Recife.

Raia Jr., A. A. (2000) *Acessibilidade e mobilidade na estimativa de um índice de potencial de viagens utilizando redes neurais artificiais*, Tese de Doutorado, Escola de Engenharia de São Carlos, Universidade de São Paulo, 202 p.

Silva, A. N. R.; Lima, R. S.; Waerden, P. V. (1999) *The Evaluation of Urban Network Patterns with a Global Accessibility Index in a GIS Environment*, Anais do 6th International Conference on Computers in Urban Planning and Urban Management, Veneza, Itália, em CD-ROM.

Snellen, D. (2001) *Urban form and activity travel-patterns, an activity-based approach to travel in a spatial context*, Ph.D. Thesis, Technishe Universiteit Eindhoven, Faculteit Bouwkunde.

Wermersch, F. G.; Kawamoto, E. (1999) *Uso de redes neurais artificiais para caracterização do comportamento de escolha do modo de viagem*, Anais do XIII Congresso de Pesquisa e Ensino em Transportes, ANPET, São Carlos, v. 3, p. 31-34.

10
Uso de SIG para a Gerência de Infra-estrutura de Transportes: Estudo de Caso em São Carlos-SP

Josiane P. Lima, Simone B. Lopes, Fábio Zanchetta,
Renato S. Anelli e J. Leomar Fernandes Jr.

RESUMO

Apresenta-se estudo de caso desenvolvido na cidade de São Carlos, Estado de São Paulo, em que um SIG-T (Sistema de Informações Geográficas para Transportes) é utilizado para a gerência de infra-estruturas urbanas, particularmente para a compatibilização da gerência de pavimentos com infra-estruturas que interferem no desempenho do sistema viário (transporte e circulação e redes de abastecimento de água, esgoto, telefonia, gás, energia elétrica).

Inicialmente, foi realizado o levantamento de dados de inventário e de condição do pavimento de cada seção. Posteriormente, as informações coletadas foram transferidas para um banco de dados geo-referenciado, que contém a malha viária urbana. Na tomada de decisão a respeito das atividades de manutenção e reabilitação dos pavimentos, foram definidos critérios para seleção das estratégias e priorização das seções, cujos resultados são visualizados através de mapas temáticos. O planejamento das atividades de manutenção e reabilitação dos pavimentos também considera as seções críticas das redes de infra-estruturas localizadas sob o pavimento, juntamente com informações sobre rotas de veículos de transporte público.

Em síntese, o uso de um SIG facilita as análises, agiliza o acesso aos dados e possibilita maior integração dos múltiplos sistemas de gerenciamento de interesse aos administradores públicos municipais.

1. INTRODUÇÃO

A gerência da infra-estrutura urbana é um processo de coordenação, avaliação sistemática e manutenção efetiva da infra-estrutura relacionada com os serviços básicos. Um sistema de gerência da infra-estrutura une as atividades necessárias para as ações de planejamento, projeto, construção, manutenção, reabilitação e avaliação através de uma série de procedimentos de análises racionais e bem ordenados.

Uma manutenção efetiva do pavimento e das outras infra-estruturas na área urbana pode aumentar bastante a vida em serviço dessas infra-estruturas e reduzir os custos para os usuários. Porém, o que se tem observado, no Brasil, é a ausência de trabalho integrado entre as diversas áreas do serviço público municipal que interferem no espaço da via pública, com a gerência da infra-estrutura urbana de transportes sendo feita de maneira informal, baseada, principalmente, na experiência dos profissionais envolvidos e em decisões políticas.

A utilização dos Sistemas de Informação Geográfica, especialmente na área de infra-estrutura de transportes, tem sido cada vez mais freqüente e suas aplicações são bastante variadas, como por exemplo, na gerência de pavimentos, gerência de manutenção viária, inventário de pontes, dispositivos de drenagem e sinalização, conforme apresentado por diversos autores (Abkowitz *et al.*, 1990; Zhang *et al.*, 1993; Johnson & Demetrsky, 1994).

Este trabalho dá sequência aos estudos de Pantigoso (1998), que desenvolveu um projeto piloto para aplicação de um SIG na Gerência de Pavimentos Urbanos sob duas condições: na primeira, através de uma interface com um programa de gerência de pavimentos urbanos já existente (URMS, desenvolvido na Universidade do Texas) e, na segunda, como uma plataforma para o desenvolvimento de um novo sistema de gerência de pavimentos (SGPUSP, desenvolvido no Departamento de Transportes da Escola de Engenharia de São Carlos da Universidade de São Paulo - EESC-USP para o gerenciamento dos pavimentos e identificação de seções críticas). Foi verificado que o SIG é uma ferramenta que poderia ser utilizada isoladamente, compatibilizando a gerência de infra-estrutura urbana com os Sistemas de Gerência de Pavimentos.

Tem-se por objetivo apresentar um estudo de caso desenvolvido na cidade São Carlos, Estado de São Paulo, em que um SIG-T (Sistema de Informações Geográficas para Transportes) é utilizado para a gerência de infra-estruturas urbanas, particularmente para a compatibilização da gerência de pavimentos com infra-estruturas que interferem no desempenho do sistema viário (transporte e circulação e redes de abastecimento de água, esgoto, telefonia, gás, energia elétrica).

2. ESTUDO PILOTO

O município de São Carlos tem aproximadamente 200.000 habitantes e está situado na região central do estado de São Paulo, possuindo uma área total de 1.132 km^2, dos quais apenas 55 km^2 correspondem à área urbana. A cidade apresenta em torno de 8.000.000 m^2 de vias urbanas. Áreas na região central e periférica da cidade de São Carlos foram selecionadas para o estudo piloto. Foram obtidos dados de inventário, de avaliação subjetiva dos pavimentos, das calçadas, das drenagens e das interferências do SAAE (Serviço Autônomo de Água e Esgoto) e de levantamento detalhado de defeitos dos pavimentos.

2.1. Banco de Dados Geo-referenciado

Uma base de dados digitalizada do mapa da cidade de São Carlos foi fornecida pela Prefeitura Municipal. Foram selecionados os campos de interesse para o Sistema de Gerência de Pavimentos (ruas, nome de ruas, quadras, setores fiscais, divisão de loteamentos, limites da cidade), as quais serviram de base para os levantamentos de campo e, conseqüentemente, para a montagem do banco de dados no SIG (Figura 1).

Para facilitar a coleta de dados foi criada a camada "folhas" (Figura 2), representando uma malha de 1600 m x 1000 m, identificada com letras (vertical) e números (horizontal), com a finalidade de se ter, em folhas tamanho A4, uma escala adequada para visualização quando do levantamento de campo, um melhor controle das áreas que estão sendo avaliadas e um melhor planejamento dos deslocamentos das equipes de avaliação.

A partir da base digitalizada foi obtida uma base de dados geo-referenciada, em um SIG–T, contendo os eixos das vias da cidade de São Carlos. Com os eixos foram criadas três bases de dados para o desenvolvimento do Sistema de Gerência de Pavimentos: "inventário", "avaliação" e "defeitos" em três camadas distintas, cuja freqüência de atualizações futuras poderão ser diferentes. Existem também campos para vinculação de arquivos de fotos digitalizadas e com possibilidade de criação de outros que se fizerem necessário para complementar as informações sobre cada seção.

A camada "inventário" é composta por vinte e oito campos e contém as informações referentes à localização, idade e histórico das intervenções, geometria das vias, tráfego e classificação funcional.

Figura 1 - Cidade de São Carlos: Áreas e redes viárias selecionadas para estudo piloto

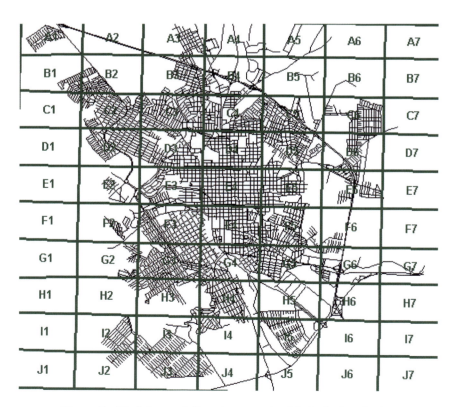

Figura 2 - Divisão em folhas do mapa da cidade de São Carlos

A camada "avaliação" é formada por dezessete campos, onde são lançadas as informações que são utilizadas, basicamente, para a gerência de pavimentos em nível de rede: avaliações do Índice de Condição do Pavimento (ICP, subjetivo), manutenção e reabilitação previstas, aceitabilidade da condição atual do pavimento, nível de interferência das obras de manutenção e reabilitação do SAAE, existência e condição das calçadas, condição de drenagem de águas pluviais, seleção da estratégia de intervenção e determinação do índice de prioridade de cada seção com base nos dados coletados.

A camada "defeitos" é a mais extensa, com sessenta e oito campos de informações que são utilizadas para a gerência de pavimentos em nível de projeto, onde são lançados dados de cada um dos quinze tipos de defeitos de pavimentos selecionados para o levantamento, contendo a extensão (porcentagem da área afetada), o nível de severidade com que os defeitos se manifestam (baixa, média e alta) e pontos dedutíveis do ICP referentes a cada tipo de defeito, de forma análoga à utilização de fatores de ponderação.

Alguns campos se repetem em todas as camadas para possibilitar a melhor identificação de cada seção, o cruzamento dos dados das três bases no momento das análises, além de facilitar o preenchimento dos dados e a programação dos levantamentos de campo: nome do logradouro, código da seção, folha, quadra, setor fiscal e principalmente, o campo ID, que é um campo numérico criado automaticamente pelo SIG-T, que identifica cada seção e que faz o vínculo entre as três bases. Os campos comprimento da seção ("length") e sentido da via ("dir") também são criados de forma automática e constam nas três camadas. O campo "data" é importante para o controle das atualizações de cada banco de dados.

2.2. Banco de Dados em Planilha Eletrônica

A planilha utilizada no levantamento de campo foi criada em um programa computacional (planilha eletrônica), assim como a planilha contendo os resultados da avaliação de cada seção. A planilha eletrônica permite a interface com o SIG-T, facilitando a importação e a exportação de dados.

As planilhas para os levantamentos de campo são criadas extraindo-se, automaticamente, os dados do inventário, que preenchem os cabeçalhos e facilitam a identificação de cada seção no momento da coleta. Posteriormente, os dados coletados no campo são digitados na planilha eletrônica e exportados para o SIG-T.

Os resultados dos levantamentos também são armazenados em fichas da planilha eletrônica, que contêm todas as informações de cada seção (inventário, avaliação e defeitos) e que podem ser acessadas automaticamente através do ID de cada uma delas.

3. COLETA DE DADOS

3.1. Inventário

Os dados de inventário (Figura 3) consistem das seguintes informações: nome do logradouro, logradouro de início e de fim de cada seção, números do setor e da quadra no cadastro imobiliário do município, classe funcional, tipo de pavimento, tipo de estrutura do pavimento, largura e extensão da seção, ano da construção do pavimento, tipo e ano da última atividade de manutenção e reabilitação (M&R), capacidade de suporte do subleito e ainda informações sobre o tráfego (número de faixas de tráfego, sentido do tráfego, volume de tráfego, volume de caminhões, taxa de crescimento do tráfego e tipo de rotas especiais – ônibus e ambulâncias, por exemplo).

INVENTÁRIO DA REDE VIÁRIA URBANA			
ID da Seção:		**Folha:**	**Código da Seção:**
Nome da Via			**Sentido**
Da:			
Até:			
Classe Funcional:		**Setor:**	**Quadra**
Comprimento:		**Largura:**	**N°de Faixas:**
Tipo de Pavimento	**Tipo de Estrutura**	**Condição do Subleito**	**Tipo de Rota**
Ano de Construção	**Ano da Última M&R**		**Tipo da Última M&R**
Volume de Tráfego	**Volume de Caminhões**		**Taxa de Crescimento**
Responsável:		**Data:**	

Figura 3 - Planilha para coleta de dados de inventário

O "campo folha" indica a localização na "camada folha", que faz a subdivisão do mapa. O código da seção é composto por uma letra (A, C ou L, para a classe funcional da seção - arterial, coletora ou local), dois dígitos referentes ao "setor" do cadastro imobiliário a que pertence a seção e três dígitos referentes à quadra, geralmente o menor número dentre as duas quadras que envolvem a seção. Também devem ser registrados o responsável pelo levantamento das informações e a data de realização dos levantamentos.

A prefeitura do município de São Carlos não tem, ainda, uma divisão das vias em classes funcionais. Portanto, neste trabalho as classes funcionais foram adotadas pelos avaliadores com base no conhecimento prévio das principais vias e na observação, no campo, do volume de tráfego, da porcentagem do tráfego de caminhões e da presença de rotas de ônibus. Os comprimentos das seções foram obtidos do mapa digitalizado da cidade, mas as larguras foram medidas pelos avaliadores. A condição do subleito foi definida pela ocorrência ou não de defeitos associados à baixa capacidade de suporte do solo de fundação.

Os tipos de pavimentos considerados foram: F = flexível (revestimento asfáltico), R = rígido (revestimento de concreto de cimento Portland), P = paralelepípedo(granito e gnaisse) e B = blocos intertravados (concreto de cimento Portland).

Para preenchimento do campo "tipo de pavimento", com a finalidade de controle das seções inventariadas, existem, ainda, as seguintes opções: NP = via não-pavimentada, EE = estrada estadual, EM = estrada municipal, CR = condomínio residencial ou industrial, UF = universidade federal e UE = universidade estadual. Todas estão fora do escopo principal deste trabalho e, à exceção das vias não-pavimentadas, não são de responsabilidade da prefeitura municipal de São Carlos. Existe, no entanto, perspectiva de implementação de um programa de gerência de vias não-pavimentadas em continuidade a estudos acadêmicos já desenvolvidos no Departamento de Transportes da Escola de Engenharia de São Carlos da Universidade de São Paulo.

Algumas informações do inventário foram obtidas dos arquivos da Secretaria de Obras, Transportes e Serviços Públicos da Prefeitura Municipal. de São Carlos: tipo de estrutura, ano de construção, ano da última intervenção de M&R, rotas de ônibus (atuais e após as mudanças previstas), volume de tráfego, volume de caminhões e taxa de crescimento do tráfego.

Deve-se destacar que para muitas seções não estavam disponíveis o "ano de construção" e o "ano da última atividade de M&R" do pavimento. E, para a grande maioria das seções, o volume de tráfego e o volume de caminhões só puderam ser considerados de forma qualitativa (muito leve, leve, médio, pesado e muito pesado). Para todas as seções foi adotada uma taxa de crescimento de tráfego de 2% a.a., valor este que necessita de verificação nos próximos anos.

3.2. Avaliação das Seções

Este trabalho considerou o conceito de serventia desenvolvido durante o *AASHO Road Test* (Carey e Irick, 1960). A serventia, que é a habilidade de uma seção de pavimento, à época da observação, servir ao tráfego de automóveis e caminhões, com elevados volumes e altas velocidades, foi obtida através de avaliações subjetivas, mediante inspeção visual e anotação em planilha (Figura 4) do valor do Índice de Condição dos Pavimentos (ICP). A equipe de avaliadores, composta por alunos de mestrado e de doutorado do Departamento de Transportes da EESC-USP, também analisou a aceitabilidade de cada seção e a estratégia de M&R prevista para o próximo ano.

AVALIAÇÃO DA CONDIÇÃO DO PAVIMENTO		
ICP:	Aceitável:	M & R Prevista:
SAAE	Calçada:	Drenagem:

Figura 4 - Planilha para avaliação subjetiva da condição do pavimento

O levantamento de campo contou com a observação das práticas usualmente adotadas pela prefeitura municipal da cidade de São Carlos e pelas concessionárias de serviços públicos das cidades, principalmente as interferências do SAAE (Serviço Autônomo de Água e Esgoto) na condição dos pavimentos.

Foram analisadas, também, as condições das calçadas e da drenagem superficial. Todos os dados e informações coletadas foram transferidos e tratados em uma base de dados geo-referenciada, facilitando as análises, o acesso aos dados e possibilitando uma maior integração entre os múltiplos sistemas de gerenciamento de interesse aos administradores públicos municipais.

3.3. Levantamento de Defeitos no Campo

A avaliação da condição do pavimento é imprescindível para a seleção de estratégias de manutenção e reabilitação, para a priorização das seções e para a previsão orçamentária e alocação de recursos. Dadas as particularidades dos Sistemas de Gerência de Pavimentos Urbanos (SGPUs), a avaliação da condição atual das seções pode ser efetuada apenas por levantamento de defeitos no campo, ou seja, através da quantificação da severidade e extensão de cada uma das formas de deterioração encontradas na superfície do pavimento.

O levantamento de defeitos foi realizado com base no Manual de Identificação de Defeitos dos Pavimentos do *Strategic Highway Research Program* (SHRP, 1993). O termo severidade refere-se ao grau de deterioração associado aos vários tipos de defeitos, normalmente classificados em três níveis (alto, médio e baixo), e o termo extensão refere-se à freqüência de ocorrência ou quantidade de superfície de rolamento sujeita a um determinado tipo de defeito. As anotações de campo sobre avaliação da condição do pavimento e defeitos existentes foram efetuadas em planilhas (Figura 5). Visando uma maior qualidade do levantamento, optou-se por avaliações mediante caminhamento, embora também tenham sido efetuadas avaliações de dentro de veículo a baixa velocidade. Deve-se destacar que houve cobertura de toda a malha viária da cidade.

QUANTIFICAÇÃO DOS DEFEITOS					
TIPO	**SEVERIDADE**			**PONTOS DEDUTÍVEIS**	
DE DEFEITO	**Baixa**	**Média**	**Alta**	**Intervalo**	**Avaliação**
1 - Trincas por Fadiga (m²)				0 a 15	
2 - Trincas em Blocos (m²)				0 a 5	
3 - Defeitos nos Bordos (m)				0 a 5	
4 - Trincas Longitudinais (m)				0 a 5	
5 - Trincas por Reflexão (m²)				0 a 5	
6 - Trincas Transversais (m)				N/C	
7 - Remendos (m²)				0 a 15	
8 - Panelas (m²)				0 a 10	
9 - Deformação Permanente (m)				0 a 15	
10 - Corrugação (m²)				0 a 5	
11 - Exsudação (m²)				0 a 5	
12 - Agregados Polidos (m²)				N/C	
13 - Desgaste (m²)				0 a 15	
14 - Desnível Pista-Acostamento (m)				N/C	
15 - Bombeamento (m²)				N/C	
OBSERVAÇÃO:					**? =**
FOTO:					**ICP =**

Figura 5 - Planilha para avaliação de defeitos no pavimento

A condição do pavimento é quantificada pelo Índice da Condição do Pavimento (ICP), que varia de 0 a 100 (100 igual a excelente condição do pavimento). Uma vez que certos defeitos influem mais que outros para a perda de serventia, cada nível de severidade de um determinado defeito deve ser associado a um fator de ponderação, sendo que estes também devem ser ajustados para as condições operacionais e ambientais do local onde serão utilizados (Equação 1).

$$ICP = 100 - \sum D_i x S_i \tag{1}$$

onde:
- D_i é a extensão da deterioração i;
- S_i é o fator de ponderação, função da severidade da deterioração i.

Neste trabalho também foram adotados pontos dedutíveis para cada tipo de defeito, que subtraindo o valor máximo de 100, permitem a determinação do ICP. Deve-se destacar que alguns defeitos não foram observados na malha viária avaliada e, portanto, para eles não foram estabelecidos valores de pontos dedutíveis.

4. PRIORIZAÇÃO DAS SEÇÕES

A gerência de pavimentos em nível de rede geralmente necessita de um índice para selecionar e hierarquizar projetos candidatos a atividades de manutenção e reabilitação. Esses índices devem considerar todos os fatores que afetam o desempenho do pavimento.

Embora os princípios da gerência de pavimentos sejam os mesmos para todos os organismos rodoviários, as agências locais têm, normalmente, menos recursos. Os sistemas de gerência de pavimentos urbanos, sob situação de restrição orçamentária, utilizam, geralmente, a técnica de priorização para a seleção de projetos, que permite a manutenção da rede viária na melhor condição possível e ao mínimo custo. A técnica de otimização, por outro lado, tem sido utilizada pelas agências federais e estaduais, que têm por objetivo a escolha de estratégias ótimas em nível de projeto.

Índices Compostos, denominados Índices de Prioridade (IP), podem ser utilizados para: hierarquização e seleção de trechos e de estratégias de manutenção e reabilitação. Para cálculo desses índices podem ser considerados fatores tais como: condição dos pavimentos, irregularidade longitudinal, capacidade estrutural, severidade e extensão de defeitos, volume de tráfego, classificação funcional, idade desde a última intervenção, fator de atrito entre pneu e superfície do pavimento, condições ambientais, drenagem, histórico de acidentes e custo dos usuários.

Smith et al (1988) propuseram, para a gerência de pavimentos urbanos, uma expressão para cálculo do Índice de Prioridade que considera apenas a condição do pavimento, o tráfego, a classificação funcional e o tipo de rota (Equação 2).

$$IP = \frac{ICP}{FT \times CR \times FR} \tag{2}$$

onde:

- IP: índice de prioridade (menor valor, maior prioridade);
- ICP: índice de condição do pavimento (maior prioridade quanto pior a condição do pavimento);
- FT: fator de tráfego (maior prioridade quanto maior o volume de tráfego: por exemplo, 10 para VDM de 0 a 99; 20 para VDM de 100 a 499; 30 para VDM de 500 a 999; 40 para VDM de 1000 a 1999; 50 para VDM de 2000 a 4999; 100 para VDM maior que 5000);
- CF: fator de classificação funcional (maior prioridade para as ruas mais importantes, por exemplo, 1,2 para arteriais; 1,1 para coletoras; 1,0 para locais);
- FR: fator de rota de trânsito de veículos especiais (prioridade maior para rotas de ônibus, por exemplo).

Neste trabalho, não se dispondo de volumes de tráfego médio diário (VDM), o Índice de Prioridade de cada seção avaliada foi determinado em função da condição do pavimento(ICP), da classificação funcional de cada seção (maior prioridade para as arteriais e coletoras) e da existência ou não de rota de veículos especiais (maior prioridade para rotas de ônibus). Foram adotados seguintes valores para os fatores de classificação funcional e de rota de ônibus:

- CF = 1,2 (arteriais); 1,1 (coletoras); 1,0 (locais);
- FR = 1,2 (seções em que há tráfego de ônibus).

5. COMPATIBILIZAÇÃO DA GERÊNCIA DE PAVIMENTOS COM OUTRAS INFRA-ESTRUTURAS URBANAS UTILIZANDO SIG

O volume crescente de informações relativas às redes viárias tem exigido sistemas cada vez mais eficientes de processamento dos dados levantados, particularmente daqueles que se distribuem espacialmente (Wisconsin DOT, 1990). Os Sistemas de Informações Geográficas (SIG) são uma ferramenta capaz de auxiliar e agilizar os procedimentos de planejamento, gerência e de tomada de decisão. Novas metodologias utilizadas nos sistemas de gerência de pavimentos podem fazer uso de um SIG, capaz de fornecer a plataforma para o desenvolvimento de todos os processos do sistema de gerência [Fernandes Jr. & Pantigoso (1997)].

A Figura 6 representa a estrutura utilizada para a aplicação e desenvolvimento do sistema de gerência de pavimentos em um ambiente SIG. Realizados o inventário e o levantamento de campo para a avaliação da condição do pavimento, são definidas as prioridades, pois geralmente os recursos são menores do que as necessidades.

A próxima etapa consiste na análise, em nível de rede, das diferentes estratégias de manutenção e reabilitação: não fazer nada (NF), manutenção corretiva (MC), manutenção preventiva (MP), reforço estrutural (RF) e reconstrução (RC). Feita a análise em nível de rede, passa-se à análise em nível de projeto, que consiste na definição das atividades de manutenção conforme o tipo de deterioração apresentado e, quando for o caso, no dimensionamento dos reforços e da reconstrução.

Podem ser utilizadas "árvores de decisão" na escolha das estratégias de manutenção e reabilitação e para seleção da atividade mais adequada, conforme o tipo de deterioração (Fernandes Jr., 2001). As estratégias podem ser definidas, por exemplo, a partir da condição dos pavimentos, representada pelo Índice de Condição do Pavimento (ICP), da idade desde a última intervenção e do Volume de Tráfego Médio Diário (VDM).

Figura 6 - Estrutura de implementação de um sistema de gerência de pavimentos

A utilização de um SIG como plataforma para criação de um sistema de gerência permite, mediante a criação de uma base de dados comum, integrar as atividades de gerência de pavimentos com a gerência de outras redes de concessionárias de serviços públicos. A base comum possibilita criar novas camadas que possuem informações sobre as redes de infra-estrutura consideradas.

A ocorrência de um problema, em qualquer seção da rede estudada, pode ser facilmente localizada no SIG. Durante a manutenção do pavimento, considerando-se que haverá abertura de trincheiras, pode ser feito o levantamento da condição da rede subterrânea para atualização da base de dados no SIG.

Através de critérios pré-definidos, realiza-se procedimentos para identificação de áreas críticas das redes localizadas embaixo do pavimento que dará maiores informações a equipe responsável pela gerência dos pavimentos e um melhor planejamento de suas atividades. Pantigoso (1998) definiu seções críticas considerando seções prioritárias dentro da rede de abastecimento de água e esgoto, com base na idade e material da tubulação e no tipo de rede à qual a tubulação pertence. Através de mapas temáticos representativos de seções críticas é possível visualizar a sobreposição de diferentes camadas de infra-estrutura urbana e distinguir as seções que necessitam de uma mais rápida ou maior intervenção (Figura 7).

6. ANÁLISE DOS RESULTADOS

Foram consideradas nas análises 3800 seções, perfazendo mais de 380 km, o que corresponde a mais de 50% do total da malha viária de São Carlos (7113 seções, 740 km). As seções analisadas são aquelas que passaram por todo o processo de verificação de consistência posterior ao levantamento de campo, digitação para entrada de dados na planilha eletrônica e transferência dos dados para o SIG-T.

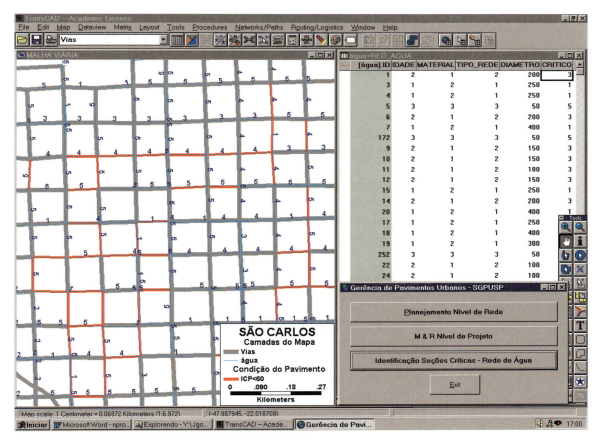

Figura 7 - Mapa mostrando condição de pavimento ruim e muito ruim (ICP < 60) e seções críticas da rede de distribuição de água

Pode-se considerar que as seções analisadas são representativas da malha viária de São Carlos, em termos de idade, tipos de pavimento, geometria das vias, capacidade de suporte do subleito, volumes de tráfego, condição dos pavimentos, interferências de outras infra-estruturas urbanas, dentre outros fatores. Portanto, em função do grande número de seções avaliadas e com o intuito de apresentar considerações gerais para o total da malha viária, extrapolam-se as porcentagens obtidas com os dados coletados até o presente.

Em termos de tipo de pavimento, a grande maioria das seções é de pavimento flexível (96,5%), com 2,7% de vias não pavimentadas, 0,6% de paralelepípedos e apenas 0,2% de pavimentos rígidos. Quanto à classe funcional, predominam as vias locais (73,0%), seguidas das vias coletoras (25,7%) e das vias arteriais (apenas 1,3%). Aproximadamente 20% das seções constituem rotas de ônibus para transporte público urbano.

As avaliações não diretamente relacionadas aos pavimentos mostram que a influência do SAAE é alta em 10,9% e média em 26,0% das seções, significando que mais de um terço das seções apresenta problemas para os usuários dos pavimentos decorrentes de atividades relacionadas a outros serviços de manutenção da infra-estrutura urbana. As calçadas estão aceitáveis em 80,9% das seções e a drenagem de águas pluviais só não está aceitável em 5,4% das seções.

Com relação à avaliação dos pavimentos, os resultados obtidos são apresentados, de forma resumida, na Tabela 1.

Tabela 1 - Distribuição percentual da condição dos pavimentos e das estratégias de M & R

CONDIÇÃO DO PAVIMENTO		ICP		M & R	
		SUBJETIVO	CALCULADO	ESTRATÉGIA	(%)
$ICP \geq 90$	Muito Boa	34,5	50,5	NF	73,4
$80 \leq ICP < 90$	Boa	45,3	37,4	MC	16,7
$70 \leq ICP < 80$	Regular	17,0	10,9	MP	7,7
$60 \leq ICP < 70$	Ruim	2,4	1,1	RF	1,4
$ICP < 60$	Muito Ruim	0,8	0,1	RC	0,8

Considerando-se as avaliações subjetivas e as estratégias de manutenção e reabilitação recomendadas, podem ser determinados os intervalos prováveis para as porcentagens de cada uma das estratégias de intervenção nos pavimentos:

- NF ($ICP \geq 80$ - pavimentos em condição boa e muito boa):   73,4 a 79,8%;
- MC e MP ($70 \leq ICP < 80$ – pavimentos em condição regular):   17,0 a 24,4%;
- RF ($60 \leq ICP < 70$ – pavimentos em condição ruim):   1,4 a 2,4%;
- RC ($ICP < 60$ – pavimentos em condição muito ruim):   0,8%.

Observa-se que, em função dos pontos dedutíveis adotados para os defeitos considerados na avaliação dos pavimentos, não há boa correlação entre as avaliações subjetivas e os valores de ICP calculados. Deve-se, portanto, investigar novos intervalos para os pontos dedutíveis, particularmente para os defeitos que têm pouca incidência, pois geralmente os valores de ICP calculados apresentaram-se maiores do que os valores de ICP subjetivos. Deve-se destacar que os dados de futuras avaliações podem permitir a determinação de fatores de ponderação e, conseqüentemente, o cálculo muito mais preciso do ICP.

Os resultados do levantamento de defeitos no campo são apresentados, de forma resumida, na Tabela 2, com destaque para as ocorrências de defeitos com nível de severidade e extensão tais que o valor dos pontos dedutíveis superava o valor médio do intervalo de variação.

Tabela 2 - Distribuição percentual de ocorrência de defeitos com pontos dedutíveis superiores
à metade do intervalo de variação

TIPO DE DEFEITO	PONTOS DEDUTÍVEIS	PORCENTAGEM DE OCORRÊNCIA	ESTRATÉGIA DE M & R
1 – Trincas por Fadiga	≥ 8	2,68	RF / RC
2 – Trincas em Blocos	≥ 3	5,45	MC
3 – Defeitos nos Bordos	≥ 3	0,92	MC
4 – Trincas Longitudinais	≥ 3	0,08	MC
5 – Trincas por Reflexão	≥ 3	0,21	MC
7 – Remendos	≥ 8	7,31	MC
8 – Panelas	≥ 6	8,03	MC
9 – Deformação Permanente	≥ 8	0,42	RF / RC
10 – Corrugação	≥ 3	0,31	MC
11 – Exsudação	≥ 3	0,60	MC
13 – Desgaste	≥ 8	13,23	MP

Somando-se as porcentagens de ocorrência de defeitos associados a uma mesma estratégia de intervenção nos pavimentos, tem-se:

- MC: 13,6%;
- MP: 13,2%;
- RC / RF: 3,1%;
- NF: 70,1%.

Portanto, para fins de previsão orçamentária, ou seja, para a gerência de pavimentos em nível de rede, considerando-se os resultados apresentados nas Tabelas 1 e 2, podem ser adotados os valores mostrados na Tabela 3.

Tabela 3 - Previsão da necessidade orçamentária para a malha viária urbana de São Carlos-SP

ESTRATÉGIA DE INTERVENÇÃO	EXTENSÃO DA MALHA VIÁRIA (km)	CUSTO UNITÁRIO* (R$ / km)	CUSTO TOTAL (R$)
NF	518,0	-	-
MC	103,6	40.000,00	4.144.000,00
MP	96,2	110.000,00	11.396.000,00
RF	14,8	220.000,00	3.256.000,00
RC	7,4	290.000,00	2.146.000,00

* admitindo-se uma largura média de 8,50 m.

O valor total necessário para intervenções na malha viária urbana, da ordem de vinte e um milhões de reais, corresponde a aproximadamente cinco vezes o orçamento anual destinado a obras viárias (R$ 4.000.000,00). Não há, portanto, condições práticas para se resolver o problema imediatamente. Percebe-se, porém, que a política de se executar intervenções apenas quando o pavimento apresenta um estágio avançado de deterioração deveria ser substituída, com vantagens no médio e longo prazos, por intervenções de caráter preventivo, uma vez que o maior diferencial de custos ocorre entre as atividades de manutenção preventiva (MP) e os reforços estruturais (RF).

Deve-se destacar que o levantamento de defeitos no campo também serve para a escolha da atividade de manutenção e reabilitação dos pavimentos (gerência em nível de rede), em função da extensão e severidade dos defeitos que são registradas na planilha de levantamento de campo de cada seção da malha viária. Apenas no caso de necessidade de dimensionamento de reforço ou de um pavimento novo (reconstrução) há a necessidade de investigações complementares, na forma de avaliação estrutural não destrutiva no campo, com viga Benkelman ou FWD (*Falling Weight Deflectometer*), e com coleta de amostras para ensaios laboratoriais.

Com o intuito de formalizar a tomada de decisão a respeito das atividades de manutenção e reabilitação dos pavimentos, podem ser definidos critérios para seleção das estratégias de intervenção e, principalmente, para a priorização das seções. Com os critérios já discutidos anteriormente, foram calculados Índices de Prioridade, cujos resultados são apresentados em mapas temáticos do SIG-T (Figura 8). Tal potencialidade pode ser explorada pelos administradores públicos para uma melhor comunicação com a sociedade, pois facilita a apresentação e justificativa dos locais que necessitam de maiores investimentos.

Confrontando-se valores de índice de condição do pavimento e atividades de M&R previstas pelos avaliadores com índices de prioridades (IP) calculados em função da classe funcional e do tipo de rota, pode-se perceber que o IP está coerente com os resultados das avaliações: índices de prioridade baixos estão associados a necessidades de manutenção corretiva e preventiva enquanto índices mais elevados correspondem a seções sem necessidade de M&R.

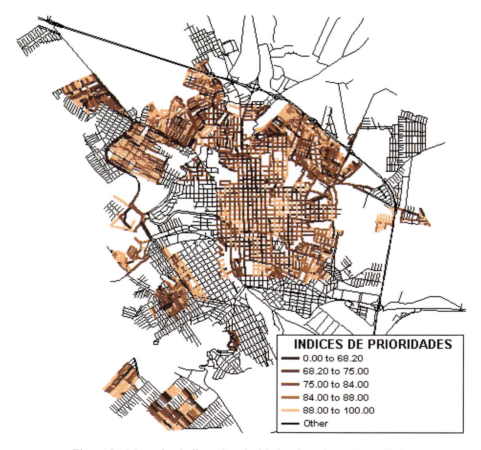

Figura 8 - Mapa dos índices de prioridades de cada seção avaliada

7. CONCLUSÕES

O uso de um SIG facilita as análises, agiliza o acesso aos dados e possibilita maior integração dos múltiplos sistemas de gerenciamento de interesse aos administradores públicos municipais. Facilita, também, a justificativa das análises técnicas e a comunicação com a sociedade, particularmente através da imprensa e de representantes de organizações não-governamentais, pois os resultados são visualizados e entendidos rapidamente.

Adicionalmente, podem ser usados recursos que permitem a associação de imagens e outros arquivos (documentos, planilhas) a cada seção geo-referenciada e a interface com equipamentos de coleta de dados automatizada. Tais avanços tecnológicos são de grande importância para a redução dos custos e a consolidação da tecnologia SIG-T como ferramenta indispensável para a gerência da infra-estrutura urbana.

REFERÊNCIAS

Abkowitz, M.; Walsh, S.; Hauser, E.; Minor, L. (1990). Adaptation of Geographic Information System to Highway Management. *Journal of Transportation Engineering*. vol. 116, n.3, p.310-327.

Carey, W. N.; Irick, P. E. (1960). *The Pavement Serviceability - Performance Concept*. Highway Research Board Bulletin 250, p.40-58.

Fernandes Jr., J. L. (2001) *Sistemas de Gerência de Pavimentos Urbanos para Cidades de Médio Porte*. Livre-Docência. Universidade de São Paulo - Escola de Engenharia de São Carlos. São Carlos, SP.

Fernandes Jr., J. L.; Pantigoso, J. F. G. (1997). Compatibilização da Gerência de Pavimentos Urbanos com as Concessionárias de Serviços Públicos com o uso de SIG. *XI ANPET – Congresso Nacional de Pesquisa e Ensino em Transportes,* Rio de Janeiro, Anais, p.67-70.

Johnson, B. H.; Demetsky, M. J. (1994). Geographic Information Systems and Decision Support System for Pavement Management. *Transportation Research Record* 1429. TRB. National Research Council. Washington, D.C., p.74-83.

Pantigoso, J. F. G. (1998). *Uso dos Sistemas de Informação Geográfica para Integração da Gerência de Pavimentos Urbanos com as Atividades das Concessionárias de Serviços Públicos*. Dissertação (Mestrado) - Escola de Engenharia de São Carlos – Universidade de São Paulo. São Carlos, SP.

SHRP (1993). *Distress Identification Manual for the Long-Term Pavement performance Studies*. The Strategic Highway Research Program. National Academy of Science. Washington, D.C.

Wisconsin Dot (1990). *Pavement Management Decision Support Using a Geographic Information System,*. Wisconsin Department of Transportation. Madison, Wisconsin.

Zhang, Z.; Dossey, T.; Weissmann, J.; Hudson, W.R. (1994). GIS Integrated Pavement and Infrastructure Management in Urban Areas. *Transportation Research Record* 1429. TRB. National Research Council Washington, D.C., pp 84-89.

Parte III

Planeamento Territorial

11
Planejamento Participativo e *Internet* (*www*): um Breve Histórico, Tendências e Perspectivas no Brasil e em Portugal

Renata C. Magagnin, Antônio N.R. da Silva e Marcela S. Costa

RESUMO

Alguns dos problemas decorrentes do processo de crescimento desordenado e acelerado hoje enfrentado por cidades de inúmeros países, em grande medida provocado pela falta de políticas visando orientar o crescimento espacial de zonas urbanas, exigem a adoção de novos métodos de planejamento que possam traduzir a mais recente visão de urbe, sustentável e com qualidade de vida. Nesse sentido, há hoje uma tendência, manifestada através de alguns grupos de pesquisa que trabalham na área de planejamento, de utilização de novas técnicas, baseadas num incremento de participação da sociedade neste processo, combinando novas tecnologias computacionais para dar suporte às análises urbanas e ao processo de tomada de decisão. Assim, os Sistemas de Informação Geográfica e os Sistemas de Suporte à Decisão Espacial, interligados em ambiente *www* (*World Wide Web*), podem proporcionar um novo cenário para a área de planejamento urbano.

Nesta linha, o presente artigo apresenta e discute algumas das principais experiências na área de planejamento urbano e de transporte que combinam o planejamento participativo com a ampla conectividade proporcionada pela *Internet*, com o propósito de especular a respeito das possibilidades de aplicação prática destes recursos para o planejamento de cidades no Brasil e em Portugal.

1. INTRODUÇÃO

A expansão desordenada tem provocado grandes problemas em várias cidades do mundo. Pesquisadores, planejadores e tomadores de decisão têm se preocupado cada vez mais com os problemas das zonas urbanas, uma vez que estes afetam diretamente a qualidade de vida da população ali residente. Deficiências no planejamento urbano e de transportes interferem diretamente no cotidiano da população, pois a cidade é um sistema que possui várias inter-relações, ou seja, a alteração em uma parte deste sistema pode gerar impactos em outras partes do mesmo.

Segundo Machado (2000), apesar de alguns fracassos ocorridos no passado, o planejamento pode constituir um processo organizado e permanente de reflexão acerca dos problemas urbanos, além de um canal de participação de diversos segmentos da sociedade, garantindo desta maneira informações para a escolha de alternativas de ação. Ele tem como finalidade a obtenção e o tratamento de dados (ou informações) referentes ao passado e ao presente, visando identificar as grandes tendências de alterações, de forma a assim permitir a identificação e prevenção de problemas futuros. Para aquele autor:

"Planejar significa substituir mecanismos aleatórios que regulam a actuação dos indivíduos e entidades sociais, actuando isoladamente, por uma

regulamentação e uma escolha deliberada e consciente de prioridades, tendo por finalidade interesses mais amplos de caráter coletivo" (Machado, 2000).

Neste contexto, para Lacaze (2001), a criação de mecanismos de participação ativa em todos os níveis de planejamento (Institucional, Nacional, Regional e Local) teria a capacidade de legitimar o exercício do poder e conseqüentemente, o processo de planejamento. Entretanto, embora haja diversas compartimentações no planejamento, ou seja, ele possa se dar nos níveis nacionais, estaduais, municipais e até mesmo de bairro (nos quais não se pode perder a visão global do problema em função da fragmentação das resoluções ou propostas, uma vez que ele está inter-relacionado com uma problemática mais ampla, isto é, um problema de bairro, por exemplo, está relacionado com um problema em nível municipal), é necessário o emprego de métodos e instrumentos que permitam posteriormente voltar a integrar o problema que foi desagregado.

Assim, embora o processo de planejamento possa ser diferente em diversos países do mundo, pois pode estar baseado em diferentes regras, normas ou leis, ou ainda processos de decisão, podem existir muitas similaridades em função das teorias adotadas. Um exemplo diz respeito ao desenvolvimento de algumas ações realizadas no âmbito governamental, que interferem e auxiliam no processo de tomada de decisão, como será mostrado na próxima seção deste documento, através de um breve histórico da interferência governamental no processo de planejamento urbano conduzido no Brasil e em Portugal em um passado recente.

A questão da participação popular no processo de planejamento urbano municipal será abordada na terceira parte deste artigo, na qual são mencionadas diferentes formas de participação que podem ser adotadas pelos decisores locais. Em seguida, será dada ênfase a novas tecnologias capazes de auxiliar o processo participativo, sobretudo a utilização da *Internet* como meio de participação popular.

Ainda na questão da participação popular serão apresentadas novas ferramentas computacionais que auxiliam no processo de tomada de decisão, ou seja, a colaboração dos Sistemas de Informações Geográficas e dos Sistemas de Suporte à Decisão Espacial integrados a um ambiente *www*. São ainda apresentados, no quinto item deste trabalho, quatro experiências internacionais que podem, eventualmente, dar suporte para propostas de aplicação na área de planejamento urbano e de transporte para cidades no Brasil e em Portugal. Nos últimos dois tópicos é apresentada uma breve reflexão sobre o potencial de implementação de um Sistema de Suporte à Decisão Espacial para cidades médias no Brasil e Portugal, com base nos dados e informações já disponíveis nos dois países e, principalmente, na experiência de cidades que têm explorado a *Internet* como instrumento de comunicação do poder público com a comunidade.

2. PLANEJAMENTO URBANO E DE TRANSPORTES

Historicamente, questões de planejamento urbano encontram-se associadas de forma intrínseca a aspectos de transporte, isto é, o crescimento das cidades influencia e é influenciado pelos meios de transporte disponíveis à sua população. Mais ainda, a forma como se dá o processo de circulação urbana interfere diretamente na demanda por transportes, nas áreas destinadas a estacionamento, nos congestionamentos, etc. Apesar disso, houve no passado períodos em que o planejamento de transportes foi realizado de forma dissociada do planejamento urbano ou mesmo de qualquer outro plano. Nestes casos, os planejadores de transportes utilizavam modelos matemáticos para produzir planos (desenvolvidos para períodos de 20 anos, permitindo atualizações a cada 5 anos) que visavam solucionar os problemas de demanda e oferta de transportes na cidade, mas que estavam muitas vezes desvinculados do planejamento de uso do solo. Atualmente, por outro lado, o planejamento de transportes (demanda e oferta) utiliza modelos que incluem em sua análise aspectos mais amplos do que aqueles considerados antigamente. Através destes modelos são hoje consideradas, entre outras, questões ambientais e de uso do solo.

Entre os problemas que as cidades herdaram como conseqüência desta dissociação entre o planejamento urbano e o planejamento de transportes destacam-se: a questão do parcelamento periférico de baixa densidade ocupacional; os assentamentos rarefeitos - ocasionando os vazios urbanos; a substituição do uso pela função; a deterioração espacial; a estratificação físico-espacial; a má distribuição de infra-estrutura urbana; e a má distribuição de serviços urbanos coletivos. Todos estes aspectos geram estratificação espacial e segregação urbana.

Nesta seção serão apresentados alguns marcos que influenciaram o planejamento urbano e de transportes em um período recente no Brasil e em Portugal, demonstrando o importante papel que os governos centrais desempenharam em ambos os casos.

2.1. O Planejamento no Brasil

No Brasil, nos últimos 50 anos, o processo de planejamento urbano sofreu duas grandes alterações no cenário da tomada de decisão: o primeiro período corresponde à década de 1960, quando se destacou o chamado Planejamento Setorial; e o segundo período, que se refere ao final da década de 1980, quando ganhou destaque o Planejamento Participativo.

O Planejamento Setorial estava embasado numa política de planejamento urbano nacional, ditada pelo governo federal através do SERFHAU – *Serviço Federal de Habitação e Urbanismo*, cuja responsabilidade era a elaboração de Planos Diretores para a maioria das cidades brasileiras, inúmeras vezes sem um conhecimento específico da realidade local. A ênfase desses planos estava nos aspectos funcionais da cidade – uso e ocupação do solo e sistema viário. Paradoxalmente, entretanto, em muitos destes planos não havia uma conexão entre os aspectos referidos anteriormente. O planejamento de transportes era desvinculado do planejamento de uso do solo e do planejamento de outros aspectos relevantes das cidades. Este era realizado para médio e longo prazo – ou seja, para atender ao município ao longo de um período de 20 anos, sem sofrer nenhuma alteração, embora os problemas da cidade certamente sofressem modificações.

Neste período, o planejamento de transportes era entendido como sendo sinônimo de desenho viário, sendo este o principal elemento estruturador das funções urbanas. No Plano Diretor, no que se refere ao planejamento de transportes, além da análise de demanda e oferta, outros fatores relevantes deveriam ser considerados, tais como:

1) A questão da acessibilidade, que é dependente do próprio sistema viário e dos meios de transportes disponíveis, e
2) A visão do planejamento como um sistema integrado, e não como um simples conjunto de partes isoladas e independentes.

O Planejamento Participativo no Brasil, por sua vez, tem como marco a promulgação da Constituição de 1988, cujo artigo 182, parágrafo primeiro, refere-se a obrigatoriedade da elaboração de um Plano Diretor para toda cidade brasileira com população acima de 20.000 habitantes. Este poderia ser definido como um *instrumento básico da política de desenvolvimento urbano*. A grande alteração em relação ao passado está na inclusão dos aspectos físico-espaciais, políticos, sociais, econômicos e ecológicos; além da questão da Participação Popular – característica marcante na discussão dos novos planos, através do estímulo à participação em todas as etapas do processo. Neste contexto, todos os problemas urbanos são então pensados através de uma visão global (holística), cabendo a cada prefeitura

166 Contribuições para o Desenvolvimento Sustentável em Cidades Portuguesas e Brasileiras

a elaboração do respectivo Plano Diretor, através de corpo técnico próprio ou contratado, mas juntamente com a comunidade.

2.2. O Planejamento em Portugal

Portugal vivenciou duas grandes rupturas na área do planejamento urbano. A primeira referiu-se à implantação do Planejamento Integrado, que ocorreu na década de 1960, e a segunda ocorreu no final da década de 1980, quando o país integrou-se à Comunidade Européia, necessitando desta forma adequar-se às normatizações impostas a este grupo de países associados.

Embora o país já tivesse contado com dois grandes Planos Nacionais: Plano I – 1953 a 1958, e Plano II – 1959 a 1964, a implantação de um sistema de planejamento efetivo em Portugal data da década de 1960, com a tentativa de introduzir um processo de Planejamento Integrado. Neste caso, a proposta era orientar, através de uma visão regional, a política urbana de desenvolvimento portuguesa. Esta proposta fazia parte do Parecer da Câmara Corporativa que visava a criação de um organismo de Planejamento Regional no Ministério da Economia. Entretanto, este plano, denominado de III Plano de Fomento, só foi formalizado em 1968 (e com 5 anos de vigência). Faziam parte deste plano, que continha as linhas fundamentais para uma política de planejamento integrado, as vertentes global, setorial, regional e o ordenamento territorial.

O planejamento integrado contribuiu para corrigir algumas incoerências no sistema, pois foi realizado um diagnóstico e uma previsão fundamentada para o funcionamento da economia. Houve também uma racionalização de investimentos públicos, embora muitos dos planos elaborados não tenham sido implantados por razões políticas.

A partir de 1986, com a criação do Ministério do Planeamento e da Administração do Território (MPAT) e com a inclusão de Portugal na Comunidade Européia, o país retomou a questão do Planejamento Integrado, a esta altura, desacreditado. Outros importantes aspectos foram implantados ou retomados, tais como: a descentralização das atribuições e competências do governo central em favor dos Municípios, dada pela Constituição de 1976, e a publicação da legislação referente aos Planos Regionais de Ordenamento do Território (1988), fatos estes que impulsionaram em 1990 a elaboração de Planos Directores de nível Municipal (PDM).

A inclusão no Bloco da Comunidade Européia fez com que Portugal implementasse um abrangente sistema de informações, partindo da esfera nacional até a local (municipal), uma vez que a Europa vinha promovendo o desenvolvimento e a uniformização de um sistema de informação de dados georeferenciados para todos os países que fazem parte do bloco. Portugal denominou este sistema de *SNIG – Sistema Nacional de Informação Geográfica* (Machado, 2000).

3. PLANEJAMENTO PARTICIPATIVO

O crescimento urbano desordenado e acelerado ainda enfrentado pelas cidades de inúmeros países requer a adoção de novos métodos de planejamento que possam traduzir uma nova visão de cidade (sustentável e com qualidade de vida), bem como que permitam diagnosticar e propor alternativas espaciais para a mesma. Neste contexto, o planejamento urbano não foge muito das definições tradicionais, podendo ser entendido como um processo no qual se utilizam diversas ferramentas (normatizações, teorias e técnicas) de análise da cidade (zoneamento, planejamento de transportes, políticas ambientais, etc.) com o objetivo de proporcionar um crescimento urbano sustentável, através de propostas de soluções para os problemas existentes, gerando assim mais qualidade de vida para toda população. A sustentabilidade urbana atende assim aos seguintes princípios: previsão do futuro com eqüidade social, participação popular, conservação e proteção ambiental.

O processo de planejamento participativo disseminou-se mundialmente a partir da década de 60, como oposição ao modelo de planificação predominante. No Brasil, a participação popular tomou força com o movimento político que ocorreu na década de 80 e culminou com a Constituição de 1988, que aborda esta questão em seu texto, afirmando que a participação popular pode ocorrer de forma direta ou indireta na tomada de decisão.

A participação popular no processo de planejamento da cidade possibilita uma ampla discussão dos problemas de cada região da cidade, bem como uma partilha no processo do poder de decisão entre técnicos e comunidade, como afirma Lacaze (2001), tornando o processo de tomada de decisão mais legítimo. A solução dos problemas urbanos passa assim pelas mãos não só de políticos, mas também de planejadores ou decisores, além da própria comunidade envolvida, aos quais cabe a análise dos problemas urbanos atuais, a avaliação das possíveis alternativas para sua solução e o direcionamento do desenvolvimento dessas cidades visando melhorar a qualidade de vida urbana através de processos sustentáveis.

"Numa esfera participativa, os técnicos e a população envolvida devem chegar a um consenso comum, os técnicos saem de seus escritórios para apreender, compreender e solucionar os problemas de determinada região da cidade, em função das especificidades de cada comunidade" (Lacaze, 2001).

Neste processo, a participação popular pode se dar de diversas formas: *Informação* (informar a população sobre o plano elaborado), *Consulta* (pesquisa pública), *Partilha do Poder de Decisão* (através de reuniões de informação e/ou reivindicações de grupos representativos de moradores) e *Partilha de Especialização*. O avanço tecnológico, especialmente de recursos computacionais, tem impactos em todas estas formas de participação. Assim, ao longo de pelo menos 40 anos, acompanhando a evolução tecnológica, foram desenvolvidas algumas ferramentas que podem subsidiar o processo de planejamento urbano e de transportes, através da participação popular direta ou indireta. Klosterman (2001 *apud* Brail & Klosterman, 2001), traça um panorama histórico sobre a evolução da tecnologia computacional no planejamento, que será parcialmente apresentado no próximo item, no qual são discutidos aspectos gerais de alguns elementos auxiliares para o processo de planejamento participativo decorrentes destes avanços tecnológicos.

4. ELEMENTOS AUXILIARES PARA O PROCESSO DE PLANEJAMENTO PARTICIPATIVO

A utilização do computador no planejamento urbano teve início em meados dos anos 1960, com o forte desenvolvimento da área da ciência e tecnologia nos Estados Unidos, emergindo desta forma um novo campo para as pesquisas acadêmicas. No âmbito federal daquele país foram disseminados em larga escala os Modelos Metropolitanos de Uso do Solo e Transportes e o Sistema de Informação Municipal Integrado. Na área acadêmica, os planejadores adotaram uma nova teoria de planejamento, abandonando a visão de planejamento como sendo sinônimo de desenho, uma vez que o computador oferecia ferramentas revolucionárias, possibilitando uma redefinição de todo o processo.

A década de 1970 foi marcada pelo avanço e disseminação dos modelos urbanos. Ferramentas analíticas sofisticadas e associadas à programação matemática fundamentaram o novo planejamento, o que gerou, entretanto, muitas críticas a esses métodos de planejar a cidade. Em 1980 houve um ressurgimento da tecnologia computacional, decorrente dos avanços tecnológicos da microinformática, quando se destacaram os ambientes *CAD* (*Computer Aided Design*) voltados para a elaboração de projetos e mapas cartográficos.

Alguns autores afirmam que a década de 1990 é considerada a era da revolução tecnológica da informação, quando se ampliou o conceito e a terminologia dos Sistemas de Informação Geográfica (SIG) – *Geographic Information Systems (GIS)* – hoje amplamente difundidos e utilizados no mundo inteiro por empresas governamentais e particulares e pela área acadêmica. No final da década de 1990, surgem os conceitos de Sistema de Suporte à Decisão e Sistema de Suporte ao Planejamento, este último configurado como um modelo que associa modelos e métodos computacionais com um sistema integrado que pode suportar funções de planejamento (Harris, 2001), cujos detalhes serão discutidos nas seções subseqüentes.

Dentre os sistemas que apóiam o Processo de Tomada de Decisão, podem ser encontrados na literatura:

- Sistema de Suporte à Decisão (ou *DSS*, do inglês *Decision Support Systems*);
- Sistema de Suporte à Decisão Espacial (ou *SDSS*, do inglês *Spatial Decision Support System*s);
- Sistema de Suporte ao Planejamento (ou *PSS*, do inglês *Planning Support Systems*).

4.1. Sistema de Suporte à Decisão

Um Sistema de Suporte à Decisão pode ser definido, no caso do planejamento urbano, como sendo um sistema computacional que auxilia os planejadores ou tomadores de decisão nas análises e proposição de soluções para os problemas de uma determinada cidade, através da simulação de cenários urbanos. Este sistema inclui: aquisição de informações sobre o próprio estudo de caso, aquisição de informação sobre o próprio *software*, modelo de sistema de controle da evolução do projeto, modelos de análise de dados e simulação, visualização dos resultados obtidos e planejamento das ações (Turban & Aronson, 1998, *apud* Laurini, 2001).

Segundo Laurini (2001), um sistema de informações para o planejamento urbano deve conter ferramentas com os quais os diversos atores (técnicos e a comunidade) possam decidir ou negociar a solução dos diversos problemas urbanos. Entretanto, a grande dificuldade ainda existente não se refere à implementação destas soluções ou planos para a cidade, mas a monitoração cuidadosa das atividades e dos fenômenos urbanos utilizando um sistema de informação.

Um Sistema de Suporte à Decisão pode ter, como um de seus objetivos, criar e visualizar alternativas de planejamento urbano e de transportes, isto é, permitir o desenvolvimento e visualização de futuros cenários urbanos. É um sistema computacional desenhado para auxiliar os planejadores a resolverem os problemas estruturais urbanos. Ele utiliza a combinação de modelos (físicos, abstratos, simbólicos e matemáticos), técnicas analíticas e recuperação de informações para desenvolver e avaliar problemas urbanos complexos, como por exemplo, a questão da mobilidade urbana em cidades médias.

É importante ressaltar que no processo de tomada de decisão o planejador deve, neste tipo de abordagem, escolher o cenário pretendido levando em consideração as possíveis conseqüências ao meio - análise de risco máximo, intermediário ou mínimo, o que é possível neste ambiente computacional. Os componentes deste processo de decisão são: dados, modelos de decisão, ambiente de decisão (neste caso, a cidade), e as pessoas; sendo que cada um terá uma influência direta na escolha do cenário (Yigitcanlar, 2001; Brail & Klosterman, 2001).

Segundo Klosterman (2001), estes sistemas podem ser compostos também por um SIG, além de ferramentas tradicionais de planejamento urbano e regional, técnicas destinadas a análises econômicas e demográficas, modelos ambientais, técnicas e ferramentas de planejamento de transporte e uso do solo, além de técnicas e recursos tecnológicos diversos e mais recentes, tais como as técnicas de avaliação multicritério e recursos de hipermídia. Por todas estas características, os Sistemas de Suporte a Decisão podem, principalmente se associados aos SIG, auxiliar planejadores e gestores urbanos na tomada de decisões na esfera do planejamento urbano e regional, aumentando desta maneira as chances de sucesso nas intervenções espaciais. Entretanto, neste sistema o SIG é apenas uma ferramenta, pois o objetivo principal não é apenas realizar o mapeamento ou a construção da base gráfica. É necessário ter em mãos elementos de modelamento geográfico e elementos de planejamento. Outro fator de grande importância associado ao uso do SIG refere-se a diminuição do tempo gasto para a realização dessas análises, podendo desta forma levar a reduções no tempo de implantação dos projetos concebidos e selecionados.

4.2. Sistema de Suporte à Decisão Espacial e SIG

Como já mencionado no item anterior, na linha dos recursos computacionais inovadores, os Sistemas de Informações Geográficas constituem uma ferramenta que possibilita a visualização de informações espaciais em formatos diversos, proporcionando ao planejador uma ampla visão da problemática que está ocorrendo em uma determinada área da cidade, através da interpretação de dados oferecidos pelo próprio sistema (Huxhold, 1991; Brail & Klosterman, 2001; Shiffer, 1995; Yigitcanlar, 2001). Este ambiente permite o armazenamento, codificação e análise de dados espaciais e alfanuméricos. Ele associa atributos gráficos e não-gráficos, ou seja, ele é composto por um ambiente gráfico associado a um banco de dados tabular, sendo a estrutura de dados baseada em relações topológicas - sua localização espacial relativa está associada a um sistema de coordenadas (Huxhold, 1991).

Os crescentes avanços tecnológicos têm permitido que planejadores urbanos se utilizem cada vez mais do SIG não apenas como suporte para o armazenamento e análise de informações espaciais, mas para a implementação de novas técnicas de planejamento, fazendo dele uma plataforma em que se pode utilizar a simulação de ambientes através de normas e equações advindas do planejamento convencional (Peneau, 1990; Shiffer, 1992). Nesta mesma linha, merecem ainda destaque na área de planejamento urbano os Sistemas de Suporte à Decisão, já discutidos no item anterior.

Os SDSS foram construídos para realizar o suporte à decisão para problemas espaciais complexos; eles incorporam os componentes essenciais de um DSS, como: banco de dados (espaciais e não espaciais), modelos analíticos e de simulação, e a interface ao usuário utilizando um SIG. Embora os dois sistemas sejam compostos por ferramentas similares para o processo de planejamento urbano, no que se refere à entrada e exibição dos dados coletados, e ambos possuam modelos para simulação urbana, a grande diferença entre eles refere-se a algumas ferramentas especiais que podem compor um Sistema de Suporte à Decisão Espacial: recursos para construção de Cenários Alternativos, para administração de Grupos de Discussões e para gestão da Participação Pública. Desta forma, os SDSS constituem o ambiente ideal para o que o planejador ou decisor urbano possa trabalhar com as técnicas de planejamento participativo.

4.3. Sistema de Suporte ao Planejamento

O Sistema de Suporte ao Planejamento é uma ferramenta computacional que inclui métodos utilizados no planejamento, isto é, é composto por um módulo que reúne informações específicas à área de planejamento. Um sistema de informação para planejamento tem como foco o espaço. Os dados para planejamento referem-se a dados espaciais, não espaciais, quantitativos e qualitativos, abordando os aspectos físicos, sociais e econômicos. Uma das características destes dados é que muitos deles não podem ser comparados entre si.

Segundo Harris (2001) o PSS incorpora as áreas de desenho e simulação no planejamento estratégico. Estes dois módulos são importantes para definir a localização residencial, comercial e industrial em função dos efeitos sobre os níveis de serviço, carência de infra-estrutura, etc. A simulação poderá ser utilizada na interação de modelos de transporte público, áreas de estacionamentos, definição de tarifas, simulação de congestionamentos e impactos do comportamento locacional sobre os usos do solo. Em síntese, os Sistemas de Suporte ao Planejamento permitem a utilização de ferramentas para estudo, manipulação de mapas, modelos, cenários, tabelas multiatributos, planos e realização de cenários, além de também abrir possibilidade para o planejamento participativo.

4.4. Planejamento Participativo e *Internet*

Talvez o mais recente impacto das tecnologias de informação no planejamento tenha ocorrido a partir da década de 1990, com o desenvolvimento nas áreas de *hardware* e *software* intensamente voltado para a *Internet*. Este "novo" ambiente tem permitido a divulgação e acesso de grande quantidade de informações de diferentes áreas, com maior eficiência, a um número maior de pessoas. A *Internet* propiciou uma nova linguagem, bem como um novo modelo de organização das informações, documentações espaciais e visualização destas informações armazenadas, através da utilização de recursos de hipertexto, multimídia e hipermídia.

A participação popular também avança no campo virtual através da utilização da *Internet*. Ela pode ser amplamente implementada se estiver associada a um ambiente *www*, uma vez que, em tese, grande parte da população pode ter acesso a *Internet*, seja ele no ambiente residencial, de trabalho, escolar ou mesmo através de *cybercafés*. Este processo de participação pode ocorrer de diferentes modos. Através de uma página na *Internet* todos os cidadãos podem acessar uma série de informações relacionadas ao município em que residem, independente do local e horário de acesso. Esta consulta pode se dar através de processos de interatividade diretos ou indiretos, ou mesmo através de processos não interativos. Dentre os processos de interação e não-interação com a comunidade local pode-se destacar, como exemplo do segundo caso, a construção de uma página do município apenas com informações referentes a dados geográficos, censitários, ou referentes à legislação urbana do município. A participação popular começa a ser interativa a partir do momento que ela pode se comunicar com o corpo técnico, ou seja, quando na mesma página o usuário pode responder a questionários sobre determinado problema, enviar críticas, sugestões ou realizar consultas utilizando-se de *e-mail*. No entanto, a participação *on-line* da comunidade pode se dar através de uma ação direta (embora virtual) nas decisões, em um sistema que proporcione a visualização espacial das intervenções realizadas pelo usuário através de ferramentas de construção de mapas da cidade, fotos do local em questão, além da construção de cenários alternativos.

A utilização da *Internet* possibilita também que um número maior de usuários possa discutir os problemas urbanos juntamente com os técnicos e decisores, desde que haja divulgação na mídia local. Embora este processo de participação popular já esteja ocorrendo em muitas cidades do mundo inteiro, o principal problema da participação, seja ela na forma tradicional (presencial) ou não, refere-se em geral ao pequeno número de pessoas interessadas em discutir os problemas da cidade. Algumas pesquisas apontam que a baixa taxa de participação popular nestas reuniões é decorrente do local e horário, uma vez que muitos dos participantes são trabalhadores do comércio e indústria, portanto presos a horários de trabalho fixos e rígidos. A *Internet* de certa forma elimina ou reduz estas restrições.

5. SISTEMA DE SUPORTE À DECISÃO ESPACIAL NA *INTERNET*

Atualmente os ambientes SIG voltados para a *Internet* permitem disponibilizar dados gráficos e alfanuméricos através de páginas na *web*, assegurando a consulta, interação e comunicação de multiusuários *on-line*. Isto tudo sem permitir, por parte destes usuários, a alteração nas bases de dados originais, de forma a assegurar a integridade dos mesmos.

O ambiente SIG voltado para a *Internet* trouxe aos planejadores grandes avanços no desenvolvimento de sistemas que possibilitassem o acesso às informações em diferentes locais, e por plataformas heterogêneas, possibilitando um sistema de suporte à decisão interativo, ou seja, o desenvolvimento de ferramentas de participação *on-line*, com a possibilidade de visualização e modelagem espacial e virtual (Shiffer, 1992; Yigitcanlar, 2001). Nesta linha, a tendência atual refere-se ao desenvolvimento de módulos adicionais aos *software* de SIG, especialmente desenvolvidos para facilitar a visualização e análise espacial (Brail & Klosterman, 2001).

Com este novo perfil, os Sistemas de Informação Geográfica figuram como ambiente aglutinador para a utilização das técnicas de apoio à decisão, em um processo no qual o Planejamento Participativo se apresenta como uma importante etapa. As ferramentas citadas como parte integrante dos DSS, agora interligadas num ambiente *www* (*World Wide Web*), proporcionam um novo cenário na área de planejamento, no qual é possível congregar diferentes decisores localizados em cidades ou países distintos, analisando, discutindo e propondo novas alternativas para o contexto específico de qualquer cidade particular. Esta é uma das razões que levam atualmente diversos grupos de pesquisa à investigação dos impactos da união dos conceitos do Sistema de Suporte à Decisão com o Planejamento Participativo, no ambiente da *Internet*.

Segundo Jankowski e Nyerges (2001), num Sistema de Suporte à Decisão Espacial o processo participativo pode ocorrer dos seguintes modos: entre participantes que se encontram num mesmo lugar ao mesmo tempo, entre participantes que apesar de estarem numa mesma localidade acessarão o sistema em diferentes períodos, entre participantes localizados em lugares diferenciados, mas conectados ao mesmo tempo, e entre participantes localizados em cidades ou países diferentes e em horários diferentes. Assim, a interação humana no sistema de suporte à decisão espacial para o planejamento urbano e de transportes pode ocorrer através do formato tradicional ou utilizando um ambiente *www*. Em ambos os casos o processo de interação é realizado através da interação homem-computador-homem, que pode ocorrer utilizando uma rede de comunicação *intranet* ou *extranet*. A Tabela 1 resume as diferentes combinações de localização e horário referentes ao processo de participação utilizando um computador. Para cada uma das situações apresentadas pode-se escolher um sistema de interação/participação que vai desde o convencional, face a face, até o de uma arquitetura computacional baseada no conceito cliente-servidor, como mostra a Figura 1. Esta primeira definição é importante para a escolha do *hardware* e *software* mais indicado para cada caso.

No caso do planejamento das cidades, o processo de participação incluído no Sistema de Suporte à Decisão Espacial tornou o processo de tomada de decisão como algo inovador pois, por poder se dar através da *Internet*, diferentes grupos podem discutir, argumentar e eleger a solução mais adequada para um determinado problema urbano, mesmo que estas pessoas encontrem-se fisicamente separadas uma das outras, até mesmo em países diferentes. Quanto às ferramentas que podem ser usadas em Sistemas de Suporte à Decisão Espacial voltado para *Internet*, os seguintes aspectos são fundamentais:

- *WEB Browser* – refere-se a um aplicativo escrito na linguagem de programação *Java*, sendo ele o responsável pela permanência e atualização constante da página na *Internet* ou através da utilização de *plug-in* (programa independente que deve ser instalado no computador para visualização de alguns *software*);
- Arquitetura do *software*, isto é, se ele possui um Módulo de Segurança dos Dados, Módulo de Comunicação, Módulo de Gerenciamento de Dados, Módulo de Exploração, Módulo de Avaliação, Módulo de Voto e Módulo de Obtenção dos Resultados (ver Figura 1).

Tabela 1 – Combinações de processo de participação através de interferências de localização e horário dos envolvidos.

Local	Mesmo Horário	Horário Diferente
Mesmo Local Ambiente de Rede Reunião Presencial	Reunião Tradicional Computadores ligados em rede	Reunião com histórico das discussões anteriores Computadores ligados em rede
Local Diferente Ambiente *www*	Videoconferência	Reunião distribuída *E-mail*, rede de banda larga, ferramentas de multimídia

Fonte: Adaptado de Jankowski & Nyerges (2001).

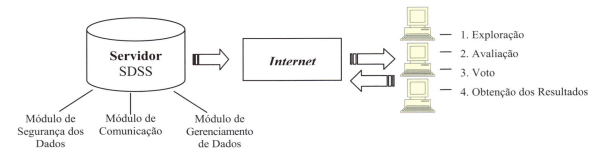

Figura 1 – Protótipo de arquitetura de *software* para SDSS – com participação pública através de diferentes horários e lugares. (Fonte: Laurini, 2001)

Atualmente existem diversas pesquisas que procuram desenvolver o processo de planejamento participativo voltado ao ambiente da *Internet* através de *SDSS*. Dentre estas podem ser destacados quatro exemplos:

CIGA – Community based Internet GIS Approach ou *GISbPDM - Geographical Information Systems Based Participatory Decision Making Approach* (Yigitcanlar, 2001)

O *CIGA* é uma ferramenta de Suporte a Decisão construída num ambiente de *Internet* que possibilita a participação *on-line* de multiusuários (público em geral, técnicos e planejadores) no processo de planejamento urbano. Um estudo de caso empregando esta ferramenta baseou-se nos problemas urbanos referentes à questão do uso do solo na região de Saraphane, em Izmir, na Turquia. No ano de 2002 foi realizada também uma aplicação teste deste sistema na cidade de Tóquio (Japão). O CIGA é composto por 03 componentes básicos:

- *Collaborative GIS* – responsável pelo sistema de suporte à decisão espacial, representando um novo conceito de SIG, que prioriza a Participação Pública – realizada pelo público em geral, planejadores urbanos e tomadores de decisão;
- *Strategic Choice Approach* – é uma técnica sofisticada para tomada de decisão e para o desenvolvimento de ações para o planejamento em situações onde existem muitas opções incertas, através de um modelo que trabalha conectado a plataforma SIG;
- *Computer Supported Collaborative Work System (CSCW)* – representa o terceiro componente do CIGA, responsável pelo trabalho de interação e participação no suporte ao desenho no computador. Nesta plataforma, o usuário pode visualizar as alternativas, submetê-las a outros participantes ou ao tomador de decisão, modificá-las e criar suas propostas (definir o cenário escolhido). O processo participativo pode ser realizado em diferentes níveis: informação, trabalho colaborativo, participação pública e participação eletiva/restrita.

Public Participation in the Twin Cities (Jankowski & Nyerges, 2001)

Este projeto, desenvolvido para auxiliar o processo de planejamento das cidades de Minneapolis e Saint Paul (conhecidas como *Twin Cities*), no estado de Minnesota (Estados Unidos), levou em consideração os seguintes aspectos: a reorganização espacial da vizinhança, a criação de um senso comunitário, e o aumento da participação popular no processo de planejamento. Neste caso, a utilização da *Internet* permite o acesso ao *site* http://www.freenet.msp.mn.us/org/dmna/, que disponibiliza as seguintes informações aos usuários:

- *Sites* contendo regras para os membros, cópia do plano de Minneapolis com comentários, etc.;
- Documentos oficiais;
- *E-mail*;
- Programa de revitalização em detalhe;
- Informações sobre a vizinhança (dados censitários, etc.);
- *Sites* sobre o local;
- *Links* para *sites* locais e nacionais (*sites* governamentais, por exemplo).

Virtual Slaithwaite (Jankowski & Nyerges, 2001)

Este projeto foi desenvolvido pela Universidade de Leeds (Inglaterra), sob a coordenação de Richard Kingston. O objetivo era realizar um exercício para obter as opiniões da comunidade local, identificando seus anseios para o futuro, utilizando um planejamento não-tradicional, através do estímulo a participação popular. Utilizou-se o ambiente *www* e o SIG para detectar e analisar o vilarejo de Slaithwaite. A participação popular através do ambiente *www* proporcionou uma maior integração no processo de planejamento, em comparação com as participações tradicionais, principalmente em relação ao público mais jovem. Foi utilizada uma área de $2 \, km^2$ ao redor do vilarejo, sendo este construído virtualmente, possibilitando que a comunidade pudesse interagir diretamente neste protótipo, através do acesso digital numa página disponível na *Internet*. As informações dos usuários (comentários e sugestões) foram armazenadas num banco de dados que possibilitou depois sua utilização no processo de planejamento do local. Como a maioria da população local não dispunha de computadores com acesso a *Internet*, foram instalados computadores pessoais em locais estratégicos (com acesso fácil), para a consulta/interação popular.

174 Contribuições para o Desenvolvimento Sustentável em Cidades Portuguesas e Brasileiras

Transportation Improvement Program Decision Making (Nyerges *et al.*, 2003)

Foi um programa desenvolvido pelo Departamento de Transportes do Estado de Washington, nos Estados Unidos, para o Planejamento Regional de Transportes para as cidades de King, Kitsap, Pierce e Anohomish. Este programa é parte do Programa Nacional de Transporte ISTEA-99 (*Intermodal Surface Transportation and Efficiency Act*) e o *TEA-21, que é uma* atualização desta normatização. O primeiro passo consistiu na definição dos participantes, divididos de acordo com suas funções, isto é:

- *Suporte Técnico – Regional Transportation Planning Organization –* responsáveis pela criação e definição dos *scores* do projeto;
- *Regional Project Evaluation Committee –* misto de técnicos e gerenciadores do projeto, responsáveis pela evolução inicial, responsabilidade técnica inicial e política de evolução dos trabalhos;
- *Transportation Policy Board –* sua função é a recomendação final dos trabalhos;
- *Público –* composto por organizações locais, públicas e privadas, afetadas diretamente pelos problemas.

Resumidamente, os técnicos especialistas tinham a função de estabelecer alternativas, os tomadores de decisão definiriam a política e evolução das alternativas e o público, composto por interessados e partes afetadas, sofreria os impactos do que seria decidido. Definiu-se em qual parte do processo de tomada de decisão cada grupo agiria. Foram estabelecidos *scores*, detalhadamente, para os critérios acessibilidade e forma urbana. Este projeto foi colocado na *Internet* para que a população pudesse comentar sobre a evolução das propostas. Junto com os mapas foram disponibilizados, através de *links*, fotos dos locais do projeto que auxiliaram o público na identificação e localização dos mesmos.

Os exemplos apresentados mostram diferentes enfoques da participação popular no ambiente da *Internet*. Além disso, ficou evidente, no entanto, que na maioria das experiências apresentadas, a participação popular restringiu-se à troca de informações entre a comunidade e os técnicos, através de consultas realizadas num ambiente *www*, por questionários ou *e-mail*, e não pela interação junto a um *software* específico - Sistema de Suporte à Decisão Espacial.

6. DSS E PLANEJAMENTO PARTICIPATIVO VIA *INTERNET* – ALGUNS DADOS DE CIDADES BRASILEIRAS E PORTUGUESAS

Alguns países europeus e americanos estão utilizando o Sistema de Suporte à Decisão Espacial para o planejamento urbano e de transportes com o propósito de facilitar a interação entre planejadores, tomadores de decisão e a comunidade. Por outro lado, algumas cidades brasileiras e todo o território português estão adotando SIG para armazenar dados espaciais e alfanuméricos, fato que vem ocorrendo simultaneamente com a intensificação do processo de planejamento participativo em ambos os países. Entretanto, este processo de participação popular ainda não é realizado, na grande maioria dos casos, através da *Internet*.

Embora existam grandes diferenças neste processo, uma vez que no Brasil, devido a sua extensão territorial e às grandes diferenças culturais e econômicas regionais, ainda não são comuns sistemas de informação para os seus municípios, pode-se afirmar que a maioria das cidades brasileiras não tem à disposição um banco de dados eficiente que realmente auxilie no processo de planejamento urbano, como constataram Costa *et al.* (2003). Embora exista um projeto desenvolvido em nível federal que visa disponibilizar dados referentes a todas as cidades brasileiras na *Internet*, intitulado *SNIU – Sistema Nacional de Indicadores Urbanos*, na área de transportes, por exemplo, estes indicadores ainda estão sendo definidos. Em contrapartida, Portugal já está desenvolvendo um sistema de informação em nível nacional, que poderá auxiliar o país na implantação de Sistemas de Suporte à Decisão Espacial, seja em nível nacional, regional ou das cidades.

Outros dados levantados por Costa (2003) em relação aos dois países, relativos à disponibilidade de informações na *Internet*, permitem identificar como cidades de porte médio no Brasil e em Portugal estão fazendo uso da ampla acessibilidade da *Internet* para melhorar o seu processo de planejamento. No levantamento realizado pôde-se constatar que grande parte das cidades brasileiras pesquisadas já possui uma página disponível da *Internet* com informações socioeconômicas e geográficas. Para Portugal, no entanto, embora o número de páginas para seus municípios seja maior, se comparado ao Brasil, os dados disponíveis limitaram-se, em sua maioria, a informações de caráter turístico e de lazer. Cabe destacar também que, para Portugal, muitas das informações estatísticas produzidas pelo INE (Instituto Nacional de Estatística) não se encontram disponíveis para a população em geral, sendo muitas delas de acesso restrito ou realizado mediante o pagamento de taxas. Constatou-se também que nenhuma das cidades brasileiras pesquisadas possui um sistema de informações geográficas voltados ao ambiente *www*.

No que diz respeito ao desenvolvimento de planos ou estratégias de desenvolvimento urbano para cidades de Brasil e Portugal, a pesquisa conduzida por Costa (2003) identificou, para os dois paises, as cidades para as quais já encontravam-se disponíveis, via *Internet*, informações relativas a estas questões. Das 106 cidades brasileiras pesquisadas, 11,32 % (12 cidades) apresentaram em sua página na *Internet* informações relativas a planos ou estratégias de desenvolvimento urbano. Já para Portugal, das 121 cidades pesquisadas, 25,62 % (31 cidades) apresentaram este tipo de informação.

Ainda que estivessem disponíveis dados estatísticos, diagnósticos mais detalhados das condições urbanas, planos orçamentários, entre outras informações referentes à implementação de planos de desenvolvimento urbano, para a maioria das cidades para as quais este tipo de informação já era acessível, este processo tem ocorrido sem a participação popular, pelo menos no que diz respeito aos meios de acesso público à informação, via *Internet*. No entanto algumas exceções podem ser destacadas. Para o Brasil, cidades como Ribeirão Preto (SP), Piracicaba (SP), Barra Mansa (MG) e Caxias do Sul (RS) já mantêm um canal de comunicação com a sua comunidade através do serviço de *e-mail*, principalmente quando se deseja conhecer a opinião dos cidadãos no que diz respeito à alocação de recursos e proposição de projetos em nível urbano (Orçamento Participativo), e para fornecer informações diretas sobre a execução de obras e serviços urbanos. Já para Portugal, ainda que o número de cidades que já dispõem de planos ou estratégias de desenvolvimento urbano seja superior ao caso do Brasil, a participação popular utilizando como ferramenta a *Internet* tem ocorrido de forma semelhante, ou seja, através de um canal de comunicação via *e-mail*, onde os cidadãos podem enviar seus comentários, sugestões e críticas referentes às atividades e projetos desenvolvidos em sua cidade. Este serviço já encontra-se disponível em Concelhos como Aveiro, Trofa, Póvoa do Varzim, Torres Novas, Vila Nova Famalicão, Montijo, Albufeira, Faro, Covilhã, Torres Vedras (pesquisa sobre a prioridade de execução de obras urbanas) e Chaves. Um aspecto importante é que algumas cidades (como Marinha Grande, Seixal e Coimbra) destacam-se por disponibilizar dados geográficos, através de Sistemas de Informações Geográficas, via *Internet*. Com este recurso o cidadão pode visualizar, através de mapas temáticos, diferentes tipos de informação, tais como: distribuição de equipamentos urbanos, distâncias entre pontos selecionados, acessar dados relativos ao Plano Diretor Municipal (zoneamento e uso do solo), visualizar informações físicas e demográficas, entre outras.

176   Contribuições para o Desenvolvimento Sustentável em Cidades Portuguesas e Brasileiras

A pesquisa de Costa (2003) permite constatar, ainda que de forma bastante incipiente, que o potencial da *Internet* como instrumento de comunicação do poder público com o cidadão tem sido pouco explorado. A necessidade de se desenvolver ferramentas que permitam maior interação entre estes dois setores fica evidente na medida em que acredita-se que a utilização plena deste canal de comunicação pode ampliar a participação popular no processo de planejamento e tomada de decisão em nível urbano, tanto no Brasil como em Portugal. Para o Brasil, particularmente, o momento atual é uma boa oportunidade para se ampliar a participação popular no processo de planejamento das cidades, uma vez que teve início recentemente um processo de revisão dos Planos Diretores Municipais, exigido pelo Estatuto da Cidade (Senado Federal, 2001).

7. PROPOSTAS PARA DESENVOLVIMENTO DE PESQUISA

A breve revisão de conceitos e experiências relacionadas ao desenvolvimento de Sistemas de Suporte ao Planejamento e Sistemas de Suporte à Decisão baseados na *Internet* discutida neste artigo é particularmente importante para o projeto de pesquisa "*Planejamento Integrado: em busca de desenvolvimento sustentável para cidades de pequeno e médio portes*", que está sendo desenvolvido em conjunto pelas Universidades USP e UNESP, do Brasil, e pela Universidade do Minho, em Portugal. Duas pesquisas em particular avaliarão Sistemas de Suporte à Decisão concebidos para ampliar a participação da comunidade no processo de planejamento. Uma primeira aplicação deverá ser realizada no campus da Universidade do Minho, em Portugal, e outra em uma cidade brasileira a ser definida. A proposta para o Brasil é implementar um Sistema de Suporte à Decisão Espacial visando a mobilidade urbana sustentável que permita a participação e interação popular no processo de planejamento. Embora as pesquisas e aplicações estejam ocorrendo em países distantes, a utilização de um Sistema de Suporte à Decisão Espacial tendo como ambiente integrador a *Internet* deve proporcionar uma permanente troca de informações e discussões acerca dos estudos de caso.

No caso da pesquisa brasileira referente à mobilidade urbana deverá ser utilizado um Sistema de Suporte à Decisão Espacial que possibilite a interação não presencial e em horários diferenciados, tanto de usuários quanto de técnicos especializados (que poderão ser brasileiros e portugueses) para a análise e definição de diretrizes que possam auxiliar em novas soluções para um planejamento de transporte sustentável. Dentre os exemplos aqui apresentados, aquele que mais se aproximou das diretrizes propostas para o projeto foi o *CIGA - Community based Internet GIS Approach;* que provavelmente servirá de base para o desenvolvimento de um sistema similar destinado a realizar as análises referentes á mobilidade urbana em uma cidade de médio porte. Neste sistema, a população e os decisores poderão interagir de acordo com suas especificidades, sendo definido graus diferenciados para cada tipo de participação. A primeira etapa da pesquisa pressupõe a implementação num SIG, dos dados referentes aos indicadores de mobilidade urbana, para uma cidade de médio porte (provavelmente Bauru, cidade do estado de São Paulo, com cerca de 320 mil habitantes), para implementação do modelo. Uma segunda etapa consistirá na montagem do Sistema de Suporte à Decisão Espacial num ambiente *web*, para então iniciar a fase de interação popular e técnica e análise das interações propostas.

Propostas de implantação de Sistemas de Suporte à Decisão Espacial para os dois países podem esbarrar em algumas dificuldades iniciais, como por exemplo, a necessidade de elaborar bases cartográficas digitais, uma vez que no Brasil poucas cidades as possuem. Por outro lado, o governo brasileiro criou e mantém um programa para incentivar a criação de páginas na *Internet*, cujo objetivo é propiciar maior participação popular e acesso à informação.

REFERÊNCIAS

Carver, S; Evans, A.; Kingston, R. & Turton, I. (s/d) *Virtual Slaithwaite: A Web Based Public Participation Planning for Real® System. URL: http://www.geog.leeds.ac.uk/papers/99-8/*

Craig, J.W.; Harris, T.M. & Weiner, D. (2002) *Community participation and Geographic Information Systems.* Taylor and Francis. London and New York.

Costa, M.S. (2003). *Mobilidade urbana sustentável: um estudo comparativo e as bases de um sistema de gestão para Brasil e Portugal.* Dissertação (Mestrado) – Escola de Engenharia de São Carlos, Universidade de São Paulo, São Carlos, 2003.

Costa, M.S.; Silva, A.N.R.; Magagnin, R.C.; Souza, L.C.L. (2003) *Em busca de um sistema de indicadores visando a mobilidade sustentável em cidades brasileiras de médio porte: o que revelam os sítios eletrônicos dos governos locais* In: III ENECS - III Encontro Nacional sobre Edificações e Comunidades Sustentáveis. São Carlos. Anais em CD.

Harris, B. (2001). Sketch Planning: Systematic Methods in Planning and Its Support. Em: *Planning Support Systems: Integrating Geographic Information Systems, Models, and Visualization Tools*, Edit. R. K. Brail e R.E. Klosterman, ESRI Press, 59-80.

Huxhold, W. E. (1991) *An Introduction to Urban Geographic Information Systems.* Oxford University Press, Oxford.

Jankowski, P. & Nyerges, T. (2001) *Geographic Information Systems for Group Decision Making.* Taylor and Francis. London and New York.

Kingston, R.; Carver, S.; Evans, A. & Turton, I. Virtual Decision Making in Spatial Planning: *Web*-Based Geographical Information Systems for Public Participation in Environmental Decision Making. URL: http://www.geog.leeds.ac.uk/papers/99-9/index.html

Klosterman, R. E. (2001). Planning Support Systems: a New Perspective on Computer-aided Planning. Em: *Planning Support Systems: Integrating Geographic Information Systems, Models, and Visualization Tools*, Edit. R. K. Brail e R.E. Klosterman, ESRI Press, 1-23.

Lacaze, J.P. (2001) *Os métodos do urbanismo.* 2 ed. Papirus, Campinas.

Laurini, R (2001) *Information Systems for Urban Planning – A hipermidia co-operative approach.* Taylor and Francis. London and New York.

Machado, J.A.R. (2000) *A emergência dos sistemas de Informação Geográfica na análise e organização do espaço.* Fundação Calouste Gulbenkian.

Nyerges, T.; Brooks, T.; Drew, C.; Jankowski, P.; Rutherford, G.S. & Young, R. (2003). *An Internet Platform to Support Public Participation in Transportation Decision Making project description revised based on project award.* URL: http://depts.washington.edu/pgist/doc/2003_NSF_transportation_decision_proj_descrip.pdf

Peneau, J.P. (1990) Nuevos instrumientos de gestion y de concepcion del espacio urbano. In *Nuevas Tecnologias en urbanismo.* Ciudad y Territorio. N 84, Madrid.

Senado Federal (2001). *Estatuto das Cidades.* URL: http://www.interlegis.gov.br/processo_legislativo/copy_of_20020308104014/view?page=HTTOC.HTM.

Shiffer, M.J. (1992) *Towards a Collaborative Planning Systems.* Massachussets Institute of Technology. URL: http://gis.mit.edu/people/mshiffer/collab.html

Shiffer, M.J. (1995) *Interactive multimedia planning support: moving from stand-alone systems to the World Wide Web.* Environment and Planning B. Planning and design. v. 22, n6, november, p. 649-664.

Yigitcanlar, T. (2001) *A methodology for Geographical Information Systems based participatory decision making approach.* Tese de Doutorado, Izmir Institute of Technology, Turkey. URL: http://www.yigitcanlar.com

12
Requisitos de Bases de Dados Cartográficos para Planejamento Urbano

Paulo C.L. Segantine e Léa C.L. de Souza

RESUMO

A aquisição e criação de uma base de dados são consideradas as etapas mais onerosas, complexas e importantes na implantação de um Sistema de Informação Geográfica (SIG). A aquisição é uma tarefa resultante da observação direta ou indireta do mundo real e a criação de um banco de dados tem por objetivo o registro e a manutenção das diferentes fontes de informações coletadas.

Este trabalho tem por objetivo apresentar os requisitos mínimos que uma base de dados cartográficos deva ter para auxiliar o planejamento urbano, considerando, por um lado, os recursos de hardware e software existentes e, por outro lado, os problemas de natureza espacial mais freqüentemente encontrados nas cidades e para os quais os SIG se apresentam como alternativa de solução.

Novas estratégias de análises e a implementação do uso dos SIGs devem ser incentivadas, como é o caso dos SIG-3D. A capacidade de manipulação de dados tridimensionais e possibilidades de visualização oferecidas por um Sistema de Informações Geográficas nestas áreas são ainda hoje limitadas a estudos pontuais. Apesar de existirem muitas aplicações potenciais, a capacidade tridimensional dos SIG é muitas vezes mais explorada esteticamente do que como ferramenta de cálculo e manipulação de dados urbanos. A representação da terceira dimensão é uma área de ponta nas pesquisas em SIG, sendo vantajoso o trabalho com a tridimensionalidade pela forma como o modelo se aproxima mais da realidade. Este tipo de modelo é o ideal para, por exemplo, pesquisas ambientais, para os quais as três dimensões não devem ser dissociadas. Neste trabalho são citadas algumas potencialidades de aplicações dos SIGs.

1. INTRODUÇÃO

A maioria das informações relativas ao meio ambiente (urbano, rural, marinho etc) tem associada de alguma forma a referência geográfica, como por exemplo, o endereço, bairro, CEP, nome do proprietário, nome da rodovia, coordenadas geográficas etc. Assim, o Sistema de Informação Geográfica – SIG - passa a desempenhar o papel de uma poderosa ferramenta de trabalho para realizar a integração de bancos de dados. Desta forma, os SIGs tornam-se recursos tecnológicos que permitem organizar e acessar a informação, com base em conceitos muito próximos dos conhecimentos da população em geral. O SIG não pode ser visto simplesmente como um mero auxílio à produção cartográfica. É uma tecnologia que oferece condições operacionais que auxiliam e agilizam os procedimentos de planejamento, gerenciamento e tomadas de decisões e que por isso vem sendo utilizada de forma cada vez mais promissora nas mais diferentes áreas de conhecimento. Umas das áreas com grande potencial para se servir desta tecnologia é a Engenharia de Transportes, que vem a cada dia ampliando o seu uso em suas atividades. Como exemplos de aplicação na área de transportes, pode-se apresentar os SIGs destinados ao tratamento de dados georreferenciados para desempenhar um papel importante no desenvolvimento de um sistema de práticas de gerência para conservação de vias pavimentadas e não-pavimentadas; no controle e roteirização da coleta de resíduos sólidos; no planejamento e controle de tráfego, na indicação da melhor área para implantação de um shopping center, escola, centro de saúde etc.

No campo do planejamento urbano, na última década houve um grande desenvolvimento de ferramentas para visualização e representação de informações, existindo variados tipos de dados disponíveis, até mesmo através da Internet e uma tendência a se trabalhar inclusive com dados tridimensionais. No entanto, apesar de existirem muitas aplicações potenciais, como as sugeridas por Janosch, Coors & Kretschmer (2000) ou ainda desenvolvidas por Ratti *et al.* (1999), em seus estudos de geometrias urbanas e modelagens de superfícies, a capacidade tridimensional dos SIGs é muitas vezes mais explorada esteticamente do que como ferramenta de cálculo e manipulação de dados urbanos. Para Batty *et al.* (1999), tanto os trabalhos em 2D como os de 3D vêm sendo mais orientados para estética e percepção do espaço urbano do que para o aproveitamento das potencialidades do SIG. Por este motivo, Batty (2002) afirma que a representação da terceira dimensão é uma área de ponta nas pesquisas em SIG. O mesmo autor retrata ainda que existem inúmeras razões para que os SIGs incorporem as funções dos programas CAD (Computer Aided Design), uma vez que expandir geometricamente para 3D e efetuar uma renderização (metodologia de cálculo de textura, sombra e cores) mais adequada são hoje funções simples do ponto de vista de programação, mas que trariam ao SIG ainda maior funcionalidade.

2. SISTEMA DE INFORMAÇÃO GEOGRÁFICA (SIG)

O SIG é sem sombra de dúvidas uma das grandes inovações tecnológica das últimas décadas. Pode-se afirmar, sem cometer nenhum engano, que esta tecnologia é de extrema utilidade em nossos dias, permitindo aos usuários a organização de tarefas, a resolução e a ajuda na tomada de decisões de vários tipos de problemas cotidianos, de uma forma rápida e segura. Este sistema está inserido em um contexto técnico-científico de grande potencialidade a aplicações relativas a pesquisas e interpretação da organização espacial de informações através da relação de um dado fenômeno com seus entes e atributos e sua localização espacial.

O principal objetivo de um sistema de informação é manter um conjunto de informações espaciais, de tal forma que elas possam ser usadas em tomadas de decisões em diferentes situações e por diferentes organizações. Devem oferecer a possibilidade de gerar documentos de diversas formas, para permitir a distribuição das informações recuperadas e por ele estimadas e também oferecer recursos flexíveis para geração de relatórios, de maneira a permitir apresentar as diversas informações que podem ser recuperadas.

Durante a execução de um trabalho, em suas diferentes etapas podem ocorrer alterações nos dados armazenados gerando versões atualizadas do projeto. Todo o processo, desde a coleta e a entrada de dados, até as operações de manipulação e saída podem gerar erros que alteram a qualidade dos dados e fazem com que a confiabilidade das informações obtidas seja afetada. Surge aqui o primeiro requisito básico nas operações com um SIG: o usuário deve possuir habilidade, discernimento e conhecimentos mínimos daquilo que deseja obter como resultado final. Pode-se afirmar que é mínima a possibilidade de sucesso de um simples curioso ou de uma pessoa que não esteja atenta passo-a-passo de cada etapa do processo do projeto.

Sob este aspecto, a capacidade de manipulação de dados tridimensionais e as possibilidades de visualização que podem ser oferecidas por um SIG, ainda que exija conhecimentos específicos do usuário, colabora para uma melhor compreensão dos resultados. A vantagem em se trabalhar com a tridimensionalidade está, sobretudo, na forma como se vê a informação, como ela pode ser interpretada e o que se pode dela extrair. Segundo Schmidt (2002), a visão é o órgão mais adequado para extrair e reconhecer relações e fenômenos espaciais e cerca de 50% de nossos neurônios, envolvendo grande parte do cérebro, são acionados para a interpretação da informação (Swanson, 1996). As informações complexas, podem, portanto, ser melhores interpretadas se visualizadas, colaborando para uma melhor conceituação de um problema. Para Langendorf (2001), a visualização pode alterar o modo de uma pessoa interpretar o problema.

As potencialidades do SIG-3D têm sido experimentadas em vários tipos de aplicações. Na área de pesquisas sobre energia, exemplos de integração entre informações de satélite e SIG são encontrados, como no trabalho de Sorensen (2001), no qual dados de energia solar são integrados a dados de população urbana para modelagem e estimativa de demanda de energia. No planejamento ambiental, poluição é uma das grandes preocupações nos estudos urbanos, estudada, por exemplo, por Sarasua, Hallmark & Bachman (2000) para predição de dispersão de poluentes, sendo também objeto do estudo de Hao *et al.* (2001) para produção de um inventário de emissão de poluentes em Beijing, China. Ou ainda Weng (2001) que estudando temperaturas em uma cidade da China, utilizando um SIG para monitoramento do impacto do crescimento urbano, encontrou um aumento de $13°C$ na temperatura radiante de superfície.

Bradley *et al.* (2002) utilizam análise espacial topográfica para avaliar temperaturas de superfícies de rodovias na Inglaterra, enquanto Chapman, Thornes & Bradley (2001), também analisando temperaturas nas superfícies em rodovias, incorporam um modelo numérico a um SIG, utilizando parâmetros geográficos que incluem o fator de visão do céu (o mesmo fator explorado por Souza *et al.*, 2003, em um SIG-3D).

Para planejamento energético ambiental urbano, Biondi, Cumo & Santoli (2001) utilizam um SIG para identificação de fontes renováveis de energia em uma pequena cidade da Itália, através da definição de declividades da superfície na região, localização de rios, velocidade de ventos, rugosidade da superfície, atividades agrícolas para determinação de biomassa e cobertura do terreno.

Para os SIG-3D várias possibilidades de aplicações são citadas por Janosch, Coors & Kretschmer (s.d. e, http//www.giscience.org/GIScience2000/posters/125-Janosch.pdf), e em estudos voltados para o desenvolvimento dos SIG-3D propriamente ditos, como em Zlatanova (2000) e outros também disponíveis na Internet. Para aplicações dos SIG-3D, existem potencialidades apontadas para estudos da geometria urbana e suas relações com a dispersão de poluentes, ou modelagem da superfície, como em Ratti *et al.* (1999).

Apesar de alguns exemplos pontuais de aplicação, a revisão da literatura conduzida comprovou que a integração entre os SIG-3D e o planejamento urbano ou áreas afins é pouco explorada. Mesmo em áreas com a Climatologia e a Meteorologia, nas quais o uso de SIG é bem documentado (Chapman & Thornes, 2002) fica claro, no entanto, que a capacidade de manipulação de dados tridimensionais e possibilidades de visualização oferecidas por Sistemas de Informações Geográficas nestas áreas é ainda hoje limitada a estudos pontuais. Conforme afirmações anteriores, a representação da terceira dimensão é uma área de ponta nas pesquisas em SIG, sendo vantajoso o trabalho com a tridimensionalidade pela forma como o modelo se aproxima mais da realidade. Este tipo de modelo é o ideal para pesquisas ambientais, para os quais as três dimensões não devem ser dissociadas, como é o caso de estudos térmico, lumínico e acústico dos ambientes urbanos.

3. BASE DE DADOS

Historicamente, o homem desde as primeiras civilizações sempre se preocupou com o processamento de informações geográficas para seu posicionamento. A necessidade da existência de um sistema de coordenadas que melhor atendesse as especificidades de seu uso foi sendo percebida ao longo dos anos. A caracterização de um ente com seus atributos exigia uma complementação para sua perfeita definição. Em civilizações mais antigas, a obtenção e a geração de informações geográficas era muito limitada, provavelmente devido às dificuldades da coleta de dados, da representação gráfica e de transmissão da informação.

As diversas decisões que envolvem conceitos tais como os de distância, direção, adjacência, localização relativa e tantos outros conceitos espaciais mais complexos são tomadas regularmente de maneira intuitiva. Dessa forma, o homem se viu obrigado ao longo dos séculos a desenvolver uma forma eficiente de armazenar informações e suas complexas relações espaciais. Daí surgiu o mecanismo analógico de armazenamento de dados espaciais conhecido como mapa.

Documentos históricos comprovam a existência de mapas desde as primeiras civilizações, firmando-se como uma boa maneira de se representar e controlar temporalmente as informações geográficas. Ressalta-se que os primeiros mapas apresentavam um grau de detalhamento muito baixo, devido a qualidade e quantidade das informações (dados) usadas na elaboração do mesmo. Basicamente, os mapas apresentam a mesma forma de representação ao longo dos anos. Com o desenvolvimento das diferentes áreas do conhecimento, os mapas passaram a ser uma forma eficaz de "guardar informações".

Neste ponto, é de extrema importância chamar atenção dos usuários de SIG que utilizam mapas como fonte de dados: deve-se estar atento quanto à escala, ao sistema de referência, ao tipo de coordenadas e ao sistema de projeção aplicado. A escala tem a sua importância quanto ao grau de detalhamento dos entes e atributos da área a ser representada. O conhecimento e entendimento do sistema de referência são importantes para a definição das coordenadas de pontos ou áreas de interesse e de eventuais transformações de coordenadas entre *data* ou simplesmente entre diferentes formas de representação. Quanto ao tipo de coordenadas é importante o domínio sobre a sistemática das transformações entre diferentes *data* e sistemas de referências. O conhecimento do sistema de projeção tem a sua importância na interpretação e representação do mapa propriamente dito. O conhecimento e domínio destes parâmetros são também considerados requisitos mínimos para o entendimento de uma base de dados obtidos a partir de mapas.

Os dados em um SIG podem ser originados a partir de diferentes fontes, que podem ser classificadas, de uma forma geral, em primárias e secundárias. As fontes primárias são relativas àquelas de levantamentos realizados diretamente no campo ou sobre produtos do Sensoriamento Remoto. As fontes secundárias utilizam mapas existentes e censos, originários das fontes primárias.

Uma das grandes barreiras no passado e nos dias atuais para o progresso dos SIGs tem sido a tendência de apegar-se aos mapas plotados como um modelo de desenvolvimento digital. Este é outro ponto que requer muita atenção por parte dos usuários. Deve-se ter em mente o seguinte questionamento: como foi obtido o produto digital? via digitalização manual ou numerização eletrônica? qual a precisão deste produto digital?. Chama-se atenção neste ponto destes fatos visto que os modernos SIGs têm substituído os mapas por bancos de dados acessados por sistemas computacionais e os usuários utilizam os dados sem o mínimo de questionamento, considerando-os como fontes de verdade. Neste ponto afirma-se: tudo que é mensurável está sujeito a erros, quer seja de natureza grossseiro, acidental ou sistemático.

182 Contribuições para o Desenvolvimento Sustentável em Cidades Portuguesas e Brasileiras

Quanto a base de dados, afirma-se que os bancos de dados típicos de um SIG armazenam e gerenciam dois tipos básicos de informações digitais: Elementos gráficos (ou geométricos) e Elementos não-gráficos, descritos resumidamente a seguir.

3.1 Elementos gráficos (ou geométricos)

Envolve caracterizações de feições de mapas e seus ícones associados, que podem ser apresentados no monitor de vídeo. Pares de coordenadas, critérios de construção gráfica e símbolos definem e elucidam imagens cartográficas e podem ser considerados como elementos gráficos. Os dados gráficos podem descrever as seguintes propriedades: *posicionais* (caracterizam a posição de um objeto); *topológicas* (caracterizam relacionamentos de vizinhança ou de conexão entre os objetos) e *amostrais* (caracterizam valores de grandezas físicas ou de outras propriedades de um ponto ou de uma região). Em vários casos as anotações alfanuméricas são usadas para evidenciar alguns aspectos do desenho tais como: superfície de contorno, tipos de solos, limites de propriedades, cidades, rios, lagos, etc.

3.2 Elementos não-gráficos

Consistem primariamente em características, qualidades e relações que ligam feições gráficas do mapa com suas propriedades de locação espacial. Em outras palavras, os dados não-gráficos são atributos de objetos ou informações auxiliares que descrevem características não geométricas. A maioria dos elementos não-gráficos é armazenado em formato alfanumérico nos arquivos tradicional de dados.

É importante afirmar que os atributos de um SIG devem, sempre que possível, ser símbolos compactos geocodificados por coordenadas, tais como a coordenadas cartesianas geocêntricas (X, Y, Z) ou as coordenadas geodésicas latitude e longitude (ϕ, λ, h) ou coordenadas planas UTM (N, E) etc. Existem países que têm formas próprias para designar a posição de um ente, como por exemplo Portugal, que ao longo de suas histórias a cartografia nacional teve mudanças de *data* geodésicos e elipsóides de referência. Isto certamente exige que o usuário que venha a trabalhar neste país conheça a história destas alterações para que o trabalho a ser executado reflita precisamente a posição dos entes com seus atributos. Casaca *et al.* (2000), Matos (2001) apresentam uma boa revisão histórica da cartografia portuguesa. No caso do Brasil, apesar de ter ocorrido mudanças históricas de *data* e elipsóides de referência, a cartografia brasileira sempre seguiu orientações internacionais para formas de representação. Cabe aqui um novo chamado de alerta: o usuário deve estar atento às características históricas e técnicas da cartografia do país, da região ou do local onde será realizado um dado projeto, de modo a evitar transtornos indesejáveis. Apesar de haver diferenças de tratamento e definições cartográficas, pode-se garantir que o sistema de coordenadas geodésicas ou planas são as mais utilizadas como ferramenta para o georreferenciamento, para medir localizações espaciais e analisar propriedades de interesse.

4. AQUISIÇÃO DOS DADOS

A aquisição de dados refere-se ao processo de obtenção de dados na forma a qual pode-se inferir em um SIG. Para um nível simples de implementação, isto poderia consistir na facilidade de interpretar o formato de um conjunto de dados digitais que foram fornecidos por uma fonte externa. A eficácia deste tipo de facilidade depende do grau de dificuldade de reconhecer a variedade de formatos de dados, tais como DLG, DXF e NTF, etc., e a "exportação de formatos" de uma grande variedade de programas tais como ARC/INFO,

ArcView, IDRISI, SPRING etc. Um SIG deve ser capaz de importar imagens (fotos escaneadas), nos diferentes tipos de formatos, como por exemplo com extensão TIF, JPG e GIF. Existem várias fontes de captação de dados espaciais e algumas instituições e organizações utilizam-se destas fontes para obtenção de dados. Entretanto, freqüentemente estas instituições e organizações têm que gerar seus próprios dados digitais para análises específicas de pesquisas ou na solução de problemas específicos.

As técnicas de levantamento podem ser utilizadas na aquisição de dados primários que são inerentes das áreas de estudos da Topografia, Geologia, Fotogrametria Aérea ou Espacial, Sensoriamento Remoto e Estudos Sócio-Econômicos que podem envolver entrevistas e a transcrição de documentos. A utilização de SIGs facilita a integração de dados coletados de fontes heterogêneas, de forma transparente ao usuário final.

A criação dos bancos de dados para um SIG consiste na análise dos custos das seguintes operações: Controle do levantamento de campo (Topografia clássica ou uso de sistemas de posicionamento por satélites); Fotografia aérea; Mapeamento topográfico digital; Conversão de mapas existentes em papel para arquivos digitais; Seleção dos dados e atributos; Ortofoto digital; Sensoriamento Remoto; Verificação e correção dos dados existentes; Verificação e correção dos dados obtidos por outras fontes.

Os bancos de dados para a alimentação de um SIG são fundamentais para o sucesso de qualquer projeto. O processo de criação destes bancos de dados, oriundo de uma fonte de dados qualquer, pode ser dividido em duas etapas. A primeira, denominada entrada de dados, é subentendida como a migração de dados de diferentes fontes para o formato digital; a segunda é a conversão de dados referente a mudança da forma de representação digital, pois quase sempre os dados devem ser submetidos a alguma forma de conversão para serem integrados aos sistemas. Este processo de conversão requer muito cuidado na escolha do software a ser utilizado, uma vez que a escolha equivocada pode no mínimo provocar perda de tempo na elaboração das etapas de um projeto.

É ainda importante frisar que nenhum SIG poderá realizar qualquer tarefa útil até que o conjunto básico de feições espaciais e alfanuméricas tenha sido reunido e adquirido. Sendo assim, um SIG dificilmente poderá ser concebido, planejado ou implantado sem que se tenha um prévio conhecimento das informações que deverão ser tratadas, a forma como se encontram e o uso a que servirão.

A aquisição da base de dados é a etapa mais complexa e mais onerosa na implantação de um SIG. Não há um consenso na bibliografia quanto a valores percentuais dos custos nesta etapa. Esta estimativa depende dos objetivos do projeto, da região e país onde ocorre sua implantação, e principalmente das técnicas utilizadas para obtenção da base de dados referente ao trabalho. Após consulta a vários pesquisadores e agências implementadoras de SIGs, chega-se a conclusão que a etapa de aquisição da base de dados é responsável pelo percentual que varia de 50% a 80% dos custos e esforços na implantação de um SIG, sendo o primeiro evento no ciclo de vida de um projeto, o qual é essencial para o sucesso da operação.

Um fato que facilitou a incorporação da tecnologia SIG foi que estes sistemas permitem a integração de dados coletados em tempos e escalas diferentes e também usando métodos de coletas diversos. A tarefa de se coletar dados pode ser efetivamente realizada através de uma grande variedade de técnicas e equipamentos de acordo com a aplicação que se deseja. Após a coleta dos dados, estes podem estar sujeitos a algum tipo de tratamento antes de sua efetiva utilização. A adequada utilização dos dados pode demandar o desenvolvimento de estruturas convenientes de, por exemplo, inserção, eliminação, modificação e recuperação de registros. Assim, o tratamento de dados é constituído por grande variedade de técnicas em permanente evolução.

Conforme afirmação anterior, a coleta de dados espaciais (georreferenciados) pode ser efetuada a partir de levantamentos topográficos, geodésicos, fotogramétricos, por

Sensoriamento Remoto ou ainda através da transformação de dados já existentes. A Figura 1 apresenta algumas formas de coleta de dados de fontes primárias e secundárias. A aquisição dos dados através destas técnicas pode acontecer quando, por exemplo, não se têm dados disponíveis ou quando os dados existentes são desatualizados ou não confiáveis. Utiliza-se a transformação de dados existentes quando estes são confiáveis, precisos, atualizados e adequados para a aplicação em SIG.

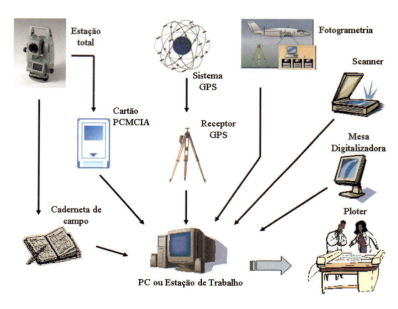

Figura 1 - Coleta de dados espaciais

A fonte utilizada para a captação dos dados dependerá do nível de detalhamento, precisão esperada, recursos disponíveis e abrangência espacial desejados. Isto significa que é necessário um planejamento do que se deseja extrair no final da implantação do sistema; por exemplo, se o trabalho estiver na área ambiental, onde a precisão de limites é mais flexível, podem-se usar técnicas mais rápidas e menos precisas de coleta de dados. Mas quando o projeto envolve uma área urbana valorizada, então a determinação de limites é essencial para se chegar a um bom resultado, dependendo então de uma técnica de coleta de dados mais sofisticada. A questão da precisão da demarcação de limites em áreas urbanas é muitas vezes ignorada, mas que pode causar problemas tanto para os moradores quanto para as agências de serviços. A Figura 2 ilustra duas demarcações para as freguesias do Concelho de Braga-Portugal.

Estas demarcações foram realizadas por agências governamentais diferentes, com diferentes critérios. Uma demarcação foi realizada pelo Instituto Nacional de Estatística (INE) e outra utilizada pela Câmara da Cidade de Braga, baseada na carta 1/25000. Este fato poderia vir trazer problemas tais como: uma residência poderia estar numa determinada freguesia que não seria a correta. No caso em que houvesse diferenciação de impostos territoriais entre freguesias, isto certamente tornar-se-ia um problema a ser resolvido, pois certamente o proprietário desta morada iria reclamar junto a câmara os seus devidos direitos. A Figura 3 ilustra uma ampliação da região central do Concelho de Braga onde pode ser observado com maior facilidade os diferentes critérios para delimitação das freguesias de Braga-São Vicente, Braga-Sé, Braga-São João, Braga-Cividade, Maximinos, São Victor e Real.

É importante apontar que atualmente estes critérios de delimitação de freguesias não são aplicados para definição de cobrança do imposto territorial sobre os imóveis. Acredita-se que a partir do momento onde houver critérios claros e únicos para delimitação das freguesias, certamente esta será uma nova forma para se criar diferenciação contributária entre imóveis.

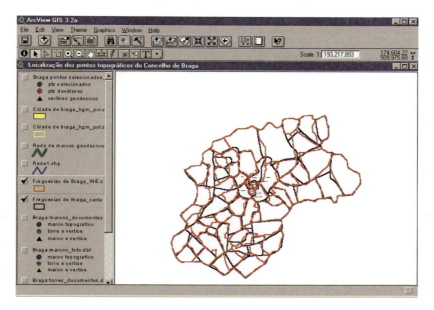

Figura 2 - Diferenças entre as delimitações de freguesias

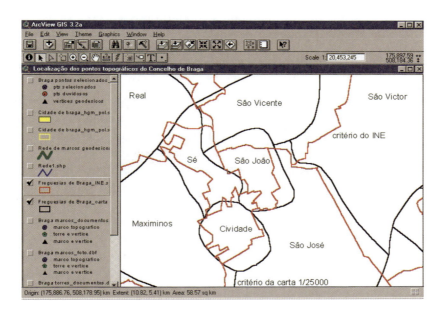

Figura 3 - Diferentes critérios para delimitação de freguesias

Do exposto, conclui-se que um projecto de aplicação de um SIG admite a integração de dados oriundos de vários métodos, mesmo que em tempos e escalas, referenciais e sistemas de projecções diferentes, desde que o usuário esteja sempre atento a particularidade de cada método. Para destacar cada procedimento de coleta de dados quanto à precisão, bem como vantagens e desvantagens de utilização, apresenta-se a seguir a Tabela 1 que resume as diversas técnicas de coleta de dados descritas

Tabela 1 - Técnicas de coleta de dados para um SIG

Técnica	Precisão	Vantagens	Desvantagens
Entrada de dados manual com lápis e papel	Não aplicável	Baixo custo	Demorado (alto custo de mão-de-obra); sem precisão na gravação das posições.
Estação Total	< 0,01m	Alta precisão	Alto custo; necessita de uma equipe de trabalho (2 ou mais pessoas), e requer visibilidade entre pontos.
GPS	0,001m – 15m	Alta precisão; rapidez; atributos gravados na forma digital.	Pode ser degradado sob árvores e em áreas urbanas devido a presença de edificações e presença de objetos refletores.
Fotogrametria	< 0,01m – 1m	Grandes áreas de cobertura; potencial para alta precisão.	Alto custo por ponto; limitado quanto a atributos.
Imagem de Satélite	1m – 1km	Cobertura global	Limitado quanto a atributos.
Digitalização de mapas	0,1m – 100m	Consistência com mapas anteriores	Exige mapeamentos prévios, precisão limitada aos produtos existentes.

5. BASE DE REFERÊNCIA

Os SIGs têm sido usados pelos mais diferentes tipos de usuários, destacando-se as empresas públicas, as empresas privadas e os centros educacionais. Os dados alimentadores destes sistemas podem advir de levantamentos topográficos e geodésicos, plantas, cartas e mapas existentes, fotos aéreas, imagens de satélites, dados estatísticos e tabulares e outros. Com isso, pode-se afirmar que os SIGs utilizam informações espaciais do meio natural onde atuam uma série de operadores espaciais (conjunto de operações algébricas, booleanas e geométricas).

O conceito de nível de medições é normalmente aplicado para atributos. Para se trabalhar com "informações", é muito importante considerar o conceito de medições e situá-las no tempo e no espaço. Ao contrário das medições de atributos, as medições de tempo e de espaço exigem o conhecimento do conceito de sistema de referência.

Os usuários de SIGs normalmente fazem confusão com alguns termos geodésicos pelo fato de que a maioria deles não tem conhecimentos básicos de Geomática. Para entender alguns termos, é necessário familiarizar-se com a Geodésia, Cartografia, Fotogrametria, Sensoriamento Remoto etc. O conhecimento de algumas definições e parâmetros geodésicos é muito importante para os cartógrafos, geógrafos, etc. visto que a integração dos dados requer muitas vezes conversão de medidas angulares, tais como latitude e longitude para medidas lineares tais como coordenadas cartesianas (X,Y,Z) e vice-versa. Além disso, estes profissionais encontram-se muitas vezes diante de situações da necessidade da conversão de coordenadas entre diferentes *data*. A transformação equivocada de coordenadas, a não consideração das correções lineares devido a curvatura terrestre e/ou devido posição geográfica local ou a utilização de coordenadas imprecisas podem certamente provocar problemas, como por exemplo, na demarcação de lotes dentro uma área de loteamento. A Figura 4 ilustra este tipo de problema onde pode ser observado que o fechamento dos lotes não ocorreu de forma regular. A razão deste fato pode ter origem na topometria do assentamento do loteamento.

Durante ou imediatamente após a obtenção de uma base de dados é importante que o usuário tenha bem definido qual é a base cartográfica de seus dados. O não conhecimento desta informação pode ser causa de transtornos, erros de definição espacial da localização de pontos e conseqüentemente atrasos no andamento dos trabalhos.

Figura 4 - Provável erro no assentamento de lotes

É importante citar que os dados apresentados num SIG devem ser sempre georreferenciados a um sistema único de coordenadas. Os sistemas de coordenadas utilizados no georreferenciamento são classificados em quatro classes principais: astronômicos, cartesianos tridimensionais, geodésicos e cartográficos. Recomenda-se que o usuário conheça as diferenças conceituais existentes entre estes sistemas de coordenadas. Além disso, é extremamente importante saber que apesar de existirem tentativas na sugestão de um sistema único de coordenadas para todos os países, isto ainda não foi possível uma vez que cada país ao longo de sua história tem adotado diferentes referenciais cartográficos. Em adição, a iniciativa de se adotar um sistema único de referência (nacional ou mundial) significa em muitos casos na total mudança da cartografia de um país. Isto, certamente pode vir a trazer muitos transtornos de ordem social, política e econômica.

Existem vários exemplos de países que utilizam diferentes sistemas de referências ou de projeções em suas cartas e mapas. Alguns dos países, como por exemplo os EUA, utilizam diferentes bases cartográficas em diferentes estados. Na Europa, apesar da proximidade entre os países, estes apresentam suas cartografias diferenciadas. Isto certamente exige muita atenção na elaboração de projetos que envolvam diferentes nações.

Do exposto, firma-se neste ponto a real importância do conhecimento da qualidade e da precisão base cartográfica de uma informação digital ou analógica para o planejamento urbano. É comum encontrar-se bases de dados digitais obtidas por conversão de dados já existentes, seja através de vetorização ou numerização. O usuário deve sempre questionar sobre a qualidade e a precisão destes tipos de informações. Isto pode ser facilmente verificado através da utilização do sistema de posicionamento por satélites que propicia a obtenção de coordenadas de pontos com precisão superior a 1mm + 1ppm. Um bom planejamento urbano sem sombra de dúvidas está fundamentado na qualidade e na precisão da base cartográfica utilizada.

6. CONCLUSÃO

Este texto teve como objetivo apresentar aos profissionais das mais diferentes áreas do conhecimento o grande potencial existente na tecnologia SIG no auxílio na solução de problemas e principalmente alertar a respeito dos cuidados mínimos que devem ser levados em consideração, quando da sua aplicação. O usuário deve ter sempre em mente a importância do conhecimento a respeito das características do banco de dados que está sendo utilizado, levantando questões a respeito de sua precisão e qualidade. O fato de uma informação ou um banco de dados apresentar-se na forma digital não está isenta de erros. Devem-se buscar metodologias rápidas e eficientes que auxiliem na verificação destes elementos de modo a garantir o sucesso do projeto em questão. Com o desenvolvimento tecnológico das últimas décadas, existe hoje uma variedade de técnicas que podem ser utilizadas na aquisição de informações precisas e seguras para geração de bancos de dados confiáveis.

Além disso, apresentou-se a importância de visualização de informações em três dimensões em um SIG. A tridimensionalidade é apontada como uma forma de possibilitar ao usuário a associação de imagens mais reais e de melhor compreensão dos resultados alcançados. Assim, os SIG-3D, possibilitando o gerenciamento e manipulação dos dados em três dimensões tornam-se instrumentos valiosos e encontram sua aplicação direta na análise e planejamento das cidades. No entanto, muito ainda deve ser desenvolvido para que o usuário possa trabalhar com uma interface que permita informações mais diretas, pois muitas das informações hoje necessárias para a utilização de uma SIG extrapolam a área de atuação do usuário.

REFERÊNCIAS

Batty, Michel. (2002) A decade of GIS: what next? *Environment and Planning B: Planning and Design*, 29:157-158.

Batty, Michel; Dodge, Martin; Jiang, Bin; Smith, Andy. (1999). Geographical information systems and urban design, in Stillwell, J.; Geertman, S; Openshaw, S. (eds.) *Geographical Information and Planning*. Berlin, Springer. 43-65.

Biondi, Fabrizio; Cumo, Fabrizio; Santoli, Livio de. (2001). Geographical information systems as environmental and energy planning tool: a case study. *Proceedings of PLEA 2001*, UFSC, Florianópolis, outubro. 2:621- 624.

Bradley, A.V.; Thornes, J.E., Chapman, L.; Unwin, D.; Roy, M. (2002). Modelling spatial and temporal road thermal climatology in rural and urban areas using a GIS. *Climate Research (CR380)*. Abstract disponível em: (www.cert.bham.ac.uk/research/ urgent/Roadsurfacetemp.pdf).

Casaca, João M.; Matos, João L.; Baio, J. Miguel (2000). Topografia Geral. *Lidel, Edições Técnicas, Ltda.* 3ª. Edição.

Chapman, L.; Thornes, J.E.; Bradley, A.V. (2001). Modelling of road surface temperature from a geographical parameter database. Part 2: *Numerical Meteorological Applications* 8.

Chapman, Lee; Thornes, John E. (2002) The use of geographical information systems in climatology and meteorology. *Climate and Atmospheric Research Group, School of Geography and Environmental Science*, University of Birmingham, UK. 24p. Disponível em: (http://web.bham.ac.uk/l.chapman/cost719.pdf).

Hao, J.M.; Wu, Y.; Fu, L.X.; He, D.Q.; He, K.B. (2001). Source contributions to ambient concentrations of CO and NOX in the urban area of Beijing, *Journal of Environmental Science and Health (Part-A Toxic/Hazardous Substances & Environmental Engineering)* 36:215-228.

Janosch, U.; Coors, V.; Kretschmer, U. (s.d.). Applications of 3D-GIS. Disponível em (http://www.giscience.org/GIScience2000/posters/125-Jasnoch.pdf)

Langendorf, R. (2001). Computer-aided visualization: possibilities for urban design, planning and management, in: Brail, R. K.; Klosterman, R.E. (eds.) *Planning Support Systems: Integrating Geographic Information Systems, Models, and Visualization Tools*. Redlands, CA, ESRI Press. p.307-359.

Matos, João Luís (2001). Fundamentos de informação geográfica. *Lidel, Edições Técnicas, Ltda.* 2ª. Edição.

Ratti , C.; Di Sabatino, S; Britter, R.; Brown, M.; Caton, F.; Burian, S. (1999). Analysis of 3D urban databases with respect to pollution dispersion for a number of european and american cities. Disponível em: (www.dmu.dk/AtmosphericEnvironment/ trapos/abstracts/CERC_2.pdf).

Sarasua, W.; Hallmark, S.; Bachman, W. (2000). Environmental assessment of transportation-related air quality, in: Easa, S.; Chan, Y. (eds.). *Urban planning and development applications of GIS*. Reston, VA, USA, ASCE.

Schmidt, Benno (2002). Visual 3-D iteraction tools for geoscientific and planning applications. Institute of Geoinformatics projects. Disponível: (http://www.cineca.it/hosted/aiace/projects_schmidt.html)

Segantine, Paulo C.L. (2001). Estudo do sinergismo entre os sistemas de informação geográfica e o de posicionamento global. *Tese de Livre-docência. Escola de Engenharia de São Carlos da Universidade de São Paulo*. 230 págs.

Sorensen, B. (2001) GIS management of solar resource data. *Solar Energy Materials and Solar Cells*, 67:503-509.

Swanson, James (1996). The three dimensional visualization and analysis of geographical data. Disponível e: http://maps.unomaha.edu/Peterson/gis/Final_Projects/1996/Swanson/GIS_Paper.html

Zlatanova, Siyka (2000). 3D GIS for Urban Development. PhD Thesis, Graz University of Technology, Austria, março 2000. Disponível em: (http://www.geo.tudelft.nl/frs/staff/sisi/thesis/pdf/content.htm)

13
Planeamento do Uso do Solo em Ambiente SIG: o Caso do Uso Industrial

Elisabete S. Soares, Rui A.R. Ramos e José F.G. Mendes

RESUMO

O objectivo deste artigo é o da apresentação de um modelo espacial de localização de actividades explicitado para o uso industrial que integra, por um lado, o ponto de vista dos empresários industriais e, por outro lado, o ponto de vista do ordenamento do território, bem como da sua aplicação aos casos dos municípios de Valença e Vieira do Minho. Os critérios admitidos e respectivos pesos resultam da consulta de um painel de empresários da região noroeste de Portugal, tendo-se calibrado funções *fuzzy* que modelam a contribuição de cada critério no processo de decisão. Os critérios foram combinados pelo operador OWA (*Ordered Weighted Average*) no sentido de integrar o risco na análise. Através das aplicações apresentadas é possível identificar as potencialidades deste modelo no apoio à decisão no Planeamento Territorial.

1 INTRODUÇÃO

De um modo geral, os processos de decisão pretendem satisfazer um ou múltiplos objectivos, e são desenvolvidos com base na avaliação de um ou vários critérios (Eastman, 1997). No caso particular da localização de actividades ou, por outras palavras, da afectação de usos a parcelas de solo, trata-se essencialmente dum processo de decisão de natureza multicritério, no sentido em que são considerados na avaliação diversos atributos do problema. O processo de decisão poderá consistir na avaliação das áreas com maior aptidão para o uso em estudo, dentro de um determinado espaço geográfico.

Um outro aspecto que tem constituído preocupação por parte dos decisores e investigadores é a questão do risco nos processos de avaliação. Num problema multicritério está implícita a avaliação de diferentes aspectos que contribuem (a favor ou contra) para uma decisão. A forma de combinar os critérios, a consideração de todos ou apenas parte deles (os melhores, os piores, os médios, ou qualquer combinação), a forma como uns critérios podem compensar outros, são tudo aspectos que assumem grande importância nas decisões, particularmente em contextos de recursos escassos. Entre as atitudes mais extremas de risco na avaliação - pessimistas (conservadoras) e optimistas (arriscadas) - pode haver lugar a cenários de avaliação que sejam mais compatíveis com as condições que contextualizam a decisão.

O modelo de localização industrial aqui apresentado, desenvolvido por Ramos (2000), resulta da fusão de três grandes eixos teóricos, a saber:

- Os modelos teóricos de Localização Industrial e os estudos específicos realizados nacional e internacionalmente, designadamente os exercícios de identificação de critérios;

- A Análise Multicritério como ferramenta de avaliação de alternativas, particularmente interessante quando se exploram diversas hipóteses de combinação de critérios no sentido do desenvolvimento de cenários de avaliação;
- Os Sistemas de Informação Geográfica como ambiente de desenvolvimento de modelos de natureza espacial (também designados por modelos cartográficos), possuidores de potentes ferramentas de análise e processamento espacial.

Os fundamentos conceptuais que suportam o modelo são os seguintes:

- A aptidão do território para o uso industrial pode ser avaliada através de critérios ou grupos de critérios que estão associados a diferentes pontos de vista: o dos empresários e o do ordenamento do território;
- Os critérios podem ser organizados por grupos e por níveis de análise, e combinados através da atribuição de diferentes graus de importância (pesos);
- Os critérios podem ser normalizados através da aplicação de funções *fuzzy*;
- Na combinação de critérios podem ser desenvolvidos cenários de avaliação com base em diferentes opções de *trade-off* e de risco.

2. AVALIAÇÃO MULTICRITÉRIO

De acordo com a terminologia da Teoria da Decisão, ao acto ou efeito de decidir entre várias alternativas denomina-se Decisão. No caso do Uso do Solo as alternativas representam as diferentes localizações, parcelas do território, possíveis para um uso em estudo.

A tomada de decisão é apoiada em critérios devidamente quantificados ou avaliados. Os critérios podem ser de dois tipos: Exclusões ou Factores.

Uma Exclusão é um critério que limita as alternativas consideradas na análise. É traduzida pela criação de limitações ao espaço de análise definindo as alternativas não elegíveis que deverão ser excluídas do espaço inicial de soluções possíveis, ou por apenas pretender garantir que a solução final possua algumas características pré-estabelecidas.

Um Factor é um critério que acentua ou diminui a aptidão de uma determinada alternativa para o objectivo em causa. De um modo geral, a aptidão é medida numa escala contínua de forma a abranger todo o espaço de solução inicialmente previsto.

A regra de Decisão constitui o procedimento que permite combinar os critérios para obter uma determinada avaliação, incluindo a própria comparação entre avaliações no sentido de produzir decisões. Tipicamente, as regras de decisão incluem técnicas para normalizar e combinar diferentes critérios, resultando um índice composto e uma regra que rege a comparação entre alternativas com base nesse índice. A estruturação das regras de decisão visa um contexto de objectivo específico. Com a finalidade de atingir esse objectivo é frequente a avaliação e combinação de diversos critérios através de procedimentos designados por Avaliação Multicritério (Voogd, 1983; Carver, 1991).

Os aspectos críticos num processo de decisão que envolve múltiplos critérios são: a avaliação de pesos para os critérios; a normalização dos critérios; e a combinação dos mesmos. Para uma melhor compreensão destes aspectos, incluindo uma descrição detalhada dos métodos possíveis, ver Mendes (2000) e Ramos (2000).

2.1 Avaliação de pesos para os critérios

Num processo de decisão que envolve múltiplos critérios é necessário quantificar a importância relativa de cada um, o que normalmente é feito pela atribuição de um determinado peso. O facto dos diferentes decisores atribuírem graus de importância variáveis aos diversos critérios, obriga a uma cuidadosa atribuição de pesos de modo a que sejam preservadas as suas preferências.

Não se podendo afirmar que existe um método consensual para a definição de pesos, encontram-se na literatura várias propostas para este efeito (Voogd, 1983; Winterfeldt e Edwards, 1986; Malczewski, 1999). Alguns desses exemplos, apresentados em Ramos (2000), são: métodos baseados no ordenamento de critérios, método baseado em escalas de pontos, método baseado na distribuição de pontos e método baseado na comparação de critérios par-a-par.

2.2. Normalização dos critérios

Normalmente os valores de diferentes critérios não são comparáveis entre si, o que inviabiliza a sua agregação imediata. Para resolver este problema é necessário normalizar para a mesma escala de valores a avaliação dos critérios.

A maior parte dos processos de normalização utilizam os valores máximo e mínimo para a definição duma escala. A forma mais simples é uma variação linear definida da seguinte forma (Eastman *et al.*, 1997):

$$x_i = (R_i - R_{min})/(R_{max} - R_{min}) * Intervalo\_normalizado \tag{1}$$

em que R_i é o valor de *score* a normalizar e R_{min} e R_{max} são os *scores* mínimo e máximo, respectivamente.

Quando o número de *scores* é suficiente para permitir o cálculo de médias e desvios padrão com algum significado, pode recorrer-se a uma outra forma de normalização denominada de Z-score (Bossard, 1999), cujo valor é dado pela seguinte equação (Mendes et al., 1999a):

$$Zscore = a\frac{R - \mu[R]}{\sigma[R]} \tag{2}$$

onde R é o valor do *score* a normalizar, $\mu[R]$ é a média dos *scores* das diferentes alternativas em consideração e $\sigma[R]$ é o respectivo desvio padrão. A variável a assume o valor +1 quando maiores valores do *score* do critério contribuem positivamente para o objectivo em causa, e o valor -1 quando maiores valores do *score* contribuem negativamente para o objectivo.

O processo de normalização é na sua essência idêntico ao processo de *fuzzification* introduzido pela lógica *fuzzy*, segundo o qual um conjunto de valores expressos numa dada escala é convertido num outro comparável, expresso numa escala normalizada (por exemplo 0-1). O resultado expressa um grau relativamente à pertença a um conjunto (designado por *fuzzy membership* ou possibilidade) que varia de 0.0 a 1.0, indicando um crescimento contínuo desde não-pertença até pertença total, na base do critério submetido ao processo de *fuzzification*. *Fuzzification* é a expressão original apresentada por Zadeh (1965), para a qual não se adoptou qualquer tradução. O mesmo acontece para a palavra *fuzzy*.

Para a normalização dos critérios, várias são as funções que podem ser utilizadas para reger a variação entre o ponto mínimo, a partir do qual os valores de *score* do critério começam a contribuir para a decisão, e o valor máximo, a partir do qual *scores* mais elevados não trazem contribuição adicional para a decisão. Algumas das mais utilizadas destas funções, designadas por funções *fuzzy* ou, mais genericamente e na terminologia anglo-saxónica, *fuzzy set membership functions*, são: Sigmoidal, J-Shaped, Linear e Complexa (Zadeh, 1965; Eastman, 1997; Mendes, 2000; Ramos, 2000).

A função *fuzzy* deve ser escolhida de acordo com a natureza do critério, sendo que a mais utilizada é a função Sigmoidal. É também importante uma selecção rigorosa dos pontos de controlo da função adoptada, já que de certa forma calibram a função para critérios e realidades particulares. Os pontos de controlo definem a partir de que valores de *score* o critério começa a contribuir para a decisão ou já não contribui para a mesma.

2.3. Combinação de critérios

Uma vez normalizados os *scores* dos critérios para um intervalo fixado (0 a 1, ou outro qualquer), estes já podem ser agregados de acordo com a regra de decisão. Existem diversas classes de operadores para a combinação de critérios (para uma descrição extensiva ver Malczewski, 1999). Nas secções seguintes apresentam-se dois procedimentos que, no âmbito dos processos de decisão de natureza espacial, são mais relevantes: a Combinação Linear Pesada (WLC - Weighted Linear Combination) e a Média Pesada Ordenada (OWA - Ordered Weighted Average).

2.3.1. Combinação Linear Pesada - WLC

O procedimento WLC (Voogd, 1983) combina os factores através duma média pesada, dada pela equação:

$$S = \sum_i w_i x_i \tag{3}$$

em que S é o valor final do *score*, w_i é o peso do factor i e x_i é o valor normalizado para o mesmo factor. Dado que o somatório dos pesos é a unidade, o *score* final vem calculado na mesma escala dos *scores* normalizados dos factores.

Nos casos em que, para além dos factores (que se expressam numa escala contínua), se aplicam também exclusões (que se expressam em escala binária 0/1), o procedimento pode ser alterado multiplicando o *score* calculado com base nos factores pelo produtório das exclusões:

$$S = \sum_i w_i x_i \times \prod_j c_j \tag{4}$$

onde c_j é o *score* (0/1) da exclusão j.

A mais importante característica do procedimento WLC é o facto de permitir a compensação entre critérios (*trade-off*), o que significa que uma qualidade (*score* a respeito dum critério) muito pobre numa dada alternativa pode ser compensada por um conjunto de boas qualidades (*scores* mais altos a respeito de outros critérios).

2.3.2. Média Pesada Ordenada - OWA

Yager (1988) introduziu uma nova perspectiva de análise através de um novo procedimento de agregação de factores. Esta técnica, para além de utilizar os pesos de critérios usados no procedimento WLC, considera outro conjunto de pesos que não estão especificamente ligados a quaisquer factores, mas que lhes são aplicados por uma ordem que depende do valor dos factores após a aplicação normal do primeiro conjunto de pesos.

Este procedimento denomina-se OWA e estes novos pesos denominam-se *order weights*, visto a sua aplicação depender de uma determinada ordenação dos factores que agregam (Yager, 1988, Eastman *et al.*, 1996, 1998).

Depois da aplicação do primeiro conjunto de pesos aos factores (tal como no procedimento WLC), os *scores* resultantes (agora pesados) são ordenados do valor mais baixo para o mais elevado. Ao factor com o *score* pesado mais baixo (o primeiro da lista ordenada) é aplicado o primeiro *order weight*, ao factor com o segundo valor mais baixo é aplicado o segundo *order weight*, e assim sucessivamente. Trata-se portanto de pesar os factores com base na sua ordem, do mínimo para o máximo.

Fazendo variar os *order weights*, o procedimento OWA permite implementar uma gama vastíssima (na verdade infinita) de opções de agregação. Como referem Eastman *et al.* (1998), num processo de decisão que envolva três factores, um conjunto de *order weights* [1 0 0] aplicaria todo o peso ao factor com o menor *score*, produzindo assim uma solução adversa ao risco (dita pessimista ou conservadora), equivalente ao operador lógico AND; um conjunto de *order weights* [0 0 1], pelo contrário, aplicaria todo o peso ao factor de mais alto score, produzindo assim uma solução de elevado risco (dita optimista), equivalente ao operador lógico OR; um conjunto de *order weights* [0.33 0.33 0.33], por sua vez, aplicaria igual peso a todos os factores, produzindo assim uma solução de risco neutro (intermédia), equivalente ao operador WLC. Nos dois primeiros casos apenas os *scores* extremos são considerados (o mínimo no primeiro e o máximo no segundo), o que significa que os factores não podem ser compensados uns pelos outros (ausência de *trade-off*). Contudo, no terceiro caso, como foi atribuído um conjunto de *order weights* perfeitamente equilibrado, os factores podem compensar-se mutuamente (*trade-off* total), no sentido em que maus *scores* nuns factores podem ser compensados por bons scores noutros factores. Na realidade este terceiro caso é um equivalente do WLC ou, ainda mais correctamente, o procedimento WLC é um caso particular do procedimento mais geral OWA.

Os *order weights* não estão obviamente restringidos aos três casos apresentados no parágrafo anterior; na verdade, qualquer combinação é possível desde que o seu somatório seja a unidade. A deslocação relativa dos *order weights* no sentido do mínimo ou do máximo controla o nível de risco (também designado por ANDness); por sua vez, a homogeneidade de distribuição dos *order weights* pelas posições controla o nível global de *trade-off*.

O resultado é um espectro estratégico de decisão, aproximadamente triangular, definido por um lado pela atitude de risco e, por outro lado, pelo nível de *trade-off* (Eastman *et al.*, 1998), como se observa na Figura 1.

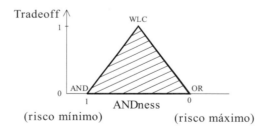

Figura 1 - Espaço estratégico de decisão (OWA)

A variável *ANDness* que indica a atitude de risco é dada pela equação (Eastman *et al.*, 1998):

$$ANDness = \frac{1}{n-1}\sum_i ((n-i)O_i) \qquad (5)$$

e o *trade-off*, que indica a possibilidade maior ou menor de compensação entre os critério, é dado por:

$$Tradeoff = 1 - \sqrt{\frac{n\sum_i (O_i - 1/n)^2}{n-1}} \tag{6}$$

onde n é o número total de factores, i é a ordem do factor e O_i é o peso (*order weight*) para o factor de ordem i.

2.4. Selecção de técnicas associadas à avaliação multicritério

A selecção das técnicas a utilizar depende, desde logo, da sua adequação à situação particular em análise, mas também dos dados e recursos disponíveis.

No que se refere à avaliação de pesos, sempre que estiver em causa expressar aquelas que são as prioridades dum grupo de decisores, deverá ser utilizado o Método de Comparações Par-a-Par. Embora seja um método mais complexo e demorado, que por vezes impõe a iteração para garantir um grau de consistência aceitável, os resultados e o próprio procedimento adequam-se perfeitamente ao problema da localização de actividades no território, isto é, quando se pretende uma avaliação da importância relativa dos critérios de localização considerados para os diferentes usos.

Para a pesagem de outros critérios, e nomeadamente quando se pretende construir cenários de avaliação, podem utilizar-se outros métodos mais simples; tipicamente atribuem-se directamente pesos decimais, o que corresponde a utilizar um método baseado na distribuição de pontos.

No que se refere à normalização de critérios, o procedimento mais adequado para variáveis contínuas (distâncias, por exemplo), é o da *fuzzification*, isto é, a aplicação duma função *fuzzy*, a qual deverá ser escolhida e calibrada criteriosamente. Para variáveis com valores numéricos discretos, pode optar-se por calcular previamente um Z-score para cada localização alternativa e só depois aplicar a função *fuzzy*, o que dá alguma contextualidade ao processo, dado que os Z-scores são referidos à média dos valores em análise.

Nos casos em que se está em presença de critérios envolvendo escalas nominais (uso do solo, por exemplo) deverão ser atribuídos arbitrariamente os scores normalizados, de acordo com a escala normalizada adoptada.

Finalmente, no que se refere à combinação de critérios, podem ser utilizados os procedimentos de agregação WLC (combinação linear pesada) ou OWA (média pesada ordenada), ou ainda uma combinação de ambos ao longo da estrutura hierárquica de decisão. Interessa recorrer ao procedimento OWA sobretudo quando se pretendem explorar cenários de risco e variação de *trade-off*.

3. IMPLEMENTAÇÃO DA AVALIAÇÃO MULTICRITÉRIO EM AMBIENTE SIG

Os Sistemas de Informação Geográfica (SIG) são programas destinados à aquisição, gestão, análise e apresentação de informação georeferenciada. Utilizando a informação organizada em diferentes níveis temáticos (por exemplo, rede de estradas principais, declive do terreno, ocupação do solo, etc.) é possível fazer várias operações de análise lógica, estatística e matemática apresentando os resultados numa carta ou numa tabela. Este tipo de ferramenta revolucionou a monitorização e gestão dos recursos naturais e uso do solo, não sendo portanto surpreendente o interesse crescente no desenvolvimento de abordagens de suporte à decisão baseadas em SIG (Eastman *et al.*, 1993, 1994; Eastman *et al.*, 1998; Carver, 1991; Janssen and Rietveld, 1990; Honea *et al.*, 1991).

A avaliação multicritério pode ser implementada num SIG através de um de dois procedimentos. O primeiro envolve a sobreposição booleana, na qual todos os critérios são reduzidos a declarações lógicas de aptidão (isto é, classificados de forma binária: 0/1) e então combinados por via de operadores lógicos como a intersecção (AND) e a união (OR). O segundo envolve a combinação de critérios contínuos (factores), através da normalização para uma escala comum e da aplicação de pesos para obter médias pesadas. Por razões que remontam à facilidade com que estas abordagens podem ser implementadas, a sobreposição booleana tem dominado as aplicações em SIG vectoriais, enquanto a combinação de critérios contínuos domina as aplicações em SIG *raster*.

No modelo desenvolvido optou-se por um SIG *raster*, no qual as Exclusões são processadas através de operações booleanas enquanto os Factores são processados por operadores matemáticos, recorrendo à álgebra de mapas.

A implementação do modelo corresponde, num SIG *raster*, ao processamento de cada pixel duma imagem *raster* representativa do território em estudo, permitindo obter mapas contínuos de aptidão para a localização industrial, quer global (final) quer por níveis de análise (ou seja, por grupos de factores). Por outras palavras, cada pixel é potencialmente uma alternativa para a localização da actividade industrial, pelo que, em função das características da parcela de solo que representa, é submetido a uma avaliação multicritério que determina a sua aptidão.

4. ESTRUTURA DO MODELO DE AVALIAÇÃO MULTICRITÉRIO

O modelo de avaliação é estruturado por níveis hierárquicos de análise, podendo definir-se dentro de cada um grupos de critérios. Estes grupos de critérios são processados de acordo com uma sequência que envolve a sua normalização, a aplicação dos pesos respectivos e a sua combinação. Esta sequência, a implementar num ambiente SIG para cada grupo de critérios e nível de análise, é apresentada na Figura 2, onde se indicam também as técnicas de Avaliação Multicritério aplicáveis.

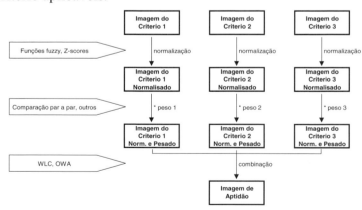

Figura 2 - Estrutura de análise por nível e grupo de critérios

5. APLICAÇÕES

5.1. Introdução

Em seguida são apresentadas duas aplicações do modelo descrito anteriormente. As aplicações apresentam a aptidão para a localização industrial de dois territórios distintos localizados no Noroeste de Portugal, os municípios de Valença e Vieira do Minho.

Os critérios adoptados em ambas as aplicações resultam do modelo de avaliação multicritério da aptidão do território para a localização industrial apresentado em Ramos (2000) e Soares (2002). O modelo é estruturado em níveis hierárquicos, apresentando-se aqui os dois superiores, dado que o terceiro nível é constituído por um número muito elevado de factores. O grupo de factores em análise, e os respectivos pesos, são os indicados na Tabela 1 e as exclusões são as indicadas na Tabela 2. Os códigos indicados nas Tabelas são os utilizados como nome das imagens *raster* representativas do respectivo grupo de factores ou exclusões.

As exclusões são um tipo de critério que, como foi já dito, restringem o espaço de solução do problema, através da exclusão de áreas de acordo com determinadas condições, neste caso foram considerados apenas critérios associados ao ordenamento do território.

A aplicação do modelo de localização industrial aos casos em estudo foi feita com recurso a Sistemas de Informação Geográfica, no caso de Valença utilizou-se o IDRISI, no caso de Vieira do Minho utilizou-se o ArcView. Em ambos os SIG se recorreu à modelação *raster* por ser a mais adequada à análise de fenómenos contínuos.

Tabela 1 - Factores associados à localização industrial

Código	Descrição	Pesos
A	**Factores associados à actividade industrial**	
A1	Acessibilidade	0.2860
A2	Mão-de-obra	0.2939
A3	Inércia industrial	0.0585
A4	Infraestruturas básicas	0.1318
A5	Equipamentos terciários	0.2298
B	**Factores associados a opções administrativas e sócio-económicas**	
B1	Preferências pessoais	0.2486
B2	Proximidade a centros de investigação e ensino superior	0.3517
B3	Proximidade a centros de decisão	0.3997
C	**Factores associados ao ordenamento do território**	
C1	Uso preferencial do solo, de acordo com PDM	0.3333
C2	Protecção ambiental - visibilidade a partir de áreas urbanas	0.3333
C3	Condições de implantação das instalações industriais - declive do terreno	0.3333

Tabela 2 - Exclusões associadas à localização industrial

Código	Descrição
CE	**Exclusões associadas ao ordenamento do território**
CE1	Condicionantes de uso do solo.
CE2	Condicionante de visibilidade a partir das áreas urbanas.
CE3	Condicionantes de servidões administrativas e restrições de utilidade pública.

5.2. Cenários de Avaliação

A quantidade de opções possíveis na definição de cenários de avaliação é teoricamente infinita, considerando diferentes combinações de pesos (de critérios ou *order weights*), e diferentes combinações do uso de OWA e WLC nos diferentes níveis de critérios. Neste quadro, optou-se por um conjunto de cenários com significado do ponto de vista do seu interesse prático, no contexto da realidade dos municípios em análise.

Assim, consideram-se as seguintes linhas de orientação de acordo com o nível dos critérios (para informação mais detalhada consultar Ramos, 2000, e Soares, 2002):

- Combinação dos factores de base através do procedimento de agregação WLC, considerando os pesos respectivos, resultando nas imagens A1 a A5, B1 a B3 e C1 a C3.

- Combinação das imagens resultantes da agregação anterior através do procedimento OWA, para cada um dos grandes grupos de critérios: associados à actividade industrial (A); associados a opções administrativas e sócio-económicas (B); e associados ao ordenamento do território (C). São simulados três cenários para cada grupo de critérios, correspondendo a diferentes níveis de risco e *trade-off* (ditos pontos de decisão), de acordo com a Figura 3, e os *Order weights* apresentados na Tabela 3.

Figura 3 - Pontos de decisão em análise nas aplicações

Tabela 3 – *Order weights* para a agregação das imagens do 2º nível

Cenário	Order weights		ANDness	Tradeoff	Tipo de avaliação
Ai	[0.20 0.20 0.20 0.20 0.20]		0.50	1.00	Risco médio Máximo *trade-off*
Aii	[1.00 0.00 0.00 0.00 0.00]		1.00	0.00	Risco mínimo (pessimista) Sem *trade-off*
Aiii	[0.00 0.00 0.00 0.00 1.00]		0.00	0.00	Risco máximo (optimista) Sem *trade-off*
Bi	[0.33 0.33 0.33]		0.50	1.00	Risco médio Máximo *trade-off*
Bii	[1.00 0.00 0.00]		1.00	0.00	Risco mínimo (pessimista) Sem *trade-off*
Biii	[0.00 0.00 1.00]		0.00	0.00	Risco máximo (optimista) Sem *trade-off*
Ci	[0.33 0.33 0.33]		0.50	1.00	Risco médio Máximo *trade-off*
Cii	[1.00 0.00 0.00]		1.00	0.00	Risco mínimo (pessimista) Sem *trade-off*
Ciii	[0.00 0.00 1.00]		0.00	0.00	Risco máximo (optimista) Sem *trade-off*

- Cenários finais resultantes da combinação dos resultados da agregação anterior através do procedimento WLC, usando dois conjuntos de pesos e duas combinações de cenários do nível anterior, num total de 4 cenários finais (ver Tabela 4). A combinação das imagens, neste caso os vários cenários, correspondentes ao nível anterior (Ai, Aii, Aiii; Bi, Bii, Biii; Ci, Cii, Ciii), e admitindo as exclusões (CE), dá origem aos mapas de aptidão finais. Convém clarificar que a utilização do procedimento WLC pressupõe que as imagens a combinar contenham *scores* expressos na mesma escala; assim, antes da geração dos cenários finais, procedeu-se à normalização dos cenários combinados para a escala 0-1.

Tabela 4 - Cenários finais de avaliação

Cenários	Cenários Combinados[1]	Pesos (WLC)	Tipo de avaliação
Fi	Ai-n	0.33	Combinação de cenários de risco médio e máximo *trade-off*
	Bi-n	0.33	
	Ci-n	0.33	
Fii	Aiii-n	0.33	Combinação de cenários: Aiii - risco máximo, sem *trade-off*; Bi - risco médio, máximo *trade-off*; Cii - risco mínimo, sem *trade-off*
	Bi-n	0.33	
	Cii-n	0.33	
Fiii	Ai-n	0.50	Combinação de cenários de risco médio e máximo *trade-off*
	Bi-n	0.35	
	Ci-n	0.15	
Fiv	Aiii-n	0.50	Combinação de cenários: Aiii - risco máximo, sem *trade-off*; Bi - risco médio, máximo *trade-off*; Cii - risco mínimo, sem *trade-off*
	Bi-n	0.35	
	Cii-n	0.15	

[1] O sufixo -n indica que a imagem foi normalizada para a escala 0-1.

Optou-se por dois conjuntos de pesos: um primeiro que corresponde a igual importância dos três grandes grupos de critérios A, B, e C (pesos todos idênticos e iguais a 0.33, 0.33 e 0.33, respectivamente); um segundo conjunto que atribui mais importância aos critérios associados à actividade industrial (grupo A, peso 0.50), um pouco menos importância aos critérios associados a opções administrativas e sócio-económicas (grupo B, peso 0.35), e menos importância aos critérios associados ao ordenamento do território (grupo C, peso 0.15).

Para cada um destes dois conjuntos de pesos foram combinados dois conjuntos de cenários resultantes da agregação anterior, o que resulta portanto num total de 4 cenários finais.

5.3. Mapas de aptidão industrial do Município de Valença

De acordo com o modelo apresentado anteriormente e conforme a implementação proposta na secção anterior foi feita uma aplicação ao Município de Valença.

Na Figura 4 apresentam-se as 11 imagens correspondentes ao 2º nível de factores A1, A2, A3, A4, A5, B1, B2 e B3 C1, C2 e C3.

A imagem A1 representa os *scores* da acessibilidade, sendo visíveis manchas que resultam de uma estrutura em anel centrada na parte Noroeste do concelho (de maior acessibilidade, onde se situa a sede) e que é afectada essencialmente pelos seguintes factores de deformação: (i) a presença dum segundo nó de auto-estrada, a Sul, que prolonga os anéis nessa direcção; (ii) a presença duma zona acidentada que penetra na área do concelho a partir de Este e na direcção Noroeste, "esmagando" os anéis de acessibilidade nessa direcção (mancha vermelha); (iii) a presença duma rede viária relativamente densa na parte Oeste do concelho, a qual gera a malha difusa que se pode visualizar a verde.

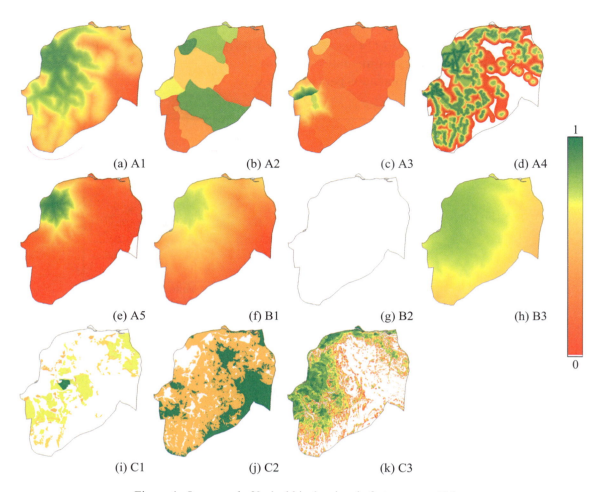

Figura 4 - Imagens do 2º nível hierárquico de factores para Valença

A imagem A2 representa os *scores* relativos à mão-de-obra, sendo visível uma concentração de mais elevados *scores* ao longo dum eixo Norte-Sul, com maior incidência nos extremos, particularmente a Norte-Noroeste, onde se situa a sede do concelho.

A imagem A3, relativa à inércia industrial, revela um pólo de elevados *scores* na parte Oeste do concelho, onde se situam as poucas indústrias existentes. Praticamente todo o concelho está representado por baixos *scores*.

A imagem A4 representa os *scores* relativos à proximidade a infraestruturas básicas. Podem visualizar-se múltiplas manchas em anel, as quais se desenvolvem em torno de aglomerados urbanos, já que é nestes que se situam as infraestruturas. A gradação de cores dos anéis (verde-amarelo-vermelho-branco) deve-se ao efeito combinado da normalização dos factores através das diversas curvas *fuzzy*. Verifica-se a presença duma área branca assinalável, a que correspondem *scores* nulos (ou seja, áreas que a respeito deste conjunto de critérios - infraestruturas - têm aptidão nula).

A imagem A5 representa os *scores* relativos à proximidade a equipamentos terciários, sendo evidente a concentração na sede do concelho, reveladora duma estrutura macrocéfala.

A imagem B1 refere-se às preferências pessoais dos empresários, designadamente a proximidade a áreas urbanas de qualidade e a locais de recreio. É evidente a concentração em torno da parte Noroeste, a qual contém o ponto de melhor acessibilidade ao exterior do concelho.

A imagem B2 refere-se à proximidade a centros de investigação e ensino superior. Pode observar-se que a imagem é totalmente branca (*scores* nulos), o que se deve ao facto das instituições mais próximas (Universidade do Minho, em Braga, e Instituto Politécnico de Viana do Castelo) se localizarem a distâncias superiores às das distâncias máximas das respectivas curvas *fuzzy* de normalização.

A imagem B3 representa os *scores* relativos à proximidade a centros de decisão municipal e central, podendo observar-se uma mancha de valores mais altos em torno da vila de Valença e o restante município com valores mais moderados, devido essencialmente à influência da cidade do Porto.

A imagem C1 refere-se aos *scores* decorrentes do uso do solo de acordo com o PDM. Como se trata duma reclassificação onde diversas classes de uso foram consideradas não adequadas, a imagem apresenta uma área extensa de *score* nulo (branca).

A imagem C2 refere-se aos *scores* relativos à visibilidade a partir de áreas urbanas. Dado existirem muitos aglomerados urbanos distribuídos de forma difusa (excepto na área mais declivosa) e, por outro lado, o relevo do território não ser muito complexo, verifica-se a presença duma extensa área visível (a amarelo) e duma área invisível muito menor (a verde, por ter *score* mais elevado), esta situada essencialmente na parte montanhosa do concelho. As áreas a branco são os "pontos de vista", isto é, os aglomerados urbanos. Convém referir que a área invisível encontrada resulta da adopção dum raio de pesquisa de 1000 metros, o que significa que para lá dessa distância se considera que o impacto visual não é assinalável.

A imagem C3 representa os *scores* relativos ao declive do terreno, podendo observar-se a mancha verde da faixa Norte e Oeste (menores declividades, maiores *scores*), que se contrapõe à grande área branca (elevados declives, *scores* nulos) da parte Este-Sul, ambas entremeadas por áreas de *scores* intermédios (amarelas). O elevado pormenor da imagem deve-se à grande resolução e qualidade do modelo digital do terreno desenvolvido.

Na Figura 5 apresentam-se as imagens resultantes dos 9 cenários do 1º nível, três para cada um dos grandes grupos de factores associados à localização industrial.

Pela análise das imagens da Figura 5 é perceptível que os cenários de baixo risco (Aii, Bii, Cii) apresentam uma predominância de tonalidades vermelhas (*scores* baixos), ou zonas brancas (*score* nulo) enquanto os cenários de elevado risco (Aiii, Biii, Ciii) apresentam uma predominância de tonalidades verdes (*scores* altos). Os cenários de risco médio (Ai e Avi, Bi) permitem que *scores* baixos sejam compensados por *scores* altos e resultam em valores finais de *score* que se colocam, em média, em zonas intermédias da escala. É importante referir que não se assiste apenas a variações em valor dos *scores*, resultantes do ponto de decisão escolhido - risco e *trade-off* - mas também a variações espaciais das superfícies de *score* no território, o que significa que a adopção de determinado cenário de avaliação em determinado momento, por razões que não cabe aqui discutir, corresponde à assunção de uma atitude de decisão que tem reflexos no território. Esta questão é bem evidente quando se compara, por exemplo, a imagem do cenário Aii (risco mínimo, sem *trade-off* - do grupo de critérios associados à actividade industrial) com a imagem do cenário Ai (risco médio, máximo *trade-off* - do mesmo grupo de critérios); na primeira a área de máximo *score* localiza-se a Oeste, próximo do nó sul da auto-estrada e das indústrias existentes, enquanto na segunda a melhor zona se situa mais próxima da sede do concelho, a Noroeste; na primeira existe uma área apreciável de aptidão nula, do ponto de vista deste grupo de critérios, enquanto na segunda, por via do *trade-off*, todas as áreas têm alguma aptidão, ainda que possa ser baixa, sendo que as áreas de *score* zero no primeiro cenário não são necessariamente as de mais baixo *score* no segundo cenário.

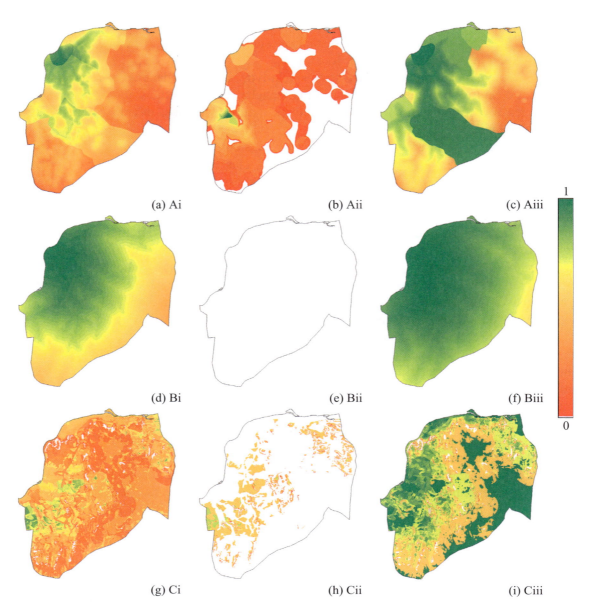

Figura 5 - Imagens dos cenários dos grupos de factores A, B e C para Valença

Raciocínio semelhante pode ser feito quando se comparam outros cenários. Um caso curioso é o cenário Bii, onde toda a área de estudo apresenta *score* nulo. Acontece que um dos factores combinados (B2) continha apenas zeros na sua imagem, o que resultou numa imagem final branca, já que o cenário Bii, por ser de risco mínimo e sem *trade-off*, tomou apenas os valores mais baixos dos factores combinados e não permitiu qualquer compensação. Em termos práticos isto significa que, para este ponto de decisão, bastou que apenas um factor não fosse satisfatório para que toda a solução fosse considerada insatisfatória, o que configura uma atitude conservativa de total ausência de risco (isto é, o equivalente ao operador lógico AND).

Na Figura 6 apresentam-se as imagens dos cenários finais, isto é, Fi, Fii, Fiii e Fiv, em que foram também consideradas as exclusões.

O cenário Fi combina linearmente (WLC) os cenários do primeiro nível de risco médio e máximo *trade-off* (Ai-n, Bi-n e Ci-n), atribuindo-lhes igual peso. Trata-se portanto do cenário médio a todos os títulos. Por sua vez, o cenário Fiii resulta da mesma combinação mas atribuindo maior peso aos critérios associados à actividade industrial (0.50) e muito menor peso aos critérios associados ao ordenamento do território (0.15). A comparação entre as respectivas imagens mostra uma distribuição de scores relativamente semelhante, com as áreas de maior aptidão a localizarem-se na zona centro-Oeste do concelho. Não obstante esta similaridade, verifica-se no cenário Fiii um reforço da aptidão das zonas mais próximas da sede do concelho, resultado do maior peso dado ao cenário Ai-n e da retirada de peso ao cenário Ci-n.

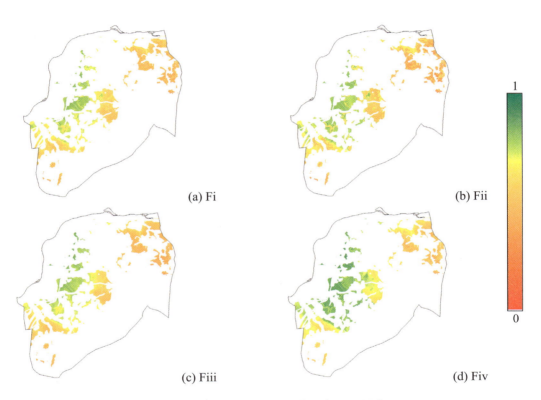

Figura 6 - Imagens dos cenários Fi, Fii, Fiii e Fiv para Valença

O cenário Fii combina linearmente (WLC) os cenários do primeiro nível Aiii-n (critérios associados à actividade industrial - risco máximo, sem *trade-off*), Bi-n (critérios associados a opções administrativas e sócio-económicas - risco médio, máximo *trade-off*) e Cii-n (critérios associados ao ordenamento do território - risco mínimo, sem *trade-off*), atribuindo-lhes igual peso. Por sua vez, o cenário Fiv resulta da mesma combinação mas atribuindo maior peso aos critérios associados à actividade industrial (0.50) e muito menor peso aos critérios associados ao ordenamento do território (0.15). A comparação entre as respectivas imagens mostra uma distribuição de scores diversa, com o cenário Fii a apresentar valores em média mais baixos e a concentrar as áreas de maior aptidão numa zona restrita do centro-Oeste do concelho, enquanto no cenário Fiv as áreas de maior aptidão são mais vastas e estendem-se por toda uma faixa ao longo da parte Oeste do concelho, com excepção da ponta Sudoeste. Neste caso faz-se sentir claramente a influência do cenário Aiii-n (que, sendo optimista, distribui scores mais elevados por áreas mais vastas), particularmente quando, no cenário Fiv, o seu peso é reforçado em desfavor do cenário Cii-n (que, por seu lado, é pessimista, logo de baixo score).

Em termos de distribuição geográfica das áreas mais aptas para a localização de indústrias, os cenários Fii e Fiv oferecem mais alternativas já que cobrem uma área mais vasta, com scores mais elevados quando comparados com as áreas oferecidas como boas pelos cenários Fi e Fiii.

5.3. Mapas de aptidão industrial do Município de Vieira do Minho

Para o município de Vieira do Minho apresenta-se uma análise idêntica à efectuada para Valença.

Na Figura 7 apresentam-se as 11 imagens correspondentes ao 2º nível de factores.

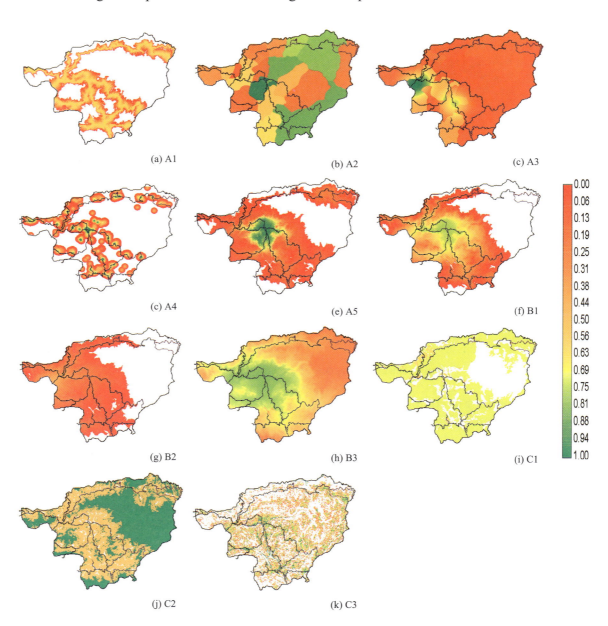

Figura 7 - Imagens do 2º nível hierárquico de factores para Vieira do Minho

A imagem A1 representa os *scores* da acessibilidade, sendo visíveis manchas de valores médios baixos resultantes da estrutura de estradas do município estar longe de um nó de auto-estrada e uma grande zona de scores nulos devido a muitas zonas serem acidentadas e sem acessos.

A imagem A2 representa os *scores* relativos à mão-de-obra, sendo visível uma concentração de mais elevados *scores* junto à sede do concelho, notando-se que algumas zonas dispersas pelo território, principalmente a Nordeste e a Sul, também possuem valores elevados.

A imagem A3, relativa à inércia industrial, revela um pólo de elevados *scores* na parte Oeste do concelho, onde se situam as poucas indústrias existentes. Praticamente todo o concelho está representado por baixos *scores*.

A imagem A4 representa os *scores* relativos à proximidade a infraestruturas básicas. Podem visualizar-se múltiplas manchas em anel, as quais se desenvolvem em torno de aglomerados urbanos, já que é nestes que se situam as infraestruturas. A gradação de cores dos anéis (verde-amarelo-vermelho-branco) deve-se ao efeito combinado da normalização dos factores através das diversas curvas *fuzzy*. Verifica-se a presença duma área branca assinalável, a que correspondem *scores* nulos (ou seja, áreas que a respeito deste conjunto de critérios - infraestruturas - têm aptidão nula).

A imagem A5 representa os *scores* relativos à proximidade a equipamentos terciários, sendo evidente a concentração na sede do concelho, reveladora duma estrutura macrocéfala.

A imagem B1 refere-se às preferências pessoais dos empresários, designadamente a proximidade a áreas urbanas de qualidade e a locais de recreio. É evidente a concentração em torno da parte Noroeste, a qual contém o ponto de melhor acessibilidade ao exterior do concelho e a própria sede de concelho.

A imagem B2 refere-se à proximidade a centros de investigação e ensino superior. Pode observar-se que a imagem possui uma zona de baixos *scores* a Oeste, por se encontrar relativamente próxima da Universidade do Minho, em Braga, extendendo-se ao longo das estradas para Este e Sul, no entanto toda a zona Este possuiu *score* nulo pois é ultrapassada a distância máxima das respectivas curvas *fuzzy* de normalização.

A imagem B3 representa os *scores* relativos à proximidade a centros de decisão municipal e central, podendo observar-se uma mancha de valores mais altos em torno da vila de Vieira do Minho e o restante município com valores mais moderados, devido essencialmente à influência da cidade do Porto.

A imagem C1 refere-se aos *scores* decorrentes do uso do solo de acordo com o PDM. Como se trata duma reclassificação onde diversas classes de uso foram consideradas não adequadas, a imagem apresenta uma área extensa de *score* nulo (branca).

A imagem C2 refere-se aos *scores* relativos à visibilidade a partir de áreas urbanas. Dado existirem muitos aglomerados urbanos distribuídos de forma difusa a Oeste do concelho e ao longo das estradas, excepto nas áreas mais declivosas, verifica-se a presença duma extensa área visível (a amarelo) e duma área invisível muito menor (a verde, por ter *score* mais elevado), esta situada essencialmente na parte montanhosa do concelho. As áreas a branco são os "pontos de vista", isto é, os aglomerados urbanos. Convém referir que a área invisível encontrada resulta da adopção dum raio de pesquisa de 1000 metros, o que significa que para lá dessa distância se considera que o impacto visual não é assinalável.

A imagem C3 representa os *scores* relativos ao declive do terreno, podendo observar-se apenas pequenas mancha verde (menores declividades, maiores *scores*), que se contrapõe à grande área branca (elevados declives, *scores* nulos), ambas entremeadas por áreas de *scores* intermédios (amarelas). O elevado pormenor da imagem deve-se à grande resolução e qualidade do modelo digital do terreno desenvolvido. Deve-se realçar a especificidade montanhosa do concelho em análise bem visível nesta imagem.

Na Figura 8 apresentam-se as imagens resultantes dos 9 cenários do 1º nível, três para cada um dos grandes grupos de factores associados à localização industrial.

No Cenário Ai (máximo trade-off; risco médio), os *scores* mais baixos são compensados pelos *scores* mais altos o que justifica a presença de várias tonalidades dentro do vermelho por combinação dos *scores* relativos aos factores pertencentes aos grupos A2 e A3. O maior número de *scores* verifica-se próximo dos valores 0.27 e 0.1 que correspondem às várias tonalidades de vermelho. As áreas de maior aptidão, que correspondem às manchas verdes, registam-se vila de Vieira do Minho por influência das imagens A5 e A2, dado que é nessa localidade que existem grande parte dos equipamentos terciários e de mão-de-obra.

No Cenário Aii (sem *trade-off*; risco mínimo), basicamente existem duas zonas melhor demarcadas em áreas limítrofes da vila de Vieira do Minho e a Oeste do território por influência das imagens A4 (Infra-estruturas básicas) e A5 (Equipamentos terciários) que aí combinam os seus melhores *scores* e uma terceira área com valores menores de *scores* localizada no Centro-Sul do território por influência dos critérios A3 (Inércia industrial), mais propriamente pela proximidade ao aglomerado industrial lá existente.

O Cenário Aiii (sem *trade-off*; risco máximo) é um Cenário que confere grande aptidão ao território, o que se verifica pelas extensas áreas com *scores* altos (manchas verdes). Sendo de máximo risco, combina os maiores valores de *scores* de todas as imagens. Verifica-se grande influência dos valores da imagem referente aos critérios do grupo A2 (mão-de-obra) e A3 (inércia industrial). Apresenta ainda pequenas áreas com aptidão elevada que resultam dos valores da imagem do grupo de factores A4, pela existência de infra-estruturas básicas nesses aglomerados.

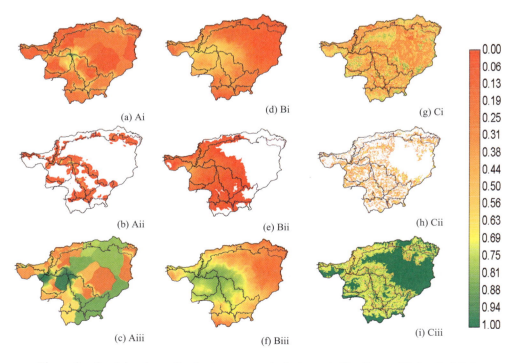

Figura 8 – Cenários de avaliação dos grupos de factores A, B e C para Vieira do Minho

O Cenário Bi (máximo *trade-off*; risco médio), relativamente a Bii e a Biii pode considerar-se uma imagem mediana, diminuindo a aptidão relativamente a Bii e aumentando relativamente a Biii. Este facto deve-se a ser um cenário com *trade-off* total e os *scores* mais altos compensarem os mais baixos.

No Cenário Bii (sem *trade-off*; risco mínimo), regista-se uma mancha de cores representativa de fraca aptidão do território para o uso industrial, o que se traduz em valores baixos na generalidade do território. Verifica-se forte influência dos valores da imagem B2, o que justifica a presença dos *scores* ligeiramente mais elevados na zona da saída oeste do concelho que dá acesso à Universidade do Minho, considerada como centro de investigação e de ensino superior na análise. Por se tratar de uma avaliação de risco mínimo combina os scores mais baixos das imagens B1, B2 e B3, o que se traduz na presença de áreas com score nulo ou de reduzido valor.

O Cenário Biii (sem trade-off; risco máximo), tratando-se de um cenário de risco máximo é atribuído maior peso aos scores mais elevados das três imagens a combinar, o que se traduz na extensa área de grande aptidão. Verifica-se forte influência das imagens B1 e B3, o que justifica a localização dos espaços preferenciais nas proximidades de Vieira do Minho e saídas do concelho para outras localidades consideradas como áreas urbanas com particular qualidade de vida, com infra-estruturas de recreio e lazer e localização do centro de decisão a nível central. Pela análise estatística verifica-se média alta mas desvio padrão também elevado, encontrando-se o maior número de pixels nos valores de *scores* mais baixos e mais altos.

No Cenário Ci (máximo *trade-off*; risco médio), havendo compensação dos *scores* mais baixos pelos mais altos, gera-se uma imagem intermédia, visualmente, relativamente a Cii e Ciii. As áreas com aptidão 0 de Cii são compensadas pelos elevados valores de *scores* de C2, atribuindo-lhes algum grau de aptidão. A maioria do território possui *score* intermédio, o que se traduz na imagem por muitas manchas alaranjadas. As áreas de maior aptidão estão dispersas e localizadas em zonas de não visibilidade dos aglomerados urbanos, facto resultante da imagem C2.

O Cenário Cii (sem *trade-off*; risco mínimo), tratando-se de uma avaliação pessimista é influenciado pelos menores *scores* das imagens C1, C2 e C3. Verifica-se a presença de pequenas áreas dispersas por maior influência do factor C3 (condições de implantação), baixando o *score* relativamente a C3 devido ao factor C1 que também é responsável pela presença das zonas de aptidão nula. Embora a média do território possua *scores* altos também existem alguns muito altos e alguns muito baixos.

O Cenário Ciii (sem *trade-off*; risco máximo) atribui aptidão quase total ao território com *scores* iguais a 1 ou muito próximos. Verifica-se uma forte influência da imagem C2, que em conjunto com C1 aumenta o valor de alguns *scores*, relativamente a C2. É claramente um cenário optimista.

Na Figura 9 apresentam-se as imagens dos cenários finais, isto é, Fi, Fii, Fiii e Fiv, em que foram também consideradas as exclusões.

O cenário Fi combina linearmente (WLC) os cenários do primeiro nível de risco médio e máximo *trade-off* (Ai-n, Bi-n e Ci-n), atribuindo-lhes igual peso. Trata-se portanto do cenário médio a todos os títulos. Por sua vez, o cenário Fiii resulta da mesma combinação mas atribuindo maior peso aos critérios associados à actividade industrial (0.50) e muito menor peso aos critérios associados ao ordenamento do território (0.15). A comparação entre as respectivas imagens mostra uma distribuição de scores relativamente semelhante, com as áreas de maior aptidão a localizarem-se na zona centro-Oeste do concelho, junto à sede de concelho e à saída para Braga. Não obstante esta similaridade, verifica-se no cenário Fiii um reforço da aptidão das zonas mais próximas da sede do concelho, resultado do maior peso dado ao cenário Ai-n e da retirada de peso ao cenário Ci-n.

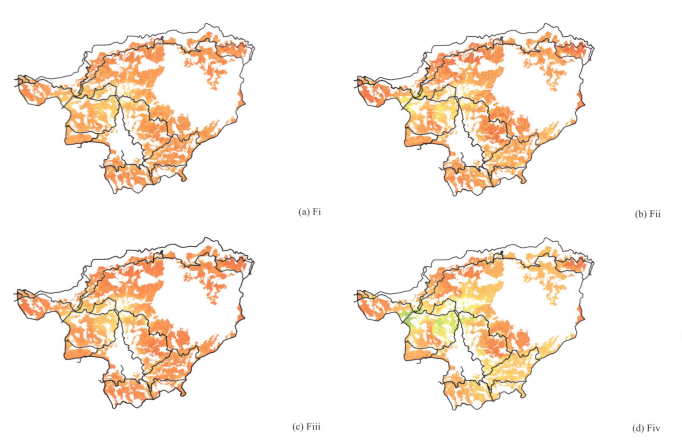

Figura 9 - Imagens dos cenários Fi, Fii, Fiii e Fiv para Vieira do Minho

O cenário Fii combina linearmente (WLC) os cenários do primeiro nível Aiii-n (critérios associados à actividade industrial - risco máximo, sem *trade-off*), Bi-n (critérios associados a opções administrativas e sócio-económicas - risco médio, máximo *trade-off*) e Cii-n (critérios associados ao ordenamento do território - risco mínimo, sem *trade-off*), atribuindo-lhes igual peso. Por sua vez, o cenário Fiv resulta da mesma combinação mas atribuindo maior peso aos critérios associados à actividade industrial (0.50) e muito menor peso aos critérios associados ao ordenamento do território (0.15). A comparação entre as respectivas imagens mostra uma distribuição de scores diversa, com o cenário Fii a apresentar valores em média mais baixos e a concentrar as áreas de maior aptidão em duas zonas do concelho, uma em torno de Vieira do Minho e outra próxima à zona actualmente ocupada por algumas industrias (a Noroeste do concelho), no entanto próximas uma da outra. Enquanto no cenário Fiv as áreas de maior aptidão são mais vastas e estendem-se por toda uma faixa ao longo da parte Oeste do concelho, com excepção da ponta Sudoeste. Neste caso faz-se sentir claramente a influência do cenário Aiii-n (que, sendo optimista, distribui scores mais elevados por áreas mais vastas), particularmente quando, no cenário Fiv, o seu peso é reforçado em desfavor do cenário Cii-n (que, por seu lado, é pessimista, logo de baixo score).

Em termos de distribuição geográfica das áreas mais aptas para a localização de indústrias, os cenários Fii e Fiv oferecem mais alternativas já que cobrem uma área mais vasta, com scores mais elevados quando comparados com as áreas oferecidas como boas pelos cenários Fi e Fiii.

Analisando todo o espectro de avaliação, poderá afirmar-se que o cenário Fiv conduz a uma maior concentração de áreas de aptidão. Estas localizam-se em zonas envolventes a Vieira do Minho (sede do concelho), saída oeste do concelho (próximo da EN103) por influência da proximidade a outras localidades, como Braga e Guimarães.

6. CONCLUSÕES

Do ponto de vista instrumental, o modelo utilizado afigura-se interessante pelo facto de emular de forma transparente e bem estruturada um processo de decisão. Para além desta característica de base, o seu maior potencial reside na possibilidade de, através do operador de agregação OWA (*Ordered Weighted Average*), desenvolver cenários de avaliação baseados na atitude de risco (*ANDness*) e compensação entre critérios (*trade-off*), obtendo assim em formato geográfico um espectro estratégico de decisão.

Pelas aplicações apresentadas a aplicabilidade do modelo ficou amplamente demonstrada, quer na perspectiva da sua operacionalidade quer na perspectiva da sua utilidade.

No mais baixo nível de análise, a agregação de critérios permite uma excelente leitura do território de estudo, útil também em contextos diversos daquele que é objecto do presente modelo. A complexidade envolvida na criação, por exemplo, dum mapa de acessibilidade do município ou dum mapa de proximidade a infraestruturas é eficientemente tratada e sintetizada fazendo uso das ferramentas de análise espacial e das técnicas multicritério, resultando em imagens sectoriais do território.

No nível intermédio de análise obtiveram-se cenários de avaliação para cada um dos três grandes grupos de critérios considerados.

Os diferentes cenários, que definem um espaço estratégico de decisão cobrindo três combinações de risco/*trade-off*, deram origem a um conjunto de imagens cuja sequência permite visualizar o comportamento espacial da aptidão. Aos cenários de baixo risco/baixo *trade-off* correspondem grandes áreas de aptidão nula, enquanto nos cenários de alto risco/baixo *trade-off* as manchas amarelas/verdes de mais alto score avançam sobre as áreas brancas dos primeiros, oferecendo mais alternativas de localização.

Alguns dos cenários resultantes da agregação de critérios do segundo nível foram combinados para gerar os quatro cenários de avaliação finais, os quais foram então utilizados na identificação das áreas de maior aptidão doc concelhos.

Como nota final, refira-se que o desenvolvimento do estudo da avaliação da aptidão neste trabalho conduz sempre a resultados relativos ao município em causa, sendo todas as interpretações feitas neste âmbito estrito e jamais em termos absolutos.

REFERÊNCIAS

Bossard, E.G. (1999) Envisioning neighborhood quality of life using conditions in the neighborhood, access to and from conditions in the surrounding region. In Paola Rizzi (ed.) *Computers in Urban Planning and Urban Management on the Edge of the Millenium.* FrancoAngeli, Venice.

Carver, S. J. (1991) Integrating Multi-Criteria Evaluation with Geographical Information Systems. *International Journal of Geographic Information Systems*, Vol.5(3), pp.321-339.

Eastman, J. R. (1997) *IDRISI for Windows: User's Guide. Version 2.0.* Worcester: Clark University-Graduate School of Geography.

Eastman, J. R.; Jiang, H. (1996), Fuzzy Measures in Multi-Criteria Evaluation. Proceedings, Second International Symposium on Spatial Accuracy Assessment in Natural Resources and Environmental Studies, May 21-23, Fort Collins, Colorado, pp.527-534.

Eastman, J. R.; Jiang, H.; Toledano, J. (1998) Multi-Criteria and Multi-Objective decision Making for Land Allocation Using GIS. In Beinat, E. ; Nijkamp, P. (Eds), *Multicriteria Analysis for Land-Use Management*. Dordrecht: Kluwer Academic Publishers, pp. 227-251.

Eastman, J. R.; Jin, W.; Kyem, P. A. K.; Toledano, J. (1993) GIS and Decision Making, Explorations. In *Geographic Information System Technology*, Vol. 4. Geneve: UNITAR - The United Nations Institute for Training and Research.

Eastman, J. R.; Jin, W.; Kyem, P. A. K.; Toledano, J. (1994) Raster Procedures for Multi-Criteria/Multi-Objective Decisions. *Photogrammetric Engineering and Remote Sensing*, Vol.61(5), pp.539-547.

Honea, R.B.; Hake, R.C.; Durfee, R.C. (1991) Incorporating GIS into Decision Support Systems: Where Have We Come From and Where Do We Need To Go. In Heit, M.; Shortreid, A. (Eds*) GIS Applications in Natural Resources*. Fort Collins: GIS World Inc.

Janssen, R.; Rietveld, P. (1990) Multicriteria Analysis and GIS: An Application to Agricultural Landuse in the Netherlands. In Scholten, H.J.; Stillwell, J.C.H. (Eds), *Geographical Information Systems for Urban and Regional Planning*. Dordrecht: Kluwer Academic Plublishers, pp.129-139.

Malczewski, J. (1999) *GIS and Multicriteria Decision Analysis*. New York: John Wiley & Sons, Inc.

Mendes, J.F.G. (2000) Decision Strategy Spectrum for the Evaluation of Quality of Life in Cities. In Foo Tuan Seik, Lim Lan Yuan and Grace Wong Khei Mie (eds.), *Planning for a Better Quality of Life in Cities,* 35-53, School of Building and Real Estate, NUS, Singapore.

Mendes, J.F.G.; Rametta, F.; Giordano, S.; Torres, L. (1999) A GIS Atlas of Environmental Quality in Major Portuguese Cities. In Paola Rizzi (ed.), *Computers in Urban Planning and Urban Management on the Edge of the Millenium*, FrancoAngeli, Venice.

Ramos, R.A.R. (2000) *Localização Industrial: Um Modelo para o Noroeste de Portugal*. Tese de Doutoramento. Braga: Universidade do Minho.

Saaty, T. (1977) A scaling method for priorities in hierarchical structures. *Journal of Mathematical Psychology*, 15, pp. 234-281.

Soares, E.M.S. (2002) *Cenários de localização industrial em ambiente GIS*. Dissertação de Mestrado em Engenharia Municipal. Braga. Universidade do Minho.

Voogd, H. (1983) *Multicriteria Evaluation for Urban and Regional Planning*. London: Pion Ltd.

Winterfeldt, D. Von; Edwards, W. (1986) *Decision Analysis and Behavioural Research*. Cambridge: Cambridge University Press.

Witlox, F.; Timmermans, H. (1999), Matisse: a knowledge-based system for industrial site selection and evaluation. In Paola Rizzi (Ed.), *Computers in Urban Planning and Urban Management on the Edge of the Millenium*. Venice: FrancoAngeli.

Yager, R.R. (1988) On Ordered Weighted Averaging aggregation operators in multicriteria decision making. *IEEE Transactions on Systems, Man, and Cybernetics*, Vol.8(1), pp.183-190.

Zadeh, L.A. (1965) Fuzzy Sets. *Information and Control*, Vol.8, pp.338-353.

14
Comparação entre Metodologias para a Definição de Zonas Urbanas Homogéneas Baseadas na Densidade Populacional

Rui A.R. Ramos e Antônio N.R. da Silva

RESUMO

O objectivo desta comunicação é apresentar uma comparação entre duas abordagens para delimitação de áreas urbanas homogéneas que se baseiam na hipótese de que a densidade populacional, na ausência de outras medidas que descrevam os movimentos dos indivíduos, permite avaliar, ainda que indirectamente, o nível de actividade e dinâmica do território.

A primeira abordagem recorre a técnicas de Análise Exploratória de Dados Espaciais para delimitar regiões a partir de zonas que podem ser consideradas como uniformes, relativamente à variável analisada. A outra abordagem recorre à atribuição de um índice, resultante do seu ranking relativamente à variável em análise num contexto espacial, tanto local como nacional, a cada uma das zonas censitárias. O índice obtido varia entre 0 e 1 e é mais próximo da unidade quando a zona é relevante tanto ao nível local como ao nível nacional e vai reduzindo de valor conforme a zona vai perdendo importância em qualquer dos níveis. Assim, pela análise do índice obtido para cada zona e pela agregação de áreas vizinhas com índice elevado é possível delimitar regiões consideradas uniformes.

O caso de estudo aqui descrito, conduzido em Portugal para fins de comparação das abordagens propostas, mostra que apesar de ambas recorrerem a dados censitários da população residente e à agregação de sectores censitários vizinhos que possuem características similares, os resultados podem ser sensivelmente diferentes.

1. INTRODUÇÃO

O objectivo desta comunicação é apresentar uma comparação entre duas metodologias de delimitação de áreas urbanas homogéneas, numa perspectiva de identificação de territórios com características similares. Ambas as metodologias recorrem a dados censitários da população residente, para 1991 e 2001, e à agregação de sectores censitários vizinhos que possuem características similares de elevada densidade populacional. No estudo desenvolvido admite-se que a densidade populacional é, na ausência de outras medidas que descrevam os movimentos diários ou semanais dos indivíduos, uma medida que permite avaliar, ainda que indiretamente, o nível de actividade e dinâmica do território.

A primeira metodologia recorre a técnicas de Análise Exploratória de Dados Espaciais (Exploratory Spatial Data Analyses - ESDA). Assim, pela análise da localização de cada zona censitária no contexto geográfico e em cada um dos quatro quadrantes do gráfico de espalhamento de Moran é possível delimitar regiões a partir de zonas que podem ser consideradas como uniformes, relativamente à variável analisada. A outra metodologia recorre à atribuição de um índice a cada uma das zonas censitárias. Este índice é resultante do seu ranking relativamente à variável em análise num contexto espacial, primeiro a um nível local e depois a um nível nacional. O índice obtido varia entre 0 e 1 e é mais próximo da unidade quando a zona é relevante tanto ao nível local como ao nível nacional. O índice vai

212 Contribuições para o Desenvolvimento Sustentável em Cidades Portuguesas e Brasileiras

reduzindo de valor conforme a zona vai perdendo importância no nível local ou no nível nacional. Assim, pela análise do índice obtido para cada zona e pela agregação de áreas vizinhas com índice elevado é possível delimitar regiões consideradas uniformes. As metodologias em análise serão implementadas, para fins de comparação, a um caso de estudo em Portugal.

Pela análise dos resultados obtidos com as duas abordagens procurou-se classificar zonas urbanas homogéneas recorrendo apenas ao dado densidade populacional por parcela do território. Ambas as abordagens apresentadas são testadas no território de Portugal continental. O nível espacial dos dados de base dos censos é a Freguesia, sendo que na segunda abordagem o nível de hierarquização regional é o Distrito. Numa primeira fase é analisado todo o território e numa segunda fase é estudada mais pormenorizadamente a região Noroeste do País. Nesta região em particular foi identificada, por Ramos e Silva (2003), a eventual necessidade de redefinição dos limites das zonas urbanas a um nível metropolitano. Esta análise torna-se particularmente pertinente neste momento, já que em Portugal está a ser equacionada qual a divisão territorial que melhor responde à recente Lei Quadro das Áreas Metropolitanas, que cria dois tipos de áreas, as Grandes Áreas Metropolitanas e as Comunidades Urbanas.

2. METODOLOGIA

A primeira abordagem já foi apresentada em detalhes em Ramos e Silva (2003) e explora duas áreas da Análise Espacial, a Estatística Espacial e a Modelação Espacial. No caso da Estatística Espacial a ênfase é dada à avaliação de autocorrelação espacial. De acordo com Levine (1996) este tipo de avaliação, ao descrever a relação entre diferentes localizações para uma única variável, permite definir um grau de concentração ou dispersão. No caso particular deste estudo não se pretende apenas estabelecer um valor global para essa avaliação de autocorrelação espacial, mas pretende-se realizar uma análise local dessa avaliação (Anselin, 1996; Serrano e Valcarce, 2000). Como sugerido por Anselin (1998), ao analisar aspectos metodológicos e técnicos associados à integração de Técnicas de Análise Exploratória de Dados Espaciais (Exploratory Spatial Data Analyses – ESDA) em ambiente de Sistemas de Informação Geográfica (SIG), a ênfase neste processo de associação deve ser dada às técnicas que consideram explicitamente a presença de autocorrelação espacial, tais como dispositivos de visualização de distribuições e relações espaciais, inclusive associações espaciais locais.

Anselin (1998) apresenta quatro ramos de técnicas ESDA: visualização de distribuições espaciais, visualização de associações espaciais, indicadores locais de associações espaciais e indicadores multivariável de associações espaciais. Em particular o gráfico/mapa de Moran, que consiste na técnica utilizada para visualizar indicadores globais de associações espaciais de dados do tipo *lattice*, será o adoptado neste estudo. O gráfico de Moran permite classificar o comportamento de cada área em função do valor que o atributo em análise aí possui e do valor médio que as suas áreas vizinhas possuem relativamente ao mesmo atributo, tendo sempre por base a média global de todo o território. Deste modo cada parcela territorial é classificada num de quatro possíveis quadrantes. Os quadrantes 1 (Q1) e 2 (Q2) indicam áreas em que o atributo possui valor semelhante ao da média das áreas vizinhas. Em Q1 ambos os valores são positivos, por serem superiores à média global, e em Q2 são ambos negativos, por serem inferiores à média global. Estas situações indicam uma autocorrelação espacial positiva. Os quadrantes 3 (Q3) e 4 (Q4) indicam áreas em que o atributo possui valor dissemelhante aos da média das áreas vizinhas. Em Q3 a área possui um valor inferior à média global e as zonas vizinhas possuem um valor superior à média global. Em Q4 a área possui um valor superior à média global e as zonas vizinhas possuem um valor inferior à média global. Estas situações, ao contrário das duas primeiras, indicam uma autocorrelação espacial negativa, ou seja, são áreas que não seguem o padrão estabelecido pelos vizinhos. Através de mapas temáticos é possível analisar a distribuição dos pontos do gráfico de Moran também sobre o território. A análise desses mapas temáticos permite identificar zonas consideradas uniformes a respeito da variável em estudo, por possuírem características idênticas.

A segunda abordagem, apresentada em Office of Management and Budget (1998), resulta da hierarquização de parcelas de território correspondentes às delimitações associadas à implementação dos censos, de acordo com a sua ocupação, quer ao nível nacional, quer ao nível regional. Pela implementação da abordagem obtém-se um índice I que traduz conjuntamente a hierarquia que a parcela territorial possui para os níveis. Ou seja, para cada parcela é calculado um rácio regional, correspondendo à ordem de importância regional relativamente ao número de parcelas regionais, e um rácio nacional, correspondendo à importância relativa da parcela ao nível nacional. Ambos os rácios variam entre 0, para as parcelas de ordem mais baixa, e 1, para a parcela de ordem mais elevada. O índice de cada parcela territorial resulta então da multiplicação dos valores obtidos para cada um dos rácios. Deste modo, as parcelas de ordem superior, quer no nível regional, quer no nível nacional, obtêm um índice I próximo de 1. Já as parcelas que no nível regional possuem uma ordem elevada mas no nível nacional possuem uma ordem baixa ficam com um valor inferior para o índice I. As parcelas de ordem baixa em ambos os níveis, ou seja, zonas de baixa densidade quer no contexto regional quer no nacional, obtém um valor de I próximo de 0. Assim, classificando as parcelas em função do valor obtido para o índice I, por exemplo, em cinco classes de intervalo 0,20, e visualizando espacialmente a sua distribuição, pode-se identificar áreas contínuas que traduzam padrões de igual ocupação territorial, desde elevada ocupação até baixa ocupação.

3. CASO DE ESTUDO

A aplicação das abordagens propostas é desenvolvida em duas etapas. Na primeira etapa desenvolve-se a análise para todo o território continental português, e na segunda apenas se analisam quatro distritos. As principais fontes de informação para a análise aqui apresentada são os dados dos dois últimos Censos efectuados em Portugal (INE, 1992; 2002), dos quais se utilizou, para este estudo, apenas a parcela dos dados relativos à população por freguesia.

Numa primeira fase os dados relativos a 1991 foram reorganizados para corresponderem às 4037 freguesias registadas em 2001, de modo a que a divisão espacial fosse coincidente para os dois períodos. A análise foi desenvolvida recorrendo a ferramentas disponíveis no software de Sistemas de Informação Geográfica ArcView (ESRI, 1996), em conjunto com a extensão *Spacestat* (Anselin e Bao, 1997; Anselin e Smirnov, 1998). Através do *Spacestat* foi possível obter a matriz de proximidade espacial entre freguesias, a qual foi posteriormente utilizada para os cálculos efectuados recorrendo a folha de cálculo. Após a conversão dos dados absolutos da população por freguesia em densidades foram seguidos os passos apresentados da primeira abordagem mencionada na metodologia (item 2 deste documento): inicialmente foi identificado o quadrante em que cada freguesia se situa e posteriormente foi calculado o valor do índice I de cada uma das freguesias.

Nos mapas apresentados na Figura 1 pode-se analisar a distribuição espacial da variável densidade populacional por freguesia. Nos mapas salientam-se a tons vermelhos as freguesias cujo valor é superior à média para cada um dos anos, 555,91 hab./km^2 em 1991 e 522,04 hab./km^2 em 2001, respectivamente. É notória a concentração da população em torno dos dois centros urbanos mais importantes do território em estudo, Lisboa (mais ao sul) e o

Porto (mais ao norte). Contudo, nota-se que existem mais algumas freguesias distribuídas por todo o território que possuem valores altos de densidade, superiores a 1500 hab./km². Em particular, sobressai a zona noroeste do território com uma extensa gama de valores de densidade populacional superiores à média em ambos os anos.

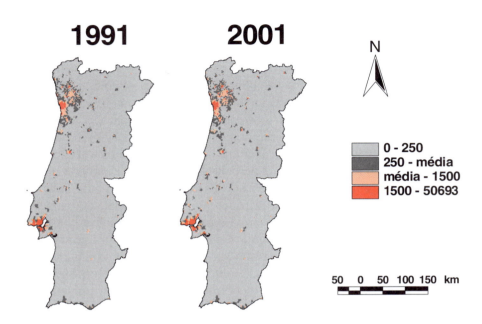

Figura 1 – Mapas temáticos representando a distribuição espacial da variável densidade populacional por freguesia, em hab./km², nos anos de 1991 e 2001.

Nos mapas da Figura 2 apresenta-se a distribuição espacial dos quatro quadrantes do gráfico de Moran. Pela análise dos mapas identifica-se que a maioria das freguesias correspondentes ao quadrante 1 se situa em duas zonas territoriais bem identificadas, Lisboa e Porto (e suas zonas envolventes). Nessas freguesias existe uma correlação positiva entre o atributo da freguesia e a média dos atributos das freguesias vizinhas, em ambos os casos com valores de densidade superiores à média obtida para todo o território. Na verdade não constitui uma surpresa que a maioria das freguesias do quadrante 1 se situem nas zonas mais urbanizadas do território. Os pontos pertencentes ao quadrante 2 constituem a maioria das situações e distribuem-se por todo o território de Portugal continental. Novamente existe uma similaridade entre o valor da densidade na freguesia e o valor médio de densidade das freguesias vizinhas. Neste caso ambos os valores estão abaixo da média de todo o território.

É também interessante analisar, na Figura 2, a distribuição espacial das freguesias que se situam nos quadrantes 3 e 4. Uma atenção particular deverá ser dada às freguesias que se situam no quadrante 3, aquelas que possuem um atributo inferior à média do território mas estão rodeadas por freguesias cuja média é superior à média do território. Essas freguesias tendem a transitar para o quadrante 1 devido à pressão urbana imposta pelas freguesias vizinhas.

Pela análise evolutiva entre os dois anos nota-se um crescimento acentuado na mancha em tons de vermelho, zonas mais urbanas ou em vias de urbanização, na parte situada a nordeste do Grande Porto. Identificando-se mesmo uma aglutinação de algumas zonas, passando a uma mancha contínua.

Nos mapas da Figura 3 apresenta-se a distribuição espacial do índice I definido na segunda abordagem mencionada na metodologia. Como o índice calculado resulta da importância que cada freguesia possui, quer no nível nacional (neste caso somente considerando o território continental), quer no nível distrital, existe uma maior proliferação de zonas realçadas em tons vermelhos. Nesta análise sobressaem todas as freguesias coincidentes com as capitais de distrito e outras freguesias de elevada densidade no contexto distrital. Identifica-se contudo uma extensa zona ao noroeste do território que se inicia ao sul do Porto e que se prolonga para este e nordeste, abrangendo a área do Grande Porto e as zonas fortemente industrializadas ao sul do Porto e dos vales do Ave e Cávado. Nestes mapas salientam-se ainda algumas zonas no centro do país, quer no litoral, quer no interior, que possuem um valor de I superior a 0,60.

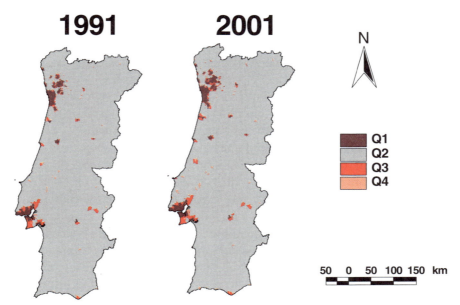

Figura 2 – Mapas temáticos representando a distribuição espacial dos pontos do gráfico de Moran para a variável densidade populacional por freguesia nos anos de 1991 e 2001

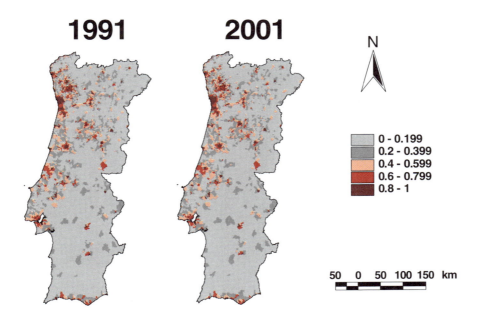

Figura 3 – Mapas temáticos representando a distribuição espacial do índice I para a variável densidade populacional por freguesia nos anos de 1991 e 2001

Pela análise dos mapas das três figuras anteriores considerou-se pertinente estudar com maior nível de detalhe a região noroeste do território, em particular os distritos de Viana do Castelo, Braga, Porto e Aveiro. Esta análise territorial mais pormenorizada, por um lado, pretende demonstrar a potencialidade das metodologias para identificar áreas urbanas homogéneas e, por outro, permite caracterizar esta zona territorial em particular.

A análise efectuada nesta fase passou a considerar o concelho como subdivisão administrativa em análise. Esta opção foi tomada pois a forma de agregação territorial prevista na recente Lei Quadro das Áreas Metropolitanas, já anteriormente referida, é a junção de municípios, nunca se pondo a possibilidade de agregar freguesias de municípios diferentes. Para desenvolver esta análise começou-se por calcular, para cada um dos sessenta e um concelhos dos quatro distritos, qual a percentagem das suas freguesias que pertence a cada um dos quatro quadrantes e qual o valor médio do índice I das suas freguesias, para cada um dos anos em estudo.

Nos mapas da Figura 4 apresenta-se a distribuição espacial da percentagem de freguesias pertencentes ao quadrante 1 em cada concelho. Pela sua análise identifica-se em 1991, principalmente no distrito do Porto, os concelhos com mais de 60 % das freguesias no quadrante 1. Nota-se ainda um crescimento da mancha para a zona nordeste de 1991 para 2001. Sobressai também o concelho de Espinho, com mais de 80 % das freguesias no quadrante 1, pois embora pertencente ao distrito de Aveiro, forma uma mancha urbana contínua com outros concelhos do distrito do Porto. Os concelhos de São João da Madeira e Vizela, o primeiro do distrito de Aveiro e o segundo do distrito de Braga, aparecem também na faixa acima de 80% das freguesias no quadrante 1 (embora Vizela apenas em 2001).

Pela análise dos dois mapas sobressai claramente um núcleo urbano bem consolidado, o Grande Porto, e um crescimento contínuo da mancha urbana para este e nordeste. Constata-se ainda que no distrito de Viana do Castelo nenhum dos concelhos ultrapassa os 20% de freguesias no quadrante 1. O mesmo acontecendo em todos os concelhos mais no interior (zona este) dos três distritos restantes.

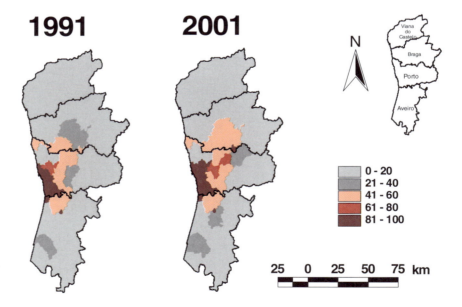

Figura 4 – Mapas temáticos representando a percentagem de freguesias no quadrante 1 da variável densidade populacional nos anos de 1991 e 2001 nos concelhos dos Distritos de Viana do Castelo, Braga, Porto e Aveiro

Considerando que as freguesias pertencentes ao quadrante 3 constituem potenciais áreas de crescimento urbano, optou-se também por representar a percentagem de freguesias de cada concelho que se situam, quer no quadrante 1, quer no quadrante 3. A representação espacial dessa percentagem é feita nos mapas da Figura 5. A análise efectuada é em tudo semelhante à feita para os mapas da Figura 4. Apenas se justifica salientar que nesta análise também já sobressai o concelho sede do distrito de Aveiro, contudo refira-se que não possui qualquer continuidade espacial com a área do Grande Porto.

Para 2001 identificam-se claramente duas zonas de continuidade espacial, uma ao sul, em torno da cidade de Aveiro, e outra mais extensa que engloba o Grande Porto e que se ramifica quer para sul, quer para este e para nordeste.

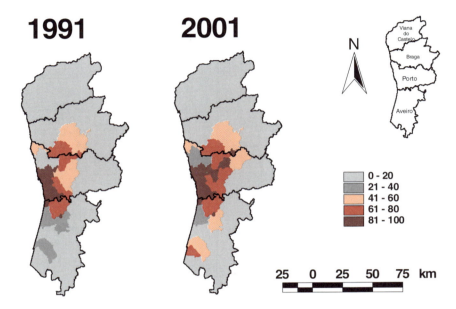

Figura 5 – Mapas temáticos representando a percentagem de freguesias nos quadrantes 1 e 3 da variável densidade populacional nos anos de 1991 e 2001 nos concelhos dos Distritos de Viana do Castelo, Braga, Porto e Aveiro

A análise do índice I ao nível do concelho foi feita admitindo que o valor representativo para o concelho resulta da média do valor do índice obtido para as suas freguesias. A representação espacial desses valores é feita nos mapas da Figura 6.

Pela sua análise, e contrastando com a análise dos mapas das duas figuras anteriores, é notória a separação dos concelhos da zona urbana do Grande Porto dos concelhos mais urbanos do distrito de Braga, o memo não se passando com os concelhos ao sul já pertencentes a Aveiro. Salientam-se portanto três zonas de continuidade espacial marcadamente urbana, a cidade de Aveiro e sua periferia, o Grande Porto e suas ramificações ao sul e a este, e no distrito de Braga os concelhos de Vila Nova de Famalicão, Braga, Guimarães e Vizela.

De certo modo pode-se afirmar que os concelhos ao sul do Grande Porto constituem uma continuidade espacial do Grande Porto e que os concelhos do distrito de Braga constituem uma outra zona. Pela evolução entre 1991 e 2001 nota-se, no entanto, que estas duas zonas já se aproximam e já quase se interligam nas classes de valores de I acima de 0,60. Nesta análise, e pela forma como é obtido o índice I, já se identifica com alguma importância um dos concelhos do distrito de Viana do Castelo, a própria sede de distrito.

Pelas análises efectuadas identifica-se uma importância vincada de três grandes manchas urbanas correspondentes a concelhos dos distritos de Braga, Porto e Aveiro, no entanto, não fica bem definida a sua continuidade territorial. A ligação dos concelhos do Grande Porto aos concelhos mais urbanos do distrito de Braga parece uma evolução previsível, o mesmo já não se passando relativamente à cidade de Aveiro. Salientam-se também os concelhos ao norte do distrito de Aveiro com notória continuidade espacial com os concelhos do distrito do Porto e, desligados da sede de distrito ao sul, a cidade de Aveiro. No distrito de Viana do Castelo é notória ainda a fraca homogeneidade urbana, salientando-se apenas algumas freguesias correspondestes a sedes de concelho.

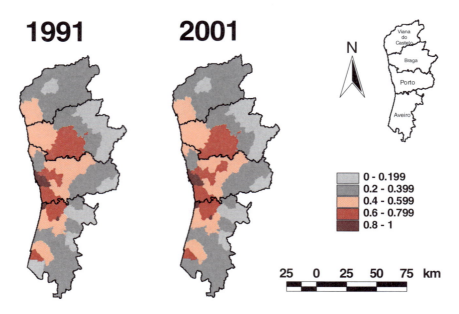

Figura 6 – Mapas temáticos representando a distribuição espacial da média do Índice para a variável densidade populacional nos anos de 1991 e 2001 nas freguesias dos concelhos dos Distritos de Viana do Castelo, Braga, Porto e Aveiro

4. CONCLUSÕES

Ao contrário das possíveis opções políticas, as metodologias aqui propostas privilegiam um contexto de construção administrativa territorial em que a continuidade espacial é um dos aspectos mais relevantes. Ambas as metodologias, ao serem implementadas num ambiente SIG, privilegiam a análise espacial do fenómeno em estudo. Os mapas representativos da distribuição espacial, quer dos quadrantes quer dos índices obtidos para as parcelas territoriais, traduzem com clareza a forma de ocupação do território e realçam a maior ou menor homogeneidade e continuidade espacial, ainda que restringindo-se apenas à variável densidade populacional.

A aplicação das metodologias ao noroeste de Portugal continental conduziu a resultados interessantes. Confrontando os resultados obtidos com a necessidade de redefinir as zonas metropolitanas de Portugal, para o Noroeste do território pode-se evoluir para duas soluções. Uma que mantém a actual área metropolitana do Porto e que promove o aparecimento de uma segunda área no distrito de Braga, ou então, procurando antecipar o futuro, uma única área metropolitana que englobe o norte do distrito de Aveiro, a parte ocidental do distrito do Porto e a parte ocidental do distrito de Braga. Esta segunda solução já foi anteriormente proposta por Ramos e Silva (2003). A segunda solução parece ser mais interessante em termos territoriais, pois permitirá criar uma grande área com capacidade para responder ao paradigma das grandes áreas metropolitanas, isto é, não devem estar viradas para o interior do seu país mas devem preferencialmente relacionar-se com outras regiões metropolitanas a uma escala mundial (Ascher, 1995).

Por fim, é importante enfatizar que as metodologias propostas constituem opções promissoras para o fim a que se propõem, na medida em que representam um contributo para as abordagens integradas e holísticas sempre necessárias à análise dos fenómenos territoriais.

REFERÊNCIAS

Anselin, L. (1996) The Moran scatterplot as an ESDA tool to assess local instability in spatial association. Em M. Fischer, H. Scholten and D. Unwin (eds.), *Spatial Analytical Perspectives on GIS*. Taylor & Francis, London.

Anselin, L. (1998) Exploratory spatial data analysis in a geocomputational environment. Em P. Longley, S. Brooks, B. Macmillan and R. McDonnell (eds.), *GeoComputation, a Primer*. Wiley, New York.

Anselin, L. e Bao, S. (1997) Exploratory spatial data analysis linking SpaceStat and ArcView. Em M. Fisher and A. Getis (eds.), *Recent Developments in Spatial Analysis*. Springer-Verlag, Berlin.

Anselin, L. e Smirnov, O. (1998) *The SpaceStat extension for ArcView 3.0*. Regional Research Institute, West Virginia University, Morgantown.

Ascher, F. (1995) *Métapolis: ou lávenir des villes*. Éditions Odile Jacob, Paris,

ESRI (1996) *ArcView GIS, The Geographic Information System for everyone, Using ArcView GIS*. Environmental Systems Research Institute, Redlands-CA.

INE (1992) *Recenseamento da População e da Habitação (Portugal) – Censos 1991*. Instituto Nacional de Estatística, Lisboa.

INE (2002) *Recenseamento da População e da Habitação (Portugal) – Censos 2001*. Instituto Nacional de Estatística, Lisboa.

Levine, N. (1996) Spatial statistics and GIS: Software tools to quantify spatial patterns, *Journal of the American Planning Association*, Vol. 62, No. 3, 381-392.

Office of Management and Budget (1998) Alternative Approaches to Defining Metropolitan and Non-metropolitan Areas, *Federal Register*, Vol. 63, No. 244, December 21.

Ramos, R.A.R. e Silva, A.N.R. (2003) A Data-driven Approach for the Definition of Metropolitan Regions, *CD-ROM Proceedings of the 8th International Conference on Computers in Urban Planning and Urban Management - Reviewed Papers*. Sendai, Japão.

Serrano, R.M. e Valcarce, E.V. (2000) *Técnicas econométricas para el tratamiento de datos espaciales: La econometría espacial*. Edicions Universita de Barcelona, Espanha.

Lista

de Autores

Lista de Autores

Antônio N. R. da Silva
Universidade de São Paulo, Departamento de Transportes
São Carlos-SP, Brasil

Daniel S. Rodrigues
Universidade do Minho, Departamento de Engenharia Civil
Braga, Portugal

Elisabete S. Soares
Instituto Politécnico da Guarda, Departamento de Engenharia Civil
Guarda, Portugal

Fábio Zanchetta
Universidade de São Paulo, Departamento de Transportes
São Carlos-SP, Brasil

João R. G. Faria
Universidade Estadual Paulista, Departamento de Arquitetura, Urbanismo e Paisagismo
Bauru-SP, Brasil

José F. G. Mendes
Universidade do Minho, Departamento de Engenharia Civil
Braga, Portugal

José Leomar Fernandes Jr.
Universidade de São Paulo, Departamento de Transportes
São Carlos-SP, Brasil

Josiane P. Lima
Universidade de São Paulo, Departamento de Transportes
São Carlos-SP, Brasil

Léa C. L. de Souza
Universidade Estadual Paulista, Departamento de Arquitetura, Urbanismo e Paisagismo
Bauru-SP, Brasil

Lígia T. Silva
Universidade do Minho, Departamento de Engenharia Civil
Braga, Portugal

Luís Bragança
Universidade do Minho, Departamento de Engenharia Civil
Guimarães, Portugal

Manuela Guedes de Almeida
Universidade do Minho, Departamento de Engenharia Civil
Guimarães, Portugal

Marcela S. Costa
Universidade de São Paulo, Departamento de Transportes
São Carlos-SP, Brasil

Paula T. Costa
Universidade do Minho, Departamento de Engenharia Civil
Braga, Portugal

Paulo C. L. Segantine
Universidade de São Paulo, Departamento de Transportes
São Carlos-SP, Brasil

Renata C. Magagnin
Universidade Estadual Paulista, Departamento de Arquitetura, Urbanismo e Paisagismo
Bauru-SP, Brasil

Renato L. S. Anelli
Universidade de São Paulo, Departamento de Transportes
São Carlos-SP, Brasil

Renato S. Lima
Universidade Federal de Itajubá, Departamento de Engenharia de Produção
Itajubá-MG, Brasil

Rui A. R. Ramos
Universidade do Minho, Departamento de Engenharia Civil
Braga, Portugal

Sandra Silva
Universidade do Minho, Departamento de Engenharia Civil
Guimarães, Portugal

Simone B. Lopes
Universidade de São Paulo, Departamento de Transportes
São Carlos-SP, Brasil